REVOLUÇÃO QUÂNTICA

MICHIO KAKU

REVOLUÇÃO QUÂNTICA

Tradução
Marcello Neto

Revisão técnica
Alexandre Cherman

1ª edição

EDITORA RECORD
RIO DE JANEIRO • SÃO PAULO
2025

CIP-BRASIL. CATALOGAÇÃO NA PUBLICAÇÃO
SINDICATO NACIONAL DOS EDITORES DE LIVROS, RJ

K19r   Kaku, Michio
        Revolução quântica : muito além da inteligência artificial / Michio Kaku ; tradução Marcello Neto ; revisão técnica Alexandre Cherman. - 1. ed. - Rio de Janeiro : Record, 2025.

        Tradução de: Quantum supremacy : how the quantum computer revolution will change everything
        Inclui índice
        ISBN 978-85-01-92210-6

        1. Computação quântica. I. Marcello Neto. II. Cherman, Alexandre. III. Título.

25-96846.0   CDD: 006.3843
                        CDU: 004.8:530.145

Meri Gleice Rodrigues de Souza - Bibliotecária - CRB-7/6439

TÍTULO EM INGLÊS:
Quantum Supremacy

Copyright © 2023 by Michio Kaku

Texto revisado segundo o novo Acordo Ortográfico da Língua Portuguesa.

Todos os direitos reservados. Proibida a reprodução, no todo ou em parte, através de quaisquer meios. Os direitos morais do autor foram assegurados.

Direitos exclusivos de publicação em língua portuguesa somente para o Brasil adquiridos pela
EDITORA RECORD LTDA.
Rua Argentina, 171 – Rio de Janeiro, RJ – 20921-380 – Tel.: (21) 2585-2000, que se reserva a propriedade literária desta tradução.

Impresso no Brasil

ISBN 978-85-01-92210-6

Seja um leitor preferencial Record.
Cadastre-se no site www.record.com.br e receba informações sobre nossos lançamentos e nossas promoções.

Atendimento e venda direta ao leitor:
sac@record.com.br

Para a minha amada esposa, Shizue, e para minhas filhas,
Dra. Michelle Kaku e Alyson Kaku

Para minha amada esposa, Shirley, e meus amados filhos, Jane, Maryellen, Katie e Alyson Kaley

SUMÁRIO

PARTE I: A ASCENSÃO DOS COMPUTADORES QUÂNTICOS

1 O FIM DA ERA DO SILÍCIO — 11

2 O FIM DA ERA DIGITAL — 37

3 A ASCENSÃO DO QUANTUM — 55

4 O ALVORECER DOS COMPUTADORES QUÂNTICOS — 79

5 FOI DADA A LARGADA — 113

PARTE II: COMPUTADORES QUÂNTICOS E A SOCIEDADE

6 A ORIGEM DA VIDA — 129

7 TORNANDO O MUNDO MAIS VERDE — 147

8 ALIMENTANDO O PLANETA — 159

9 ENERGIZANDO O MUNDO — 173

PARTE III: MEDICINA QUÂNTICA

10 SAÚDE QUÂNTICA — 187

11 EDITANDO GENES E CURANDO O CÂNCER — 203

12 IA E OS COMPUTADORES QUÂNTICOS — 225

13 IMORTALIDADE — 251

PARTE IV: MODELANDO O MUNDO E O UNIVERSO

14 AQUECIMENTO GLOBAL — 279

15 O SOL DENTRO DE UMA GARRAFA — 297

16 SIMULANDO O UNIVERSO — 317

17 UM DIA NO ANO 2050 — 347

EPÍLOGO: ENIGMAS QUÂNTICOS — 357

AGRADECIMENTOS — 373

REFERÊNCIAS DAS CITAÇÕES — 377

LEITURAS SELECIONADAS — 389

ÍNDICE — 391

PARTE I

A ASCENSÃO DOS COMPUTADORES QUÂNTICOS

CAPÍTULO 1

O FIM DA ERA DO SILÍCIO

Uma revolução está chegando.

Em 2019 e 2020, duas notícias bombásticas abalaram o mundo da ciência. Dois grupos anunciaram que haviam alcançado a supremacia quântica, o lendário ponto em que um tipo de computador radicalmente novo, chamado de computador quântico, poderia superar de forma decisiva um supercomputador digital comum em tarefas específicas. O anúncio provocou uma reviravolta que pode mudar todo o panorama da computação e impactar cada aspecto da nossa vida cotidiana.

Primeiro, a Google revelou que seu computador quântico Sycamore conseguiria resolver, em 200 segundos, um problema matemático que levaria 10.000 anos para ser solucionado pelo supercomputador mais rápido do mundo. De acordo com a revista *Technology Review* do MIT (Instituto de Tecnologia de Massachusetts), a Google se referiu ao feito como um avanço sem precedentes. Eles o compararam com o lançamento do satélite russo Sputnik ou

REVOLUÇÃO QUÂNTICA

com o primeiro voo dos irmãos Wright. É "o limiar de uma nova era de máquinas que fariam os computadores mais poderosos da atualidade parecerem ábacos".

A seguir, o Instituto de Inovações Quânticas da Academia Chinesa de Ciências foi além. Eles alegaram que seu computador quântico era 100 trilhões de vezes mais rápido que um supercomputador comum.

O ex-vice-presidente da IBM, Bob Sutor, ao comentar sobre a ascensão meteórica dos computadores quânticos, simplesmente afirmou: "Acho que essa será a tecnologia de computação mais importante do século."

Os computadores quânticos têm sido chamados de "Computadores Derradeiros", um salto decisivo em tecnologia com implicações profundas no mundo todo. Em vez de processar com transistores minúsculos, esses computadores realizam o processamento utilizando os menores objetos possíveis, os próprios átomos, podendo assim facilmente superar a potência do melhor supercomputador que existe hoje em dia. A computação quântica pode inaugurar uma era inteiramente nova para a economia, a sociedade e o modo como vivemos.

Mas os computadores quânticos são mais do que apenas computadores poderosos. Eles são um novo tipo de máquina capaz de resolver problemas que os computadores digitais jamais conseguiriam, mesmo com uma quantidade infinita de tempo. Por exemplo, computadores digitais jamais processariam de forma acurada de que maneira os átomos se combinam a fim de criar reações químicas cruciais, principalmente aquelas que tornam a vida possível. Computadores digitais só conseguem realizar processamentos em fitas digitais, compostas por uma sequência de 0s e 1s, o que é algo simples demais para descrever as delicadas ondas de elétrons que dançam no interior de uma molécula. Ao calcular os caminhos percorridos por um camundongo num labirinto, por exemplo, um computador digital precisa analisar cada caminho possível, um após o outro. Um computador quântico, no entanto, analisa *simultaneamente* todos os caminhos possíveis, na velocidade de um relâmpago.

Essa tecnologia, por sua vez, acirrou a competitividade entre os gigantes da computação, que estão todos na disputa pela criação do computador quântico mais potente do mundo. Em 2021, a IBM anunciou seu computador quântico, chamado de Eagle, que tomou a liderança, demonstrando maior poder computacional que todos os modelos anteriores.

Mas esses recordes são como a cobertura de um empadão: feitos para serem quebrados.

Dadas as implicações profundas dessa revolução, não causa surpresa que muitas corporações líderes mundiais tenham investido pesadamente nessa nova tecnologia. Google, Microsoft, Intel, IBM, Rigetti e Honeywell estão todas construindo protótipos de computadores quânticos. Os líderes do Vale do Silício perceberam que precisam apertar o passo a fim de acompanhar a revolução ou ficarão para trás.

IBM, Honeywell e Rigetti Computing disponibilizaram seus computadores quânticos de primeira geração na internet a fim de aguçar o apetite de um público curioso, de forma que as pessoas possam ter um primeiro contato com a computação quântica. Pode-se experimentar essa nova revolução quântica em primeira mão ao se conectar a um computador quântico na internet. Por exemplo, a "IBM Q Experience", lançada em 2016, disponibiliza gratuitamente quinze computadores quânticos. Samsung e JPMorganChase estão entre os usuários. Cerca de 2.000 pessoas já os utilizam mensalmente, desde crianças em idade escolar a professores universitários.

REVOLUÇÃO QUÂNTICA

Wall Street demonstrou enorme interesse por essa tecnologia. A IonQ se tornou a primeira grande empresa de computação quântica a abrir seu capital, arrecadando 600 milhões de dólares em sua abertura pública de capital em 2021. A rivalidade é tão grande nesse campo que, surpreendentemente, uma nova startup, a PsiQuantum, sem nenhum protótipo comercial no mercado nem qualquer registro de produtos anteriores, aumentou seu valor em Wall Street para 3,1 bilhões de dólares, com capacidade de arrecadar 665 milhões de dólares em financiamentos quase de um dia para o outro. Analistas de mercado reportaram que raramente viram algo parecido, uma empresa nova surfando a onda da especulação efervescente e manchetes sensacionalistas sobre o feito.

A Delloite, firma de consultoria e contabilidade, estima que o mercado de computadores quânticos deverá alcançar as centenas de milhões de dólares nos anos 2020 e dezenas de bilhões de dólares nos anos 2030. Ninguém sabe ao certo quando os computadores quânticos irão entrar comercialmente no mercado e alterar o panorama econômico, mas as previsões estão sendo revistas o tempo todo a fim de acompanhar a velocidade sem precedentes das descobertas científicas na área. Christopher Savoie, CEO da Zapata Computing, ao falar da ascensão meteórica dos computadores quânticos, disse: "Não é mais uma questão de se, mas de quando."

Até o congresso dos EUA manifestou um claro interesse em impulsionar a nova tecnologia quântica. Em dezembro de 2018, ao perceber que outros países já haviam financiado generosamente pesquisas em computadores quânticos, o congresso americano aprovou a Lei Nacional da Iniciativa Quântica para fornecer capital semente a fim de ajudar a estimular novas pesquisas. Ele determinou a formação de dois a cinco novos Centros Nacionais de Pesquisa em Informação Quântica, a serem financiados com 80 milhões de dólares por ano.

O FIM DA ERA DO SILÍCIO

Em 2021, o governo dos EUA anunciou ainda um investimento de 625 milhões de dólares em tecnologias quânticas a ser supervisionado pelo Departamento de Energia. Corporações gigantes, como a Microsoft, a IBM e a Lockheed Martin, também contribuíram com um adicional de 340 milhões de dólares para esse projeto.

A China e os EUA não são os únicos que utilizam fundos governamentais para acelerar essa tecnologia. O governo do Reino Unido construiu o Centro Nacional de Computação Quântica (NQCC, na sigla em inglês), que servirá como principal local de pesquisa em computação quântica dentro do laboratório Harwell do Conselho de Ciência e Tecnologia em Oxfordshire. Estimuladas pelo governo, até o fim de 2019 trinta startups ligadas à computação quântica foram fundadas no Reino Unido.

Analistas da indústria reconhecem que essa é uma aposta de um trilhão de dólares. Não há garantias nesse campo altamente competitivo. Apesar dos avanços técnicos impressionantes alcançados pela Google e por outras empresas nos últimos anos, um computador quântico funcional que consiga resolver problemas do mundo real ainda é algo para o futuro. Uma montanha de trabalho pesado ainda se apresenta diante de nós. Alguns críticos até afirmam que seria perda de tempo. Mas as empresas do ramo de computadores têm consciência de que, a menos que mantenham o pé na porta, ela poderá se fechar.

Ivan Ostojic, sócio na firma de consultoria McKinsey, afirma que "empresas de ramos industriais nos quais o quantum terá o maior potencial disruptivo deveriam se envolver com essa tecnologia imediatamente". Áreas como química, medicina, óleo e gás, transportes, logística, bancos, farmacêuticas e segurança cibernética já estão maduras para mudanças importantes. Ele continua: "Em princípio, a tecnologia quântica será relevante a todos os executivos de tecnologia da informação porque vai acelerar as soluções de uma grande variedade de problemas. Essas empresas precisam se tornar donas das habilidades quânticas."

Vern Brownell, ex-CEO da D-Wave Systems, uma empresa de computação quântica canadense, pontua: "Acreditamos estar na iminência de atingir objetivos que não conseguimos por meio da computação clássica."

Muitos cientistas acreditam que estamos entrando numa era inteiramente nova, com repercussões comparáveis às criadas pela introdução do transistor e do microchip. Empresas sem vínculo direto com a produção de computadores, como a gigante automotiva Daimler, dona da Mercedes-Benz, já estão investindo nessa tecnologia, pois perceberam que os computadores quânticos podem abrir caminhos para novas descobertas em suas indústrias. Julius Marcea, executivo da rival BMW, escreveu: "Estamos entusiasmados em investigar o potencial transformador da computação quântica na indústria automotiva e estamos comprometidos em ampliar os limites do desempenho da engenharia." Outras grandes empresas, como Volkswagen e Airbus, já criaram os próprios departamentos de computação quântica para explorar como essa tecnologia pode revolucionar seus negócios.

A indústria farmacêutica também está atenta aos progressos nessa área, percebendo que computadores quânticos podem ser capazes de simular processos químicos e biológicos complexos que vão bem além da capacidade dos computadores digitais. Fábricas enormes destinadas ao desenvolvimento de milhões de medicamentos poderão um dia ser substituídas por "laboratórios virtuais" que testam as drogas no ciberespaço. Alguns temem que essa tecnologia possa vir a substituir os químicos. Mas Derek Lowe, que administra um blogue sobre descoberta de medicamentos, afirma: "Não é que as máquinas irão substituir os químicos. Os químicos que usam as máquinas irão substituir aqueles que não usam."

O FIM DA ERA DO SILÍCIO

Até mesmo o Large Hadron Collider (o Grande Colisor de Hádrons), próximo a Genebra, na Suíça, a maior máquina de ciências do mundo, que faz com que prótons colidam uns com os outros a uma energia de 14 trilhões de elétrons-volt para recriar as condições do universo primordial, agora usa computadores quânticos a fim de ajudar a peneirar a montanha de dados. Em um segundo, eles conseguem analisar até um trilhão de bytes gerados em cerca de um bilhão de colisões de partículas. Talvez um dia os computadores quânticos consigam desvendar os segredos da criação do universo.

SUPREMACIA QUÂNTICA

Em 2012, quando o físico John Preskill, do Instituto de Tecnologia da Califórnia (o Caltech), cunhou o termo "supremacia quântica", muitos cientistas deram de ombros. Levaria décadas, senão séculos, eles imaginaram, até que os computadores quânticos ultrapassassem em performance um computador digital. Afinal, realizar cálculos em átomos individuais, em vez de chips de silício, era considerado extremamente difícil. A menor das vibrações ou ruído pode perturbar a dança delicada dos átomos num computador quântico. Mas as impressionantes declarações de supremacia quântica têm desmentido essas previsões pessimistas. Agora o foco está no quão rapidamente essa área está se desenvolvendo.

Os tremores causados por essas conquistas maravilhosas também sacudiram salas de diretoria e agências de inteligência altamente secretas ao redor do mundo. Documentos vazados por denunciantes revelaram que a CIA e a Agência Nacional de Segurança dos EUA estão de olho nas conquistas da área. Isso porque computadores quânticos são tão poderosos que, em princípio, permitiriam a quebra de todos os códigos cibernéticos conhecidos. O que significa que os segredos cuidadosamente guardados pelos governos, suas joias da coroa contendo as informações mais confidenciais, são vulneráveis a ataques, bem como os segredos mais bem guardados das empresas e até das pessoas. A situação é tão urgente que o Instituto Nacional de Padrões e Tecnologia (NIST), uma agência governamental americana que cria normas e diretrizes sobre segurança da informação, emitiu orientações a fim de ajudar grandes agências e organizações a se prepararem para a inevitável transição dessa nova era. O NIST já anunciou esperar que por volta do ano 2029 os computadores quânticos sejam capazes de quebrar uma criptografia AES de 128 bits, que é o código utilizado por diversas empresas.

Escrevendo para a revista *Forbes*, Ali El Kaafarani observa: "É uma perspectiva bastante aterrorizante para qualquer organização com informações confidenciais a serem protegidas."

Os chineses já gastaram 10 bilhões de dólares em seu Laboratório Nacional de Ciências da Informação Quântica, pois estão decididos a serem líderes dessa área tão fundamental e acelerada. Países investem dezenas de bilhões de dólares para manter esses códigos em sigilo. Armado com um computador quântico, um hacker teoricamente poderia invadir *qualquer* computador digital no planeta, comprometendo assim indústrias e até as forças armadas. Todas as informações confidenciais estariam acessíveis a quem oferecesse o maior lance. Mercados financeiros também poderiam colapsar pela violação do santuário de Wall Street por computadores quânticos. Estes poderiam ainda desbloquear a blockchain, causando danos também ao mercado de criptomoedas. A Deloitte estimou que cerca de 25 por cento dos bitcoins são potencialmente vulneráveis a invasões por computadores quânticos.

O FIM DA ERA DO SILÍCIO

"Esses projetos de blockchain em curso vão ficar nervosamente de olho nos avanços da computação quântica", concluiu um relatório da CB Insights, uma empresa de análise de dados sobre investidores e a indústria.

Assim, o que está em jogo é nada menos que a economia mundial, fortemente enraizada na tecnologia digital. Bancos de Wall Street usam computadores para rastrear transações multibilionárias. Engenheiros utilizam computadores para projetar arranha-céus, pontes e foguetes. Artistas dependem dos computadores para dar vida às grandes produções de Hollywood. Empresas farmacêuticas usam computadores para desenvolver o próximo medicamento milagroso. Crianças precisam de computadores para jogar o mais novo videogame com os amigos. E nós dependemos dos telefones celulares para receber notícias instantâneas sobre nossos amigos, parentes e colegas de trabalho. Todos já passamos pela experiência de entrar em pânico quando não conseguimos encontrar o celular. Na verdade, é difícil citar qualquer atividade humana que não tenha sido afetada pelos computadores. Somos tão dependentes deles que se de algum modo todos os computadores do mundo deixassem de funcionar, a civilização mergulharia no caos. É por isso que os cientistas estão acompanhando o desenvolvimento dos computadores quânticos com tanta atenção.

O FIM DA LEI DE MOORE

O que está causando esse turbilhão todo e gerando tanta controvérsia?

A ascensão dos computadores quânticos é um sinal de que a era do silício está chegando ao fim. Por mais de meio século, a explosão do poder computacional pôde ser descrita pela lei de Moore, expressão criada por uma observação do fundador da Intel,

REVOLUÇÃO QUÂNTICA

Gordon Moore. A lei de Moore afirma que o poder de processamento dos computadores dobraria a cada dezoito meses. Essa lei enganosamente simples conseguiu reproduzir o aumento exponencial fantástico do poder computacional, o que é sem precedentes na história. Não há outra invenção que tenha tido um impacto tão profundo em um período tão curto.

Os computadores passaram por vários estágios ao longo de sua história, cada vez aumentando enormemente sua potência e causando mudanças sociais importantes. A lei de Moore pode, de fato, ser aplicada retroativamente até os anos 1800, na era dos computadores mecânicos. Naquela época, os engenheiros usavam cilindros girantes, alavancas, engrenagens e rodas para efetuar operações aritméticas simples. Na virada do século passado, essas máquinas calculadoras começaram a fazer uso da eletricidade, substituindo engrenagens por relés e cabos. Durante a Segunda Guerra Mundial, os computadores usavam tubos de vácuo a fim de decifrar códigos governamentais secretos. No período pós-guerra, houve a transição dos tubos de vácuo para os transistores, que podiam ser miniaturizados para tamanhos microscópicos, facilitando assim os avanços continuados em velocidade e poder.

Nos anos 1950, computadores mainframe só podiam ser comprados por grandes corporações, agências governamentais como o Pentágono e bancos internacionais. Eles eram muito potentes (por exemplo, o ENIAC conseguia fazer em trinta segundos o que levaria vinte horas de trabalho humano). Mas eram caros, enormes e frequentemente era necessário o andar inteiro de um edifício corporativo para acomodá-los. O microchip revolucionou tudo ao diminuir de tamanho ao longo das décadas; hoje, um chip típico, do tamanho de uma unha, pode conter cerca de um bilhão de transistores. Agora, os celulares que as crianças usam para jogar videogame são mais potentes que uma sala repleta desses pesados

O FIM DA ERA DO SILÍCIO

dinossauros uma vez utilizados pelo Pentágono. Nem percebemos que o computador que carregamos no bolso excede a capacidade dos computadores durante a Guerra Fria.

Mas tudo tem um fim. Cada transição no desenvolvimento dos computadores tornou obsoleta a tecnologia antecedente, num processo de criação destrutiva. A lei de Moore já está diminuindo sua aplicabilidade e no futuro poderá deixar de existir. Isso porque os microchips estão tão compactos que a camada mais fina de transistores está na ordem de vinte átomos de espessura. Quando chegarem a cinco átomos de espessura, a localização dos elétrons se torna incerta e eles poderão vazar e causar um curto-circuito no chip ou gerar tanto calor que o chip irá derreter. Em outras palavras, segundo as leis da física, a lei de Moore deverá colapsar em algum momento se continuarmos a usar principalmente o silício. O próximo salto poderá ser a Era Pós-Silício ou Quântica.

Como disse Sanjay Natarajan, da Intel, "já extraímos, acredita-se, tudo o que se pode extrair dessa arquitetura".

O Vale do Silício poderá se transformar no próximo Cinturão da Ferrugem.

Ainda que as coisas pareçam tranquilas agora, cedo ou tarde este novo futuro surgirá. Como disse Hartmut Neven, diretor do laboratório de IA da Google, "parece que nada está acontecendo, nada está acontecendo então, de repente, opa, estamos em um mundo diferente".

POR QUE ELES SÃO TÃO POTENTES?

O que torna os computadores quânticos tão eficientes a ponto de as nações no mundo inteiro correrem para dominar essa nova tecnologia?

Basicamente, todos os computadores modernos fazem uso da informação digital, que pode ser codificada numa série de 0s e 1s. A menor unidade de informação, um único dígito, é chamada de bit. Essa sequência de 0s e 1s é então inserida num processador digital que efetua os cálculos e produz um resultado. Por exemplo, sua conexão de internet pode ser medida em termos de gigabits por segundo (Gbit/s), o que significa que um bilhão de bits estão sendo enviados para o seu computador a cada segundo, permitindo o acesso instantâneo a filmes, e-mails, documentos etc.

Entretanto, em 1959 o ganhador do Prêmio Nobel Richard Feynman enxergou uma abordagem diferente à informação digital. Em um ensaio profético e desbravador, intitulado "There's Plenty of Room at the Bottom" [Há muito espaço na parte inferior, em tradução livre], e em artigos subsequentes, ele perguntou: Por que não substituir a sequência de 0s e 1s por estados atômicos, criando um computador atômico? Por que não substituir um transistor pelo menor objeto possível, o átomo?

Os átomos são como piões que giram. Na presença de um campo magnético eles se alinham girando com a ponta para cima ou para baixo em relação à orientação do campo magnético, que pode corresponder a 0 ou a 1. O poder de um computador digital está relacionado aos estados numéricos (os 0s ou 1s) que temos em nossos computadores.

Mas, como consequência das regras esquisitas do mundo suba-tômico, os átomos também conseguem girar com qualquer combinação desses dois. Por exemplo, podemos ter um estado em que o átomo gire com a ponta para cima 10% do tempo e gire com a ponta para baixo 90% do tempo. Ou gire para cima 65% do tempo e para baixo 35% do tempo. Na verdade, há um número infinito de maneiras pelas quais um átomo pode girar. Isso aumenta enormemente o número de estados possíveis. Assim, o átomo consegue codificar muito mais informações, não apenas em um bit, mas em

O FIM DA ERA DO SILÍCIO

um qubit, isto é, uma mistura simultânea de estados para cima e para baixo. Bits digitais conseguem codificar apenas um bit de informação por vez, o que limita seu poder, ao passo que os qubits, ou bits quânticos, têm um poder praticamente ilimitado. O fato de, no nível atômico, os objetos existirem simultaneamente em estados múltiplos é chamado de superposição. (Isso também significa que as leis do senso comum com as quais estamos acostumados são violadas rotineiramente no nível atômico. Nessa escala, os elétrons conseguem estar em dois lugares ao mesmo tempo, o que não é verdade para objetos grandes.)

Além do mais, os qubits conseguem interagir uns com os outros, o que não é possível para os bits comuns. Isso é chamado de emaranhamento. Enquanto bits digitais têm estados independentes, cada vez que adicionamos mais um qubit ele irá interagir com todos os outros qubits previamente adicionados, de modo que dobramos o número de interações possíveis. Portanto, computadores quânticos são exponencialmente mais poderosos que os computadores digitais porque dobramos o número de interações a cada vez que adicionamos um qubit extra.

Por exemplo, os computadores quânticos de hoje conseguem ter mais de 100 qubits. Isso significa que eles são 2^{100} vezes mais potentes que um supercomputador com apenas um qubit.

O computador quântico Sycamore da Google, o primeiro a alcançar a supremacia quântica, tem a capacidade de processar 72 quadrilhões de bytes de memória com seus 53 qubits. Assim, um computador quântico como o Sycamore ofusca qualquer computador convencional.

As implicações comerciais e científicas dessa tecnologia são gigantescas. À medida que fazemos a transição de uma economia mundial digital para uma economia quântica, as apostas são extraordinariamente altas.

OBSTÁCULOS À COMPUTAÇÃO QUÂNTICA

A próxima pergunta é: O que nos impede de comercializar computadores quânticos hoje? Por que algum inventor arrojado não aparece com um computador quântico capaz de decifrar qualquer código conhecido?

O problema que impede a produção de computadores quânticos hoje em dia foi também previsto por Richard Feynman quando ele propôs o conceito. Para que computadores quânticos funcionem, os átomos devem estar precisamente posicionados a fim de que vibrem em uníssono. A isso chamamos de coerência. Mas átomos são objetos incrivelmente pequenos e sensíveis. A menor impureza ou distúrbio vindos do mundo exterior conseguem fazer com que a cadeia de átomos perca sua coerência, arruinando todo o cálculo. Essa fragilidade é o maior problema encarado pelos computadores quânticos. Assim, a pergunta de um trilhão de dólares é: conseguimos controlar a decoerência?

A fim de minimizar a contaminação proveniente do mundo exterior, os cientistas utilizam um tipo especial de equipamento para diminuir a temperatura a níveis próximos ao zero absoluto, enquanto as vibrações indesejadas estão no mínimo. Porém isso requer bombas e tubulações caras e especiais para que temperaturas assim sejam alcançadas.

Mas estamos diante de um mistério. A Mãe Natureza usa a mecânica quântica em temperatura ambiente sem problema algum. Por exemplo, o milagre da fotossíntese, um dos processos mais importantes no planeta, é um processo quântico que ocorre em temperaturas normais. A natureza não faz uso de uma sala repleta de dispositivos extravagantes operando próximo ao zero absoluto para realizar a fotossíntese. Por motivos ainda não tão bem compreendidos, no mundo natural consegue-se preservar a coerência

O FIM DA ERA DO SILÍCIO

mesmo em dias quentes e ensolarados, quando as perturbações do mundo exterior deveriam criar o caos em nível atômico. Se conseguíssemos compreender como a natureza faz sua magia em temperatura ambiente, conseguiríamos nos tornar os mestres do quantum e até mesmo da vida.

REVOLUCIONANDO A ECONOMIA

Ainda que os computadores quânticos representem, no curto prazo, uma ameaça à segurança cibernética das nações, existem várias implicações práticas do seu uso no longo prazo, como o poder de revolucionar a economia, criar um futuro mais sustentável e acelerar o advento de uma era da medicina quântica que ajudará na cura de doenças antes incuráveis.

Há diversas áreas nas quais os computadores quânticos podem sobrepujar os computadores digitais convencionais:

1. Ferramentas de busca

No passado, o conceito de riqueza poderia ser medido em termos de petróleo ou ouro.

Hoje, cada vez mais a riqueza é medida em termos de dados. As empresas tinham o hábito de se desfazer de suas informações financeiras, mas agora essa informação passou a ser reconhecida como mais valiosa do que metais preciosos. No entanto, peneirar uma montanha de dados pode sobrecarregar um computador digital convencional. É aí que entram os computadores quânticos: para encontrar a agulha no palheiro. Computadores quânticos podem ser capazes de analisar as finanças de uma empresa de modo a identificar o conjunto de fatores que estão impedindo que ela cresça.

REVOLUÇÃO QUÂNTICA

Na verdade, o banco JPMorganChase se uniu à IBM e à Honeywell a fim de analisar suas informações e fazer previsões melhores sobre riscos financeiros e incertezas e aumentar a eficiência das operações.

2. Otimização

Uma vez que os computadores quânticos tenham usado ferramentas de busca para identificar os fatores--chave nos dados, a próxima pergunta é como ajustá-los com a finalidade de maximizar certos fatores, como o lucro. No mínimo, grandes corporações, universidades e agências governamentais farão uso dos computadores quânticos de modo a minimizar suas despesas e maximizar a eficiência e o lucro. Por exemplo, o lucro líquido de uma empresa depende de centenas de fatores, como salários, vendas, despesas e assim por diante, e todos mudam rapidamente com o tempo. Identificar a combinação certa dessa miríade de fatores com a intenção de maximizar a margem de lucro pode sobrecarregar um computador digital tradicional. Da mesma forma, uma instituição financeira pode querer usar computadores quânticos para prever o futuro de certos mercados financeiros que diariamente mexem com bilhões de dólares em transações. É aí que os computadores quânticos podem ajudar, ao fornecer a potência computacional necessária a fim de otimizar o lucro líquido.

3. Simulação

Computadores quânticos também conseguiriam resolver equações complexas que vão além da capacidade dos computadores digitais. Por exemplo, empresas de engenharia podem usar computadores quânticos para

O FIM DA ERA DO SILÍCIO

calcular a aerodinâmica de jatos, aviões e carros, de modo a encontrar a forma ideal de reduzir o atrito, minimizar custos e maximizar a eficiência. Ou então os governos podem usar computadores quânticos na prevenção das mudanças climáticas, desde determinar o caminho de um furacão gigantesco até calcular como o aquecimento global irá afetar a economia e nosso modo de vida décadas no futuro. Ou ainda, os cientistas podem usar computadores quânticos para encontrar a configuração ideal de ímãs nas enormes máquinas de fusão nuclear de modo a controlar a energia da fusão de hidrogênio e "engarrafar o sol".

Mas talvez o maior benefício seja utilizar computadores quânticos a fim de simular centenas de processos químicos vitais. O sonho seria prever o resultado de qualquer reação química no nível atômico sem a utilização de agentes químicos, apenas com computadores quânticos. Esse novo ramo da ciência, a química computacional, determina as propriedades químicas não por meio do experimento, mas da simulação em um computador quântico, o que poderá algum dia eliminar a necessidade de testes caros e demorados. Toda a biologia, a medicina e a química seriam reduzidas à mecânica quântica. Isso significaria criar um "laboratório virtual" no qual conseguiríamos testar rapidamente novas drogas, terapias e curas na memória de um computador quântico, evitando décadas de tentativa e erro e longas experiências em laboratório. Em vez de realizarmos milhares de experiências químicas complexas, caras e demoradas, poderíamos simplesmente apertar o botão de um computador quântico.

REVOLUÇÃO QUÂNTICA

4. A Inteligência Artificial (IA) e os Computadores Quânticos
A Inteligência Artificial é imbatível no quesito aprender com os próprios erros, de modo que ela consegue executar tarefas incrivelmente difíceis. A IA já provou seu valor na indústria e na medicina. Entretanto, uma limitação dessa tecnologia é que a quantidade enorme de informações que ela precisa processar pode facilmente sobrecarregar um computador digital convencional. Porém a capacidade de peneirar montanhas de dados é um dos pontos fortes dos computadores quânticos. Assim, a fertilização cruzada entre a IA e os computadores quânticos pode aumentar significativamente a capacidade de resolução de problemas de todos os tipos.

OUTRAS UTILIZAÇÕES DOS COMPUTADORES QUÂNTICOS

Computadores quânticos têm o poder de transformar indústrias inteiras. Por exemplo, eles podem finalmente inaugurar a tão esperada Era Solar. Durante décadas, futuristas e visionários previram que a energia renovável iria acabar com os combustíveis fósseis e solucionar o efeito estufa que está aquecendo nosso planeta. Exércitos inteiros de pensadores e sonhadores têm exaltado as virtudes das energias renováveis.

Mas a Era Solar se perdeu pelo caminho.

Se por um lado o custo de turbinas eólicas e painéis solares tem de fato diminuído, por outro eles são responsáveis por apenas uma pequena fração da produção energética mundial. A pergunta é: o que aconteceu?

Cada nova tecnologia precisa se adequar ao requisito principal: o custo. Após décadas de elogios às potências solar e eólica, seus

O FIM DA ERA DO SILÍCIO

defensores precisam encarar o fato de que esses recursos ainda são, em média, um pouco mais caros que os combustíveis fósseis. O motivo é óbvio. Quando o sol não brilha e o vento não sopra, os equipamentos de energia renovável ficam parados, inúteis, pegando poeira.

O principal impedimento à Era Solar com frequência é ignorado: a bateria. Fomos acostumados com o fato de o poder da computação crescer de forma exponencialmente rápida, então supomos inconscientemente que a mesma taxa de aprimoramento se aplica à tecnologia eletrônica como um todo.

O poder dos computadores explodiu, em parte, por sermos capazes de utilizar comprimentos de onda mais curtos de radiação ultravioleta para esculpir transistores minúsculos em um chip de silício. Mas baterias são diferentes; elas são complicadas, utilizam uma coleção de produtos químicos incomuns numa interação complexa. A potência das baterias cresce lentamente, por meio de tentativa e erro, e não pela gravação sistemática por comprimentos de onda mais curtos de luz UV. Além do mais, a energia armazenada numa bateria é apenas uma fração minúscula da energia armazenada na gasolina.

Computadores quânticos conseguiriam mudar isso. Eles podem ser capazes de simular milhares de reações químicas sem a necessidade de executá-las em laboratório para encontrar o processo mais eficaz de desenvolver uma superbactéria, inaugurando, assim, a Era Solar.

Empresas de serviços públicos e fabricantes de automóveis já estão fazendo uso de computadores quânticos de primeira geração da IBM para atacar o problema das baterias. Eles estão tentando aumentar a capacidade e a velocidade de recarga da nova geração de baterias de lítio-enxofre. Mas essa é apenas uma das maneiras pelas quais o clima será afetado. A ExxonMobil também está usando computadores quânticos da IBM para criar compostos químicos para o processamento e a captura de carbono de baixa energia.

Jeremy O'Brien, fundador da PsiQuantum, afirma que essa revolução não tem a ver com construir computadores mais rápidos. Em vez disso, tem a ver com resolver problemas, como reações químicas e biológicas complexas que nenhum computador convencional conseguiria resolver, não importa quanto tempo déssemos a ele.

Ele diz: "Não estamos falando em fazer as coisas mais rápido ou melhor... estamos falando em sermos capazes de conseguir fazer essas coisas... Esses problemas estarão eternamente além do alcance de qualquer computador convencional que pudéssemos construir... ainda que convertêssemos todos os átomos de silício do planeta em um supercomputador, não seríamos capazes de resolver esses... problemas difíceis."

ALIMENTANDO O PLANETA

Outra importante aplicação dos computadores quânticos poderia ser alimentar a população mundial em crescimento. Algumas bactérias conseguem extrair nitrogênio do ar sem qualquer esforço e convertê-lo em amônia, que por sua vez é convertida em substâncias químicas que se tornam fertilizantes. Esse processo de fixação do nitrogênio é o motivo pelo qual a vida floresceu na Terra, permitindo o surgimento de uma vegetação abundante que alimenta humanos e animais. A Revolução Verde foi desencadeada quando os químicos duplicaram essa façanha com o processo de Haber-Bosch. Entretanto, esse processo exige uma quantidade enorme de energia. Na verdade, surpreendentes dois por cento de toda a energia produzida no mundo é utilizada por esse processo.

O FIM DA ERA DO SILÍCIO

Então essa é a ironia. *As bactérias conseguem fazer algo de graça que consome uma fração enorme da energia mundial.*

A pergunta é: será que os computadores quânticos conseguem solucionar o problema da produção eficiente de fertilizantes, criando assim uma segunda Revolução Verde? Sem uma nova revolução na produção de alimentos, alguns futuristas já anteciparam uma catástrofe ecológica, na medida em que uma população mundial cada vez maior se torna mais difícil de ser alimentada, o que poderia levar à fome em massa e a rebeliões por comida ao redor do globo.

Cientistas da Microsoft já fizeram algumas das primeiras tentativas de utilizar computadores quânticos para aumentar o rendimento dos fertilizantes e desvendar o segredo da fixação de nitrogênio. No fim, os computadores quânticos podem ajudar a salvar a civilização humana de si mesma. Outro milagre da natureza é a fotossíntese, na qual luz do sol e dióxido de carbono são transformados em oxigênio e glicose, que então formam os pilares de praticamente toda a vida animal. Sem a fotossíntese, a cadeia alimentar entraria em colapso e a vida no planeta desapareceria rapidamente.

Os cientistas passaram décadas tentando separar as etapas por trás desse processo, molécula por molécula. Mas converter luz em açúcar é um processo da mecânica quântica. Após anos de tentativas, os cientistas isolaram onde os efeitos quânticos dominam o processo, e eles estão todos além do alcance dos computadores digitais. Assim, criar uma fotossíntese sintética que consiga ser potencialmente mais eficiente do que a natural ainda escapa à capacidade dos melhores químicos.

Computadores quânticos podem ajudar a criar uma fotossíntese sintética mais efetiva ou talvez maneiras inteiramente novas de capturar o poder da luz solar. O futuro da nossa alimentação pode depender disso.

O NASCIMENTO DA MEDICINA QUÂNTICA

Computadores quânticos têm o poder de revitalizar o meio ambiente. Mas eles também conseguem curar doentes e moribundos. Computadores quânticos não só podem analisar simultaneamente a eficácia de milhões de potenciais medicamentos mais rapidamente do que qualquer computador convencional, como também conseguem desvendar a natureza da doença propriamente dita.

Computadores quânticos talvez respondam a perguntas como: o que leva células saudáveis a se tornarem cancerosas e como esse processo pode ser interrompido? O que causa a doença de Alzheimer? Por que a doença de Parkinson e a Esclerose Lateral Amiotrófica (ELA) são incuráveis? Mais recentemente, descobriu-se que o coronavírus apresenta mutações, mas quão perigoso é cada um desses vírus mutantes e como irá responder ao tratamento?

Entre as duas maiores descobertas de toda a medicina estão os antibióticos e as vacinas. Mas novos antibióticos são descobertos na grande maioria das vezes por meio da tentativa e erro, sem compreendermos precisamente como eles funcionam no nível molecular, e as vacinas apenas estimulam o corpo a produzir substâncias químicas a fim de atacar um vírus invasor. Em ambos os casos, os mecanismos moleculares exatos ainda são um mistério, e os computadores quânticos podem nos dar ideias de como desenvolver vacinas e antibióticos melhores.

Quando se trata de compreender nosso corpo, o primeiro grande passo foi o Projeto Genoma Humano, que mapeou todos os três bilhões de pares de base e os 20.000 genes que compõem o DNA humano. Mas isso é apenas o começo. O problema é que os computadores digitais são usados principalmente para pesquisar grandes bancos de dados de códigos genéticos conhecidos, mas eles são inúteis quando se precisa explicar exatamente como o DNA

O FIM DA ERA DO SILÍCIO

e as proteínas operam seus milagres dentro do corpo humano. Proteínas são complexas, frequentemente compostas por milhares de átomos que se enovelam em uma pequena bola de maneiras específicas e inexplicáveis. No nível mais fundamental, toda a vida é quântica e, portanto, muito além do alcance dos computadores digitais.

Mas os computadores quânticos vão abrir o caminho para o próximo estágio, quando iremos decifrar os mecanismos no nível molecular e entender como eles funcionam, permitindo aos cientistas criar novas vias genéticas, novas terapias, novas curas para vencer doenças antes incuráveis.

Por exemplo, empresas farmacêuticas, como ProteinQure, Merck e Biogen, já começaram a montar centros de pesquisas para analisar como os computadores quânticos irão afetar a análise de medicamentos.

Cientistas não deixam de se encantar com a Mãe Natureza, que consegue criar um vasto arsenal de mecanismos moleculares que tornam possível o milagre da vida. Mas esses mecanismos são um subproduto do acaso e da seleção natural que opera há bilhões de anos. É por isso que ainda sofremos com certas doenças incuráveis e com o processo de envelhecimento. Uma vez que tenhamos compreendido o funcionamento desses mecanismos moleculares, seremos capazes de usar computadores quânticos para melhorá-los ou criar novas versões deles.

Com a genômica do DNA, por exemplo, conseguimos usar computadores para identificar genes como o BRCA1 e o BRCA2, que provavelmente levam ao desenvolvimento do câncer de mama. Mas os computadores digitais são inúteis para determinar exatamente como esses genes causam o câncer. E eles tampouco conseguem dizimar o câncer depois que ele já se espalhou pelo corpo. Mas os computadores quânticos, ao decifrar as complexidades moleculares do nosso sistema imunológico, podem conseguir criar drogas e terapias a fim de combater o câncer.

Outro exemplo é a doença de Alzheimer, que alguns acreditam ser a "doença do século" à medida que a população mundial envelhece. Com os computadores digitais, pode-se mostrar que mutações em certos genes, como o ApoE4, estão associadas com o Alzheimer. Mas os computadores digitais são incapazes de explicar por quê.

Uma teoria importante é a de que a doença de Alzheimer seja causada por príons, um tipo de proteína amiloide que está enovelada incorretamente no cérebro. Quando a molécula renegada vai de encontro a outra molécula de proteína, ela faz com que a molécula saudável também se enovele da forma errada. Assim, a doença se dissemina por contato, mesmo que bactérias e vírus não estejam envolvidos. Suspeita-se de que esses príons rebeldes sejam os responsáveis pelas doenças de Alzheimer, de Parkinson e ELA, bem como os hospedeiros para outras doenças incuráveis que assolam os idosos.

Portanto, o problema do enovelamento das proteínas é uma das maiores áreas não mapeadas da biologia. Na verdade, esse problema pode conter o segredo da vida. Mas descobrir exatamente como uma molécula de proteína se enovela está além da capacidade de qualquer computador convencional. Computadores quânticos, no entanto, podem fornecer novos caminhos a fim de neutralizar proteínas renegadas e desenvolver novas terapias.

Além do mais, a união da IA com os computadores quânticos pode vir a ser o futuro da medicina. Programas de IA como o AlphaFold têm sido capazes de mapear a estrutura atômica detalhada de surpreendentes 350.000 tipos diferentes de proteínas, incluindo o conjunto completo de proteínas que compõem o corpo humano. O próximo passo é usar os métodos exclusivos dos computadores quânticos para descobrir como essas proteínas se comportam e usá-las para criar uma nova geração de medicamentos e terapias.

Os computadores quânticos já estão sendo conectados a redes neurais para criar uma geração de máquinas que conseguem literalmente aprender. Em contrapartida, o laptop que está sobre sua mesa nunca aprende. Ele não está mais potente hoje do que era há um ano. Apenas recentemente, com os novos avanços em aprendizado profundo, os computadores começaram a dar os primeiros passos em reconhecer erros e aprender. Computadores quânticos conseguiriam acelerar exponencialmente esse processo e produzir impactos singulares na medicina e na biologia.

O CEO da Google, Sundar Pichai, compara a chegada dos computadores quânticos ao voo histórico dos irmãos Wright em 1903. O voo original não foi assim tão sensacional, pois durou apenas modestos doze segundos. Mas esse curto voo desencadeou o desenvolvimento da aviação moderna, que, por sua vez, mudou o curso da civilização humana.

O que está em jogo é nada menos que nosso futuro. E ele está disponível e acessível para quem conseguir construir e usar um computador quântico. Mas, para compreendermos verdadeiramente o impacto que essa revolução pode ter em nossas vidas, é importante recordar algumas das tentativas destemidas feitas no passado com a finalidade de realizar o sonho de usar computadores para simular e compreender o mundo à nossa volta.

E tudo começou com uma relíquia misteriosa de 2.000 anos encontrada no fundo do mar Mediterrâneo.

CAPÍTULO 2

O FIM DA ERA DIGITAL

D as profundezas do mar Egeu surgiu um dos enigmas mais intrigantes e cativantes do mundo antigo. Em 1901, mergulhadores conseguiram resgatar um estranho objeto próximo à ilha de Anticítera. Entre os pedaços espalhados de cerâmica quebrada, moedas, joias e estátuas de um naufrágio, os mergulhadores encontraram algo diferente. A princípio, parecia um pedaço sem valor de pedra incrustada de corais.

Mas, quando as camadas de detritos foram limpas, os arqueólogos perceberam que estavam diante de um tesouro único e extremamente raro. Ele era cheio de engrenagens, rodas e inscrições estranhas, uma máquina com design incomum e complexo.

Após a datação dos artefatos encontrados no naufrágio, foi estimado que tal objeto tenha sido fabricado em torno de 150 a 100 Antes da Era Comum (AEC). Alguns historiadores acreditam que ele estaria sendo levado de Rodes para Roma a fim de ser presenteado a Júlio César para um desfile triunfal.

REVOLUÇÃO QUÂNTICA

Em 2008, cientistas, utilizando tomografia computadorizada por raios X e varredura de alta resolução, conseguiram penetrar o interior do objeto intrigante. Eles ficaram maravilhados ao perceber que estavam diante de um dispositivo mecânico antigo que era inacreditavelmente avançado.

Não havia qualquer menção a um mecanismo tão sofisticado em nenhum registro do mundo antigo. Ocorreu-lhes que o magnífico artefato deve ter sido o apogeu do conhecimento científico do mundo antigo. Foi como o brilho de uma supernova iluminando-os de um passado milenar. Este é o *computador mais antigo do mundo*, um dispositivo que não seria reproduzido por mais de dois mil anos. (Veja a Figura 1 no encarte no fim do livro.)

Os cientistas começaram a construir reproduções mecânicas desse extraordinário dispositivo. Ao girar uma manivela, uma série de engrenagens e rodas dentadas complexas foram colocadas em movimento pela primeira vez em milhares de anos. A máquina tinha pelo menos trinta e sete engrenagens de bronze. Em um dos grupos de engrenagens, podiam-se calcular os movimentos da Lua e do Sol. Outro grupo de engrenagens previa a chegada do próximo eclipse solar. Ele era tão preciso que até conseguia calcular pequenas irregularidades na órbita da Lua. Traduções das inscrições no dispositivo detalham o movimento de Mercúrio, Vênus, Marte, Saturno e Júpiter, planetas conhecidos pelos antigos, mas acredita-se que outra parte do dispositivo, que está desaparecida, conseguia de fato traçar a posição dos planetas conforme eles se movem no céu.

Desde então, cientistas têm criado modelos elaborados da parte interna desse dispositivo, o que deu aos historiadores uma compreensão sem precedentes do conhecimento e da mente dos povos antigos. O dispositivo anunciava o nascimento de um ramo completamente novo da ciência, que utiliza ferramentas mecânicas para

O FIM DA ERA DIGITAL

simular o universo. Esse é o computador analógico mais antigo do mundo — um dispositivo capaz de fazer cálculos por meio de movimentos mecânicos contínuos.

O propósito do primeiro computador do mundo era, portanto, simular os corpos celestes, reproduzir os mistérios do cosmos em um dispositivo que cabia na palma da mão. Em vez de simplesmente olharem o céu noturno com admiração, os cientistas daquela época queriam entender seu funcionamento detalhado, o que favoreceu o entendimento da movimentação dos corpos celestes.

COMPUTADORES QUÂNTICOS: A SIMULAÇÃO FINAL

Os arqueólogos concluíram que o Anticítera representou o auge das tentativas antigas de simular o cosmos. Na verdade, essa mesma necessidade de reproduzir o mundo à nossa volta é uma das forças motrizes por trás do computador quântico, que representa o esforço final nessa jornada de 2.000 anos a fim de simular tudo: desde o cosmos até os átomos.

Simulações são um dos desejos humanos mais fortes. Crianças usam representações com brinquedos para entender o comportamento humano. Quando as crianças brincam de polícia e ladrão, professor e aluno ou médico e paciente, elas estão replicando uma parte da sociedade adulta de forma a compreender as relações humanas complexas.

Infelizmente, foram necessários muitos séculos até que os cientistas conseguissem construir máquinas com tamanha complexidade para representar nosso mundo tão bem quanto o Anticítera fazia.

REVOLUÇÃO QUÂNTICA

BABBAGE E A MÁQUINA DIFERENCIAL

Com a queda do Império Romano, o progresso científico em muitas áreas, incluindo as representações do universo, parou.

Foi só no século XIX que o interesse pela ciência voltou gradativamente. Àquela altura, havia perguntas práticas e urgentes que poderiam ser respondidas apenas por meio de computadores mecânicos analógicos.

Por exemplo, os navegadores dependiam de mapas e cartas detalhados para traçar o curso de suas embarcações. Eles precisavam de dispositivos que os ajudassem a produzir os mapas da maneira mais acurada possível.

Máquinas cada vez mais complexas também foram necessárias a fim de controlar o comércio e as transações à medida que as pessoas começaram a acumular riqueza em quantidades cada vez maiores. Contadores eram chamados para compilar à mão grandes tabelas matemáticas de taxas de juros e hipotecas.

No entanto, frequentemente os humanos cometiam erros custosos e cruciais. Por isso, havia enorme interesse em inventar máquinas de somar mecânicas que não cometessem erros assim. À medida que as máquinas de somar se tornavam mais complexas, surgiu uma competição informal entre os inventores para saber quem conseguiria construir a mais avançada.

Talvez o mais ambicioso entre todos os projetos tenha sido o liderado pelo inventor e visionário inglês Charles Babbage, muitas vezes chamado de o Pai do Computador. Ele se interessava por vários campos diferentes, entre eles arte e até política, mas sempre foi fascinado pelos números. Felizmente, Charles Babbage nasceu numa família rica, e seu pai banqueiro conseguia ajudá-lo a seguir muitos dos seus interesses diversos.

O sonho dele era criar o computador mais avançado de seu tempo, que poderia ser utilizado por banqueiros, engenheiros,

O FIM DA ERA DIGITAL

navegadores e as forças armadas para executar, sem erros, cálculos demorados, porém essenciais. Ele tinha dois objetivos. Como membro fundador da Sociedade Astronômica Real, Charles Babbage queria criar uma máquina que conseguisse acompanhar o movimento dos planetas e dos corpos celestes (basicamente seguindo o mesmo pioneirismo daqueles que construíram o Anticítera). Ele também se preocupava em produzir cartas náuticas precisas para a indústria marítima. A Inglaterra era uma importante potência da navegação, e erros nas cartas náuticas poderiam causar desastres onerosos. A ideia dele era desenvolver o computador mecânico mais potente de sua categoria com a finalidade de descrever o movimento de tudo, desde planetas até embarcações e taxas de juros.

Ele foi bastante persuasivo ao recrutar simpatizantes ávidos por ajudá-lo a concretizar seu ambicioso projeto. Ada Lovelace foi um deles. Membro da aristocracia e filha de Lord Byron, ela era uma estudante de matemática dedicada, o que era raro para mulheres da época. Quando viu um pequeno modelo funcional do projeto de Charles Babbage, ela ficou intrigada.

Ada Lovelace é conhecida por ter ajudado Charles Babbage a introduzir diversos novos conceitos na computação. Em geral, um computador mecânico exigia um conjunto de engrenagens e rodas para realizar lenta e meticulosamente os cálculos, um por um. Mas, para produzir de uma só vez tabelas inteiras repletas de milhares de números (como logaritmos, taxas de juros e cartas de navegação), era necessário um conjunto de instruções para guiar a máquina por meio de muitas iterações. Em outras palavras, era necessário um software para guiar a sequência de computações no hardware. Ela então escreveu uma série de instruções detalhadas através das quais a máquina conseguiria gerar sistematicamente os chamados números de Bernoulli, essenciais para os cálculos que eram realizados.

Ada Lovelace foi, de certo modo, a primeira programadora do mundo. Os historiadores concordam que Babbage provavelmente sabia da importância do software e da programação, mas as anotações detalhadas escritas por Lovelace em 1843 representaram a primeira evidência publicada de um programa de computador.

Ela também percebeu que os computadores não eram só capazes de manipular números, como Babbage pensou, mas também poderiam descrever conceitos simbólicos sobre uma ampla variedade de áreas. Segundo o escritor Doron Swade, "Ada enxergou algo que, de certo modo, Babbage não conseguiu. No mundo de Babbage, suas máquinas seriam limitadas aos números. O que Lovelace viu foi que os números poderiam representar outras entidades além da quantidade. Portanto, uma vez que você tivesse uma máquina para manipular os números, se esses números representassem outras coisas, letras, notas musicais, a máquina conseguiria manipular símbolos dos quais o número seria uma instância, de acordo com regras".

Como exemplo, Lovelace escreveu que o computador poderia ser programado para criar peças musicais. Segundo ela, "a máquina poderia compor peças musicais científicas e elaboradas com qualquer grau de complexidade ou extensão". Portanto, o computador não seria apenas um processador de números ou uma máquina de somar gloriosa. Ele também poderia ser utilizado para explorar a ciência, a arte e a cultura. Mas, infelizmente, antes que conseguisse elaborar esses conceitos transformadores, Lovelace morreu de câncer aos 36 anos.

Enquanto isso, Babbage, cronicamente sem recursos financeiros e continuamente engajado em disputas com os outros, jamais concretizou o sonho de criar o computador mecânico mais avançado de sua época. Quando morreu, a maior parte de seus diagramas e ideias também morreu com ele.

O FIM DA ERA DIGITAL

Desde então, porém, cientistas têm tentado estudar precisamente quão avançadas eram as máquinas de Babbage. O desenho de um de seus modelos não terminados continha 25.000 componentes. Quando construído, deveria pesar quatro toneladas e teria dois metros e meio de altura. Ele estava tão à frente de seu tempo que sua máquina seria capaz de manipular mil números de 50 dígitos. Essa enorme quantidade de memória não seria duplicada por nenhuma outra máquina até 1960.

Mas, cerca de um século após sua morte, engenheiros do Museu da Ciência de Londres, seguindo seus esboços em papel, conseguiram construir um de seus modelos e colocá-lo em exibição. E ele funcionou, exatamente como Babbage havia previsto no século anterior.

A MATEMÁTICA É COMPLETA?

Enquanto os engenheiros construíam computadores mecânicos cada vez mais complexos a fim de atender às demandas de um mundo industrializado, os matemáticos puros estavam fazendo outra pergunta. Sempre foi um sonho dos geômetras gregos demonstrar que todas as afirmações verdadeiras na matemática poderiam ser rigorosamente provadas.

Notavelmente, porém, essa simples ideia frustrou os matemáticos por 2.000 anos. Durante séculos, estudantes de *Os elementos*, de Euclides, lutariam para provar cada teorema sobre objetos geométricos. Com o passar do tempo, pensadores brilhantes conseguiram demonstrar um conjunto cada vez mais elaborado de afirmações verdadeiras. Até hoje, os matemáticos passam a vida compilando contagens de afirmações verdadeiras que podem ser provadas matematicamente. No entanto, na época de Babbage,

REVOLUÇÃO QUÂNTICA

eles começaram a fazer uma pergunta ainda mais importante: a matemática é completa? Será que as regras da matemática asseguram que todas as afirmações verdadeiras podem ser provadas, ou será que existem afirmações verdadeiras que conseguem enganar as mentes mais extraordinárias da raça humana por serem, de fato, não demonstráveis?

Em 1900, o grande matemático alemão David Hilbert listou as mais importantes questões matemáticas não provadas de seu tempo, desafiando os matemáticos mais geniais do mundo. Esse conjunto impressionante de questões não resolvidas nortearia os planos dos matemáticos durante todo o século seguinte, pois cada teorema não demonstrado seria provado. Por décadas, jovens matemáticos se tornariam famosos ao solucionar algum dos teoremas inacabados de Hilbert.

Mas há uma ironia aqui. Um dos problemas não resolvidos listados por Hilbert era a antiga questão de demonstrar todas as afirmações matemáticas verdadeiras a partir de um conjunto de axiomas. Em 1931, durante uma conferência na qual Hilbert apresentava seu programa, um jovem matemático austríaco, Kurt Gödel, provou que isso era impossível.

Ondas de choque se propagaram através da comunidade matemática. Dois mil anos de pensamento grego foram completa e irrevogavelmente destruídos. Matemáticos do mundo inteiro quase não acreditaram. Eles tiveram de lidar com o fato de que a matemática não era um conjunto certinho, arrumado, completo e provável de teoremas outrora postulados pelos gregos. A matemática, que formou a base da compreensão do mundo físico ao nosso redor, era bagunçada e incompleta.

O FIM DA ERA DIGITAL

ALAN TURING: PIONEIRO DA CIÊNCIA DA COMPUTAÇÃO

Alguns anos depois, um jovem matemático inglês, fascinado pelo famoso teorema da incompletude de Gödel, encontrou uma maneira engenhosa de reformular inteiramente o problema. Isso mudaria para sempre o caminho da ciência da computação.

A habilidade excepcional de Alan Turing foi reconhecida cedo na vida. A diretora da escola primária onde ele estudava teria escrito que, entre seus alunos, ela "tem meninos inteligentes e meninos esforçados, mas Alan é um gênio". Ele depois se tornaria conhecido como o pai da ciência da computação e da inteligência artificial.

Turing tinha forte determinação para dominar a matemática apesar das oposições duras e das dificuldades. O diretor de sua escola, por exemplo, tentaria desencorajar o interesse dele pela ciência dizendo que "Turing estaria desperdiçando seu tempo em uma escola pública". Mas essa hostilidade atiçou ainda mais sua determinação. Quando ele tinha 14 anos, aconteceu uma greve geral que paralisou a maior parte do país, mas ele queria tanto ir à escola que foi de bicicleta sozinho por quase cem quilômetros para estar em sala assim que ela abrisse novamente.

Em vez de construir máquinas de somar cada vez mais complexas, como a máquina diferencial de Babbage, Alan Turing acabou se fazendo uma pergunta diferente: há um limite matemático para o que um computador mecânico pode fazer?

Em outras palavras, um computador consegue provar tudo?

Para fazer isso, ele precisou tornar a computação uma ciência exata, uma vez que ela era, até então, uma coleção de ideias desconexas e de invenções feitas por engenheiros excêntricos. Não havia uma maneira sistemática por meio da qual se poderiam discutir questões como o limite do que é computável. Assim, em 1936, ele introduziu o conceito do que hoje é chamado a máquina universal de Turing, um dispositivo enganosamente simples que capturou a essência da computação, possibilitando que esse campo fosse colocado sobre uma base matemática firme. As máquinas de Turing são os pilares de todos os computadores modernos. Dos gigantescos supercomputadores do Pentágono até o telefone celular no seu bolso, tudo é exemplo de uma máquina de Turing. Não é exagero dizer que quase toda a sociedade moderna é construída com base nas máquinas de Turing.

Turing imaginou uma fita infinitamente longa, que continha uma série de quadrados ou células. No interior de cada quadrado, poderíamos colocar um 0 ou um 1, ou poderíamos deixá-los vazios.

Depois um processador lia a fita e podia fazer apenas seis operações simples nela. Basicamente: substituir um 0 por um 1, ou vice-versa, e mover o processador um quadrado para a esquerda ou para a direita. Era possível:

1. Ler o número no quadrado

2. Escrever um número no quadrado

3. Mover um quadrado para a esquerda

4. Mover um quadrado para a direita

5. Mudar o número no quadrado

6. Parar

(A máquina de Turing é escrita na linguagem binária, em vez de na base decimal. Na linguagem binária, o número um é representado por 1, o número dois é representado por 10, o número três é representado por 11, o número quatro, por 100, e assim por diante.

Existe ainda uma memória na qual os números podem ser armazenados.) Então o resultado numérico final surge do processador como informação.

Em outras palavras, a máquina de Turing consegue pegar um número e transformá-lo em outro de acordo com comandos precisos no software. Dessa forma, Turing reduziu a matemática a um jogo: por meio da troca sistemática de 0 por 1 e vice-versa, pode-se codificar toda a matemática.

No artigo em que apresentou essas ideias, Turing mostrou, com um conjunto sucinto de instruções, que sua máquina poderia ser usada para executar todas as manipulações da aritmética, ou seja, somar, subtrair, multiplicar e dividir. Ele então usou os resultados para demonstrar alguns dos problemas mais difíceis na matemática, reformulando tudo do ponto de vista da computabilidade. A matemática estava sendo reescrita do ponto de vista da computação.

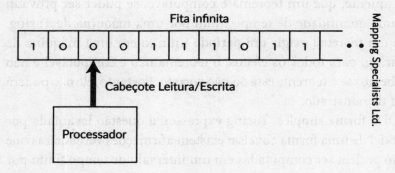

Figura 2: A máquina de Turing
Uma máquina de Turing é composta por uma fita digital infinitamente longa de entrada, uma fita digital de saída e um processador que converte a informação de entrada na informação de saída de acordo com um conjunto fixo de regras. Essa é a base de todos os computadores digitais modernos.

Por exemplo, vamos demonstrar como 2 + 2 = 4 é resolvido numa máquina de Turing, que demonstra como tudo na aritmética pode ser codificado. Inicie a fita com a inserção de dados correspondente ao número dois, ou 010. Então vá para a célula do meio, onde há o 1, e substitua-o por 0. Depois, mova-se uma célula para a esquerda, onde há um 0 e substitua-o por 1. A fita agora contém 100, que é igual a quatro. Ao generalizarmos esses comandos, consegue-se realizar qualquer operação envolvendo adição, subtração e multiplicação. Com um pouco mais de trabalho, consegue-se também dividir números.

Turing então fez uma pergunta simples, porém importante: será que o notório teorema da incompletude de Gödel, que exigia uma matemática elaborada, poderia ser demonstrado por sua máquina, que era muito mais simples, porém, ainda assim, era capaz de capturar a essência da matemática?

Turing começou definindo o que é computável. Ele disse, basicamente, que um teorema é computável se puder ser provado numa quantidade de tempo finito por uma máquina de Turing. Se um teorema exigir um período infinito em uma máquina de Turing, para todos os efeitos, o teorema não é computável e não sabemos se o teorema está ou não correto. Portanto, ele não poderá ser demonstrado.

De forma simples, Turing expressou a questão levantada por Gödel de uma forma concisa: existem afirmações verdadeiras que não podem ser computadas em um intervalo de tempo finito por uma máquina de Turing, dado um conjunto de axiomas?

Assim como o trabalho de Gödel, Turing demonstrou que a resposta é sim.

Mais uma vez, isso acabou com o sonho antigo de demonstrar a completude da matemática, mas de maneira intuitiva e simples. Essa conclusão significou que, mesmo com o computador mais

O FIM DA ERA DIGITAL

potente do mundo, jamais conseguiremos provar todas as afirmações verdadeiras na matemática em uma quantidade finita de
tempo dado um conjunto de axiomas.

COMPUTADORES NA GUERRA

Turing claramente provou ser um gênio da matemática do mais
alto calibre. Mas sua pesquisa foi interrompida pela Segunda
Guerra Mundial. Para ser útil nos esforços da guerra, Turing foi
recrutado a fim de realizar um trabalho ultrassecreto nas instalações do exército britânico em Bletchley Park, nos arredores de
Londres. Lá eles receberam a tarefa de decodificar códigos nazistas. Os cientistas nazistas haviam criado uma máquina, chamada
Enigma, que conseguia pegar uma mensagem, reescrevê-la com
um código indecifrável e enviá-la criptografada para a máquina
de guerra nazista que se espalhava pelo mundo. Esses códigos
levavam o conjunto de instruções mais importantes da guerra: os
planos militares dos nazistas, principalmente os da marinha. O
destino da civilização poderia depender do sucesso de se quebrar
o código da Enigma.

Turing e seus colegas atacaram o problema desenvolvendo
máquinas de calcular que pudessem quebrar sistematicamente
esses códigos impenetráveis. O primeiro sucesso deles, chamado
de Bomba, lembrava um pouco a máquina diferencial de Babbage,
em certos aspectos. Em vez de mecanismos movidos a vapor, cujas
engrenagens e discos eram lentos, difíceis de produzir e frequentemente emperravam, a Bomba baseava-se em rotores, tambores e
relés, todos alimentados por eletricidade.

Mas Turing também estava envolvido em outro projeto, o Colossus, cujo design era ainda mais engenhoso. Os historiadores

49

acreditam que ele foi o primeiro *computador eletrônico digital programável*. No lugar de partes mecânicas, como a máquina diferencial ou a Bomba, eles utilizaram tubos de vácuo, capazes de enviar sinais elétricos quase na velocidade da luz. Tubos de vácuo podem ser comparados a válvulas que controlam o fluxo de água. Ao girarmos uma pequena válvula, interrompemos o escoamento de água em um cano muito mais largo, ou a deixamos fluir livremente. Isso, por sua vez, pode representar os números 0 ou 1. Assim, um sistema de canos de água e válvulas pode representar um computador digital, onde a água é como o fluxo de eletricidade. Nas máquinas em Bletchley Park, um enorme arranjo de tubos de vácuo conseguia realizar cálculos digitais a velocidades surpreendentes ao se ligar ou desligar o fluxo de eletricidade. Assim, o trabalho de Turing e sua equipe substituiu o computador analógico pelo computador digital. Uma versão do Colossus continha 2.400 tubos de vácuo e ocupava uma sala inteira.

Além de mais rápidos, computadores digitais apresentam outra grande vantagem em relação aos sistemas analógicos. Imagine utilizar uma fotocopiadora de escritório para duplicar repetidamente uma imagem. Cada vez que reciclamos a imagem através de cópias, perdemos alguma informação. Se reciclarmos a mesma imagem repetidas vezes, em algum momento ela se tornará cada vez mais desbotada, até que finalmente irá desaparecer completamente. Da mesma forma, sinais analógicos tendem a introduzir erros cada vez que a imagem é copiada.

(Em vez disso, digitalize a imagem de forma que ela se torne uma série de 0s ou 1s. Ao digitalizar a imagem pela primeira vez, perde-se alguma informação. No entanto, uma mensagem digital pode ser copiada repetidas vezes sem perder quase nenhuma informação após cada ciclo. Assim, computadores digitais conseguem ser muito mais precisos do que computadores analógicos.)

O FIM DA ERA DIGITAL

(Também é mais fácil editar sinais digitais. Sinais analógicos, como uma imagem, são extremamente difíceis de ser alterados. Mas sinais digitais podem ser alterados com o apertar de um botão, ao utilizarmos algoritmos matemáticos.)

Sob a enorme pressão imposta pelos tempos de guerra, Turing e sua equipe foram finalmente capazes de quebrar o código dos nazistas por volta de 1942, o que ajudou a derrotar a frota naval nazista no Atlântico. Os aliados logo conseguiram invadir os planos secretos das forças armadas nazistas, sendo capazes de monitorar as instruções dadas às tropas e, com isso, se antecipar aos planos alemães de guerra. O Colossus foi finalizado em 1944, a tempo da invasão final da Normandia, para a qual os nazistas não se prepararam adequadamente. O destino do império nazista foi então selado.

Esses foram avanços de proporções monumentais, alguns deles sendo imortalizados no filme *O jogo da imitação*, de 2014. Sem essas conquistas, a guerra poderia ter se arrastado por anos, gerando miséria e sofrimento sem precedentes. Historiadores como Harry Hinsley estimaram que o trabalho de Turing e outros em Bletchley Park encurtou a duração da guerra em dois anos e salvou mais de 14 milhões de vidas. O mapa do mundo e a vida de um número incontável de inocentes foram alterados para sempre pelo trabalho pioneiro dele.

Nos EUA, os profissionais que construíram a bomba atômica foram consagrados como heróis, mas um destino diferente esperava por Turing no Reino Unido. Por conta das leis nacionais de segurança, suas conquistas foram mantidas em sigilo por décadas, de modo que ninguém soube de sua enorme contribuição aos esforços de guerra.

REVOLUÇÃO QUÂNTICA

TURING E A CRIAÇÃO DA IA

Após a guerra, Turing voltou a um problema antigo que o intrigava desde a juventude: inteligência artificial. Em 1950, ele iniciou assim seu artigo referência no assunto: "Proponho a consideração da pergunta: máquinas conseguem pensar?"

Ou, colocando de outra forma, será o cérebro uma máquina de Turing de algum tipo?

Ele estava cansado das discussões filosóficas que se estendiam havia séculos sobre o significado da consciência, a alma e o que nos torna humanos. No fim das contas, toda aquela discussão era inútil, pensava ele, porque não havia um teste definitivo ou uma referência para a consciência.

Portanto, Turing propôs o seu celebrado Teste de Turing. Coloque um humano numa sala hermeticamente fechada e um robô em outra sala. Você pode fazer a cada um deles perguntas por escrito e ler suas respostas. A tarefa é: conseguimos determinar em qual sala o humano estava? Ele chamou o teste de o jogo da imitação.

Em seu artigo ele escreveu: "acredito que, em cerca de cinquenta anos, será possível programar computadores com uma capacidade de armazenamento de cerca de 10^9 e fazê-los participar do jogo da imitação tão bem que um interrogador mediano não terá mais do que 70 por cento de chance de fazer a identificação correta após cinco minutos de perguntas."

O Teste de Turing substitui os debates filosóficos sem fim com um simples teste reproduzível, para o qual há uma resposta de sim ou não. Ao contrário de uma questão filosófica, para a qual geralmente não há resposta, o teste é decisivo.

Além do mais, ele evita o delicado problema do "pensar" ao compará-lo simplesmente com aquilo que seja lá o que os humanos fazem. Não há necessidade de definir o que chamamos de "consciência", "pensamento" ou "inteligência". Em outras palavras, se algo se parece com um pato e age como um pato, talvez isso *seja* um pato, independentemente de como você o defina. Ele deu uma definição operacional de inteligência.

Até o momento, nenhuma máquina foi capaz de passar de maneira consistente no teste de Turing. De tempos em tempos, surgem manchetes de jornais quando um teste de Turing é conduzido, mas toda vez os juízes conseguem diferenciar o humano da máquina, mesmo se forem permitidas mentiras e a invenção de fatos.

Mas um acontecimento infeliz colocaria um ponto final em todo o trabalho pioneiro de Turing.

Em 1952, alguém invadiu a casa de Turing. Quando a polícia foi investigar, encontrou evidências de que Turing era gay. Por causa disso, ele foi preso e condenado sob a Emenda Labouchere, do direito penal britânico, de 1885. A punição era bastante severa. Ele teve de escolher entre ir para a prisão ou submeter-se a um tratamento com hormônios. Ao escolher a segunda opção, Turing recebeu dietilestilbestrol, uma forma sintética do hormônio sexual feminino estrogênio, o que fez com que ele desenvolvesse mamas e se tornasse impotente. Os tratamentos controversos duraram um ano. Então, um dia, ele foi encontrado morto em casa, envenenado por cianeto. Foi divulgado que, próximo a ele, havia uma maçã envenenada comida pela metade, o que fez com que alguns especulassem que ele tinha cometido suicídio.

É uma tragédia pensar que um dos criadores da revolução dos computadores, que ajudou a salvar a vida de milhões e a derrotar o fascismo, tenha sido, de certo modo, destruído pelo próprio país.

Mas o seu legado vive em cada computador digital no planeta. Hoje, todos os computadores na Terra devem sua arquitetura à máquina de Turing. A economia mundial depende do trabalho extraordinário desse homem.

REVOLUÇÃO QUÂNTICA

Mas esse é apenas o início da nossa história. O trabalho de Turing baseia-se em algo chamado determinismo, isto é, a ideia de que o futuro pode ser determinado antes do tempo. Isso significa que, se dermos um problema para uma máquina de Turing, vamos obter a mesma resposta todas as vezes. Nesse sentido, tudo é previsível.

Portanto, se o universo fosse uma máquina de Turing, todos os eventos futuros teriam sido determinados no instante em que o universo nasceu.

Mas uma outra revolução na compreensão do mundo iria causar uma reviravolta nessa ideia. O determinismo seria derrubado. Da mesma forma que Gödel e Turing ajudaram a mostrar que a matemática é incompleta, talvez os computadores do futuro tenham de lidar com a incerteza fundamental introduzida pela física.

Os matemáticos, então, iriam se concentrar em uma pergunta diferente: é possível construir uma máquina de Turing quântica?

CAPÍTULO 3

A ASCENSÃO DO QUANTUM

Max Planck, o criador da teoria quântica, era um homem de muitas contradições. Por um lado, ele era um conservador fervoroso. Talvez por conta de o pai ter sido um professor de direito na Universidade de Kiel, e sua família ter uma tradição notável de integridade e serviço público. Seu avô e seu bisavô eram professores de teologia, e um dos tios, juiz.

Ele era cuidadoso no trabalho, correto em sua conduta e um pilar da classe dominante. A julgar pelas aparências, esse homem gentil seria a última pessoa que acharíamos que se tornaria um dos maiores revolucionários de todos os tempos, destruindo todas as estimadas ideias dos séculos anteriores ao abrir as comportas do quantum. Mas foi exatamente isso que ele fez.

Em 1900, os físicos de ponta estavam convencidos de que o mundo à nossa volta poderia ser inteiramente explicado de acordo com os trabalhos de Isaac Newton, cujas leis descreviam os movimentos do universo, e de James Clerk Maxwell, que descobriu

55

as leis da luz e do eletromagnetismo. Tudo, do movimento dos planetas gigantes no espaço às balas de canhão e até os relâmpagos, poderia ser explicado por Newton e Maxwell. Diz-se que o Escritório de Patentes dos EUA pensou em fechar as portas porque tudo o que pudesse ser inventado já tinha sido.

De acordo com Newton, o universo era como um relógio. O tempo passava seguindo suas três leis da dinâmica dos movimentos dos corpos de maneira precisa e predeterminada. Isso era chamado determinismo newtoniano, que se manteve dominante por vários séculos. (Também pode ser chamado de física clássica, para distingui-la da física quântica.)

Mas havia um problema incômodo: algumas pontas soltas que, ao puxarmos, acabariam desfiando essa elaborada arquitetura newtoniana.

Os antigos artesãos sabiam que, se a argila fosse aquecida a uma temperatura suficientemente alta numa fornalha, ela ficaria incandescente.

Inicialmente, ela ficaria vermelho-incandescente por causa do calor; depois, amarelo-incandescente; e por fim assumiria um tom branco-azulado. Podemos ver a mesma coisa toda vez que riscamos um fósforo. No topo da chama, a parte mais fria, ela é avermelhada. No centro, a chama é amarela. E, se as condições forem ideais, a parte de baixo da chama é branco-azulada.

Os físicos tentaram derivar essa propriedade bem conhecida dos objetos quentes e fracassaram. Eles sabiam que o calor nada mais é do que átomos em movimento. Quanto maior a temperatura de um objeto, mais rapidamente os átomos se movem. Eles também sabiam que os átomos possuem cargas elétricas. Se você mover um átomo carregado rápido o suficiente, ele emitirá radiação eletromagnética (como ondas de rádio ou a luz), de acordo com as leis de James Clerk Maxwell. A cor de um objeto quente indica a frequência da radiação.

A ASCENSÃO DO QUANTUM

Portanto, usando a teoria de Newton aplicada ao átomo e usando a teoria da luz de Maxwell pode-se calcular a luz emitida por um objeto quente. Até aqui, tudo bem.

Mas, quando esse cálculo de fato é feito, ele é um desastre. O resultado é que a energia emitida pode se tornar infinita em altas frequências, o que é impossível. Isso foi chamado catástrofe de Rayleigh-Jeans. Ela mostrou aos físicos que havia uma lacuna na mecânica newtoniana.

Um dia, Planck tentou derivar a catástrofe de Rayleigh-Jeans em sua aula de física, mas por meio de um método novo e estranho. Ele estava cansado de repetir o cálculo da mesma maneira e então, por razões puramente pedagógicas, fez uma suposição bizarra. Ele supôs que a energia emitida por um átomo pudesse apenas ser encontrada em pacotes minúsculos de energia, chamados quanta. Aquilo era uma heresia, porque as equações de Newton afirmavam que a energia deveria ser contínua, não em pacotes. Mas, quando Planck postulou que a energia ocorria em pacotes de um certo tamanho, ele encontrou exatamente a curva correta que conectava frequência e energia para a luz.

Essa foi uma das maiores descobertas de todos os tempos.

O NASCIMENTO DA TEORIA QUÂNTICA

Esse foi o primeiro passo de um longo processo que acabaria levando à criação do computador quântico.

O insight revolucionário de Planck significava que a mecânica newtoniana era incompleta e que uma física nova precisava surgir. Tudo o que achávamos saber sobre o universo precisaria ser reescrito.

No entanto, por ser um conservador nato, ele propôs a ideia de forma cautelosa, argumentando, diplomaticamente, que, se intro-

57

REVOLUÇÃO QUÂNTICA

duzíssemos esse truque dos pacotes de energia como um exercício, conseguiríamos reproduzir a curva de energia real encontrada na natureza.

Para fazer o cálculo, ele precisou introduzir um número que representasse o tamanho do quantum de energia. Ele o chamou de h (também conhecido como constante de Planck, 6,62... x 10^{-34} joule-segundos), que é um número incrivelmente pequeno. Em nosso mundo, jamais vemos efeitos quânticos porque h é muito pequeno. Mas, se conseguíssemos de alguma forma variar o valor de h, poderíamos transitar continuamente entre o mundo quântico e o mundo cotidiano. Quase como ao sintonizar uma estação de rádio, poderíamos girar o botão todo para baixo, fazendo com que $h = 0$, e teríamos o mundo coerente de Newton, onde não há efeitos quânticos. Mas sintonizemos para o outro lado e teremos o mundo subatômico bizarro do quantum, um mundo que, como os físicos logo iriam descobrir, lembrava o seriado de TV *Além da imaginação*.

Podemos também aplicar esse raciocínio em um computador. Se fizermos h ir a zero, chegaremos à máquina clássica de Turing. Porém, se permitirmos que h aumente, os efeitos quânticos começam a emergir, e lentamente transformamos a máquina de Turing em um computador quântico.

Ainda que a teoria de Planck esteja inequivocamente de acordo com os dados experimentais e tenha aberto um ramo inteiramente novo da física, ele foi perseguido durante anos por teimosos defensores da ideia clássica newtoniana. Ao descrever essa avalanche de oposições, Planck escreveu: "Uma nova verdade científica não triunfa pelo convencimento de seus opositores e por fazê-los enxergar a luz, mas pelo fato de seus opositores um dia morrerem e uma nova geração surgir familiarizada com ela."

Mas não importava que a oposição fosse forte; mais e mais evidências começaram a se acumular confirmando a teoria quântica. Ela era indiscutivelmente correta.

A ASCENSÃO DO QUANTUM

Por exemplo, a luz, ao incidir sobre um metal, pode destruir um elétron, criando uma pequena corrente elétrica, conhecida como efeito fotoelétrico. Isso é o que faz um painel solar absorver a luz e convertê-la em eletricidade. (O processo também é utilizado comumente em muitos dispositivos, como calculadoras solares, substituindo baterias por células solares, bem como câmeras digitais modernas, que convertem a luz do objeto fotografado em sinais elétricos.)

O homem que finalmente explicou esse efeito era um físico desconhecido e sem dinheiro, que trabalhava em um escritório de patentes obscuro em Berna, na Suíça. Enquanto estudante, ele matou tanta aula que seus professores escreveram cartas de recomendação nada lisonjeiras, o que resultou na sua não aprovação para todas as oportunidades de lecionar às quais se candidatou depois de terminar a graduação. Ele vivia desempregado e pulava de um emprego esquisito para outro, como professor particular e vendedor. Ele até escreveu uma carta para os pais dizendo que talvez fosse melhor se ele não tivesse nascido. Por fim, acabou como especialista técnico em um escritório de patentes. A maioria das pessoas o chamaria de fracassado.

O homem que explicou o efeito fotoelétrico foi Albert Einstein e ele fez isso usando a teoria de Planck. Seguindo Planck, Einstein argumentou que a energia luminosa poderia ocorrer em pacotes discretos, ou quanta de energia (posteriormente chamados fótons), que conseguiam arrancar elétrons de um metal.

Assim, um novo princípio físico começou a surgir. Einstein introduziu o conceito de "dualidade", isto é, que a energia luminosa tem uma natureza dupla. A luz conseguia agir como uma partícula, o fóton, ou como uma onda, como na óptica. De alguma maneira, a luz tinha duas formas possíveis.

Em 1924 um jovem doutorando em física, Louis de Broglie, utilizando as ideias de Planck e Einstein, deu o próximo grande salto.

REVOLUÇÃO QUÂNTICA

Se a luz pode existir tanto como luz quanto como partícula, por que não como matéria? Talvez os elétrons também possuíssem dualidade.

Isso foi uma heresia, pois se acreditava que a matéria era composta por partículas, chamadas de átomos, uma ideia introduzida por Demócrito 2.000 anos antes. Mas um experimento inteligente mudou essa crença.

Quando jogamos pedras em um lago, são formadas ondas, que se expandem e colidem umas com as outras, criando assim um padrão de interferência semelhante a uma teia na superfície do lago. Isso explica as propriedades das ondas, mas se imaginava que a matéria seria baseada em partículas puntiformes, que não têm padrões de interferência semelhantes aos ondulatórios.

Mas comecemos agora com duas folhas de papel em paralelo. Na primeira folha, corte duas fendas pequenas e incida um feixe luminoso através das fendas. Como a luz tem propriedades ondulatórias, um padrão de bandas claras e escuras surge na segunda folha. À medida que as ondas passam pelas duas fendas, elas interferem uma com a outra na segunda folha, amplificando-se e cancelando-se, criando bandas chamadas de padrões de interferência. Isso era bem conhecido.

Mas agora modifiquemos o experimento trocando o feixe luminoso por um feixe de elétrons e a segunda folha de papel por papel fotográfico. Se um feixe de elétrons fosse enviado através de duas fendas na primeira folha de papel, esperaríamos encontrar dois filamentos distintos e brilhantes na segunda folha. Isso porque imaginava-se que um elétron era uma partícula puntiforme e que iria atravessar a primeira ou a segunda fendas, mas jamais ambas.

Quando esse experimento foi replicado com elétrons, os pesquisadores descobriram um comportamento ondulatório semelhante ao efeito do feixe luminoso. Os elétrons estavam agindo como se fossem ondas, não apenas partículas puntiformes. Há tempos que os átomos eram considerados a unidade indivisível da matéria. Agora, eles estavam se dissolvendo em ondas, como a luz. Esses experimentos demonstraram que os átomos poderiam se comportar tanto como uma onda quanto como uma partícula.

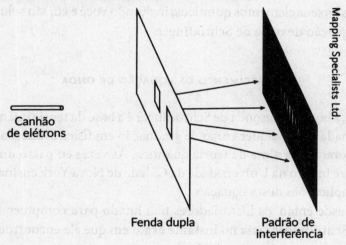

Figura 3: Experimento da fenda dupla
Se um feixe de elétrons atinge uma barreira com duas fendas, em vez de formar uma imagem com dois filamentos distintos, ele forma um padrão complexo de interferência ondulatória. Isso também é verdade se apenas um elétron é enviado. De alguma forma, um único elétron atravessou ambas as fendas. Até hoje, os físicos debatem como um elétron consegue estar em dois lugares ao mesmo tempo.

Um dia, o físico austríaco Erwin Schrödinger estava discutindo com um colega a ideia de a matéria se comportar como uma onda. Mas, se a matéria pode agir como uma onda, perguntou o amigo, a que equação ela deve obedecer?

Schrödinger ficou intrigado com a pergunta. Os físicos tinham familiaridade com ondas, pois elas eram úteis na descrição das propriedades ópticas da luz e eram frequentemente analisadas na forma de ondas do oceano ou ondas sonoras na música. Então Schrödinger partiu em busca de uma equação de onda para elétrons. Era uma equação que iria causar uma reviravolta em nossa compreensão do universo. De certa forma, o universo inteiro, com todos os seus elementos químicos, incluindo você e eu, são soluções da equação de onda de Schrödinger.

O NASCIMENTO DA EQUAÇÃO DE ONDA

Hoje, a equação de onda de Schrödinger é a base da teoria quântica, ensinada em qualquer curso de graduação em física avançada. Ela é o coração e a alma da teoria quântica. Às vezes eu passo um semestre inteiro na Universidade da Cidade de Nova York ensinando as implicações dessa equação.

Desde então, os historiadores têm lutado para compreender o que Schrödinger fazia no instante exato em que ele encontrou sua celebrada equação, a fundação da teoria quântica. Quem ou o que ajudou a inspirar uma das maiores criações do século?

Os biógrafos há muito sabem que Schrödinger era conhecido por suas muitas namoradas. (Ele era um adepto do amor livre e mantinha um caderno que listava todas as suas amantes, com marcas secretas indicando cada encontro. Ele frequentemente surpreendia os visitantes ao viajar com a esposa e a amante juntas.)

Ao examinar os cadernos de Schrödinger, os historiadores concordam que, durante o fim de semana em que ele descobriu sua famosa equação, ele estava com uma de suas namoradas na Villa Herwig, nos Alpes. Alguns historiadores a chamaram de musa que inspirou a revolução quântica.

A equação de Schrödinger foi uma notícia bombástica. Foi um sucesso imediato e avassalador. Anteriormente, físicos como Ernest

A ASCENSÃO DO QUANTUM

Rutherford imaginavam que o átomo era como o sistema solar, com elétrons minúsculos circulando ao redor de um núcleo. Essa imagem, entretanto, era demasiadamente simplista porque não dizia nada sobre a estrutura do átomo e por que havia tantos elementos.

Mas, se o elétron fosse uma onda, então a onda deveria formar ressonâncias discretas de frequências fixas à medida que ele circulava ao redor do núcleo. Ao catalogarmos as ressonâncias que um elétron conseguiria produzir, encontramos um padrão de onda que se encaixa perfeitamente na descrição do átomo de hidrogênio.

Como isso funciona? Quando cantamos no chuveiro, apenas algumas ondas sonoras da nossa voz conseguem ressoar entre as paredes, compondo um som agradável. De repente nos tornamos ótimos cantores de ópera durante o banho. Outras frequências que não se encaixam corretamente acabam morrendo ou se esvaindo. De forma análoga, se tocarmos um tambor ou soprarmos um trompete, apenas certas frequências irão vibrar na superfície do instrumento ou em seu tubo. Essa é a base da música.

Ao compararmos as ressonâncias previstas pelas ondas de Schrödinger com os elementos reais, encontra-se uma impressionante correspondência de um para um. Os físicos que, durante décadas tentavam compreender o átomo, agora conseguiam espiar o interior dele. Ao compararmos tais padrões ondulatórios com as centenas de elementos químicos encontrados na natureza por Dmitri Mendeleev e outros, podia-se explicar as propriedades químicas dos elementos usando matemática pura.

Essa foi uma conquista surpreendente. O físico Paul Dirac escreveria profeticamente: "As leis fundamentais necessárias para o tratamento matemático de uma grande parte da física e de toda a química são portanto inteiramente conhecidas, e a dificuldade está apenas no fato de que a aplicação dessas leis leva a equações muito complexas para serem resolvidas."

O ÁTOMO QUÂNTICO

A tabela periódica dos elementos, que foi arduamente montada pelos químicos ao longo dos séculos, poderia finalmente ser explicada por meio de uma equação simples, pela solução das ressonâncias das ondas dos elétrons à medida que eles giram ao redor do núcleo atômico.

Para vermos como a tabela periódica surge da equação de Schrödinger, imagine o átomo como um hotel. Cada andar tem um número diferente de quartos, e cada quarto consegue acomodar até no máximo dois elétrons. Além disso, os quartos precisam ser ocupados em uma ordem específica, isto é, o quarto do primeiro andar precisa ser ocupado antes de reservarmos o segundo andar. No primeiro andar, temos um quarto ou "orbital" chamado 1S, que consegue acomodar um ou dois elétrons. O quarto 1S corresponde ao hidrogênio no caso de um elétron e ao hélio no caso de dois elétrons.

No segundo andar, temos dois tipos de quartos, chamados de orbitais 2S e 2P. No quarto 2S, conseguimos acomodar dois elétrons, mas também existem três quartos do tipo P, que são denominados Px, Py e Pz, cada um acomodando dois elétrons. Isso significa que conseguimos acomodar até oito elétrons no segundo andar. Esses quartos, quando preenchidos, correspondem por sua vez ao lítio, berílio, boro, carbono, nitrogênio, oxigênio, flúor e neônio.

Quando um elétron não forma um par em seu quarto, ele pode ser compartilhado entre hotéis diferentes que possuam quartos vagos. Assim, quando dois átomos se aproximam um do outro, a onda de um elétron não pareado pode ser compartilhada entre átomos, de modo que a onda eletrônica vai e volta entre os dois. Isso cria uma ligação, formando uma molécula.

As leis da química podem ser explicadas à medida que ocupamos os quartos de hotéis. Em seu nível mais fundamental, se

A ASCENSÃO DO QUANTUM

temos dois elétrons em um orbital S, o orbital 1S está cheio. Isso significa que o hélio, que possui apenas dois elétrons, não consegue formar ligações químicas; ele é quimicamente inerte e não forma nenhuma molécula. De forma análoga, se temos oito elétrons no segundo andar, teremos ocupado todos os orbitais, de modo que o neônio tampouco consegue formar moléculas. Dessa maneira, conseguimos explicar por que há gases inertes como o hélio, o neônio e o criptônio.

Isso também ajuda a explicar a química da vida. O elemento químico mais importante é o carbono, que possui quatro ligações e dessa forma consegue criar hidrocarbonetos, que são as bases fundamentais da vida. Na tabela periódica, vemos que o carbono tem quatro orbitais vazios no segundo nível, o que permite que ele se ligue com quatro outros átomos de oxigênio, hidrogênio etc., para formar proteínas e até mesmo DNA. As moléculas de nosso corpo são subprodutos desse simples fato.

O ponto é que, ao determinarmos quantos elétrons estão em cada nível, podemos prever de forma simples muitas das propriedades químicas da tabela periódica usando matemática pura. Assim, a tabela periódica inteira pode ser prevista amplamente a partir dos conceitos fundamentais. Todos os mais de 100 elementos da tabela podem ser descritos grosseiramente pelos elétrons em variadas ressonâncias circulando o núcleo, como a ocupação dos quartos de um hotel, andar por andar.

Perceber que uma única equação poderia explicar os elementos que compõem o universo, incluindo a vida, foi muito empolgante. De repente, o universo era mais simples do que qualquer um de nós imaginou.

A química tinha sido reduzida à física.

REVOLUÇÃO QUÂNTICA

ONDAS DE PROBABILIDADE

Por mais espetacular e poderosa que a equação de Schrödinger fosse, havia ainda uma pergunta importante, mas constrangedora. Se o elétron era uma onda, então o que está ondulando?

A solução iria dividir a comunidade dos físicos, colocando-os uns contra os outros ao longo de décadas. Seria a centelha para um dos debates mais controversos da história da ciência, desafiando a própria noção de existência. Até hoje, há conferências que debatem todas as nuances matemáticas e as implicações filosóficas dessa divisão. E um dos resultados desse debate acabaria sendo o computador quântico.

O físico Max Born acendeu o pavio dessa explosão ao postular que a matéria consiste em partículas, *mas a probabilidade de encontrar essa partícula é dada por uma onda.*

Isso imediatamente dividiu a comunidade física em duas partes, com os fundadores da "velha" guarda de um lado (incluindo Planck, Einstein, De Broglie e Schrödinger, todos denunciando essa nova interpretação), e com Werner Heisenberg e Niels Bohr do outro lado, criando a escola de Copenhagen de mecânica quântica.

Essa nova interpretação era demais, até mesmo para Einstein. Significava que só poderíamos calcular probabilidades, nunca certezas. Jamais saberíamos precisamente onde estava uma partícula; poderíamos apenas calcular a probabilidade de ela estar em determinado lugar. De certa forma, os elétrons conseguem estar em dois lugares ao mesmo tempo. Werner Heisenberg, que surgiu com uma formulação alternativa, porém equivalente, da mecânica quântica, chamaria isso de princípio da incerteza.

A ciência em sua totalidade estava sendo virada de cabeça para baixo diante dos olhos de todos. Anteriormente, os matemáticos eram forçados a enfrentar o teorema da incompletude,

A ASCENSÃO DO QUANTUM

e agora os físicos estavam tendo de enfrentar o princípio da incerteza. A física, assim como a matemática, era de certa forma incompleta.

Com essa nova interpretação, os princípios da teoria quântica puderam finalmente ser expressos. Aqui vai um resumo (bem simplificado) dos princípios básicos da mecânica quântica:

1. Comece com a função de onda $\Psi(x)$, que descreve um elétron localizado no ponto x.

2. Insira a função de onda na equação de Schrödinger $H\Psi(x)=i(h/2\pi)\partial_t\Psi(x)$. (H, que também é conhecido como Hamiltoniano, corresponde à energia do sistema.)

3. Cada solução dessa equação é rotulada por um índice n, então, de modo geral, $\Psi(x)$ é uma soma ou uma superposição de todos esses estados múltiplos.

4. Quando fazemos uma medida, a função de onda "colapsa", deixando apenas um estado, $\Psi n(x)$, isto é, todas as outras ondas são levadas a zero. A probabilidade de encontrarmos o elétron nesse estado é dada pelo valor absoluto de $\Psi n(x)$.

Essas regras simples conseguem, em princípio, reproduzir tudo o que se sabe sobre a química e a biologia. O que é controverso sobre a mecânica quântica está contido nas afirmações 3 e 4. A terceira afirmação diz que, no mundo subatômico, um elétron consegue existir simultaneamente como uma soma de estados diferentes, o que é impossível na mecânica newtoniana. Antes de uma medição ser feita, na verdade o elétron existe nesse submundo como uma coleção de estados diferentes.

67

REVOLUÇÃO QUÂNTICA

Porém a afirmação mais importante e escandalosa é a de número 4, que assegura que só depois de uma medição ser feita é que a onda finalmente irá "colapsar" e produzir a resposta correta, dando a probabilidade de encontrarmos o elétron naquele estado. Não se consegue saber em qual estado o elétron está antes que uma medição seja realizada.

Isso é conhecido como o problema da medição.

Para refutar essa afirmação, Einstein teria dito: "Deus não joga dados com o universo." Mas, de acordo com a lenda, Niels Bohr teria retrucado; "Pare de dizer a Deus o que fazer."

São precisamente os postulados 3 e 4 que tornam os computadores quânticos possíveis. O elétron é agora descrito como uma soma simultânea de diferentes estados quânticos, o que dá aos computadores quânticos o seu poder de cálculo. Enquanto os computadores clássicos somam apenas sobre 0s e 1s, computadores quânticos somam sobre todos os estados quânticos $\Psi_n(x)$ entre 0 e 1, o que aumenta enormemente o número de estados e por consequência seu alcance e sua potência.

Ironicamente, Schrödinger, cujas equações deram início a todo o efeito manada da mecânica quântica, começou a negar essa versão de sua própria teoria. Ele se arrependeu do fato de que estava relacionado de algum modo àquilo. Schrödinger achava que um simples paradoxo que demonstrasse o absurdo dessa interpretação radical iria destruí-la para sempre, e tudo começou com um gato.

O GATO DE SCHRÖDINGER

O gato de Schrödinger é o animal mais famoso de toda a física. Schrödinger acreditava que iria acabar de vez com essa heresia.

68

A ASCENSÃO DO QUANTUM

Imaginem, ele escreveu, que exista um gato dentro de uma caixa fechada que contém um frasco com um gás venenoso. O frasco está conectado a um martelo, preso a um contador Geiger próximo a uma certa quantidade de urânio. Se um átomo de urânio emitir radiação, ele ativa o contador Geiger, que aciona o martelo, quebrando o frasco e liberando o veneno que mata o gato.

Aqui vai a pergunta que deixou perplexos os maiores físicos do mundo no século passado: *Antes de abrirmos a caixa, o gato está vivo ou morto?*

Um newtoniano diria que a resposta é óbvia: o senso comum diz que o gato está ou morto ou vivo, jamais ambos. Só se pode estar em um dos estados de cada vez. Mesmo antes de abrirmos a caixa, o destino do gato já estará traçado.

No entanto, Werner Heisenberg e Niels Bohr tinham uma interpretação radicalmente diferente.

Figura 4: O gato de Schrödinger
Na mecânica quântica, para descrever um gato numa caixa fechada contendo um frasco com gás venenoso, e um martelo acionado por um contador Geiger, precisamos somar as funções de onda de um gato morto com a de um gato vivo. Antes de abrirmos a caixa, o gato não está nem vivo nem morto. O gato está numa superposição de dois estados. Ainda hoje, os físicos debatem sobre esse problema, de como um gato pode estar morto e vivo ao mesmo tempo.

Eles disseram que o gato seria mais bem representado pela soma de duas ondas: a onda do gato vivo e a onda do gato morto. Enquanto a caixa estiver fechada, o gato só pode existir como a superposição ou soma de duas ondas que representam simultaneamente um gato vivo e um gato morto.

Mas o gato está vivo ou morto? Enquanto a caixa estiver fechada, essa pergunta não faz sentido. *No micromundo, as coisas não existem em estados definitivos, mas apenas como uma soma de todos os estados possíveis.* Por fim, quando a caixa é aberta e observamos o gato, a onda milagrosamente colapsa e revela o gato ou vivo ou morto, mas não ambos. Assim, o processo de medição conecta o micromundo com o macromundo.

Isso tem implicações filosóficas profundas. Os cientistas passaram muitos séculos argumentando contra algo chamado de solipsismo, a ideia de que os objetos não existem de fato a menos que os observemos, conforme acreditavam alguns filósofos como George Berkeley. A filosofia pode ser resumida em "Ser é perceber". Se uma árvore cai na floresta, mas ninguém está lá para ouvi-la caindo, talvez a árvore jamais tenha caído. A realidade, segundo essa interpretação, seria uma construção humana. Ou, conforme o poema de John Keats disse certa vez, "Nada se torna real até que seja experimentado".

A teoria quântica, no entanto, piorou a situação. Nela, antes de olharmos para uma árvore, ela pode existir em todos os estados possíveis, como lenha, madeira, cinza, palitos de dente, uma casa ou serragem. Mas, quando olhamos de fato para uma árvore, todas as ondas que representam esses estados colapsam milagrosamente em um único objeto, a árvore.

Visto que a existência de um observador requer consciência, isso significa que, de certa forma, a consciência determina a existência. Os seguidores de Newton estavam horrorizados com a possibilidade de o solipsismo se voltar para a física.

Einstein odiava a ideia. Assim como Newton, Einstein acreditava na "realidade objetiva", que significa que os objetos existem em estados definitivos e bem definidos, isto é, não se pode estar em dois lugares ao mesmo tempo. A isso também chamamos de determinismo newtoniano, a ideia de que, como vimos anteriormente, consegue-se determinar precisamente o futuro por meio de leis físicas fundamentais.

Einstein com frequência caçoava da teoria quântica. Quando recebia visitas em casa, ele pedia que elas olhassem para a lua. "A lua existe porque um camundongo olha para ela?", perguntava ele.

MICROMUNDO *VERSUS* MACROMUNDO

O matemático John von Neumann, que ajudou a desenvolver a física por trás da teoria quântica, acreditava que existia uma "parede" in-

REVOLUÇÃO QUÂNTICA

visível que separava o micromundo do macromundo. Eles seguiam leis físicas diferentes, mas podia-se demonstrar que é possível mover a parede para a frente e para trás livremente, e que o resultado de qualquer experimento permaneceria o mesmo. Em outras palavras, o micromundo e o macromundo obedeciam a dois tipos diferentes de física, mas isso não afetaria as medições porque não importava exatamente onde escolhemos separar o micro- e o macromundo.

Ao ser indagado a esclarecer o significado dessa parede, ele diria: "Você se acostuma com ela."

Mas, apesar de a teoria quântica parecer insana, seu sucesso experimental era indiscutível. Muitas das suas previsões (ao prever as propriedades de elétrons e fótons no que chamamos de eletrodinâmica quântica) se ajustam aos dados com a precisão de uma parte em 10 bilhões, o que a torna a teoria mais bem-sucedida de todos os tempos. O átomo, outrora o objeto mais misterioso do universo, de repente passou a revelar seus segredos mais profundos. A geração seguinte de físicos que abraçaram a teoria quântica recebeu vários Prêmios Nobel. Nenhum experimento violava a teoria quântica.

O universo era inegavelmente um universo quântico.

Mas Einstein resumiu o sucesso da teoria quântica afirmando que, "quanto mais sucesso a teoria quântica conquista, mais boba ela parece ser".

Os críticos da mecânica quântica se opunham mais a essa separação artificial entre o macromundo em que vivemos e o mundo estranho e absurdo do quantum. Eles diziam que deveria existir um contínuo entre o micromundo e o macromundo. Na realidade, não existe "parede".

Se pudéssemos viver hipoteticamente em um mundo quântico, isso significa que tudo o que sabemos sobre o senso comum estaria errado. Por exemplo:

A ASCENSÃO DO QUANTUM

- Podemos estar em dois lugares ao mesmo tempo.

- Podemos desaparecer e reaparecer em outro lugar.

- Podemos atravessar paredes e penetrar barreiras sem esforço, o que é chamado de tunelamento.

- Pessoas que morreram no nosso universo podem estar vivas em outro.

- Quando atravessamos um ambiente, na verdade fazemos isso por um número infinito de caminhos possíveis, não importa o quão bizarro isso possa parecer.

Como Bohr diria, "qualquer um que não esteja chocado com a teoria quântica é porque não a compreende".

Tudo isso serve de material para um episódio de *Além da imaginação*. No entanto, essa dinâmica é precisamente o que os elétrons fazem no interior do átomo, onde não conseguimos vê-los. E é por isso que temos lasers, transistores, computadores digitais e a internet. Isaac Newton ficaria admirado se conseguisse enxergar os movimentos giratórios que os elétrons executam para possibilitar o funcionamento dos computadores e da internet. Mas o mundo moderno iria colapsar se a teoria quântica fosse banida e fizéssemos a constante de Planck ir a zero. Todos os admiráveis dispositivos eletrônicos em nossas salas de estar só existem por causa desses fantásticos elétrons.

Mas jamais enxergamos esses efeitos na vida, porque somos feitos de trilhões e trilhões de átomos, nos quais os efeitos quânticos produzem uma média entre si e porque o tamanho dessas flutuações quânticas é a constante de Planck h, que é um número muito pequeno.

REVOLUÇÃO QUÂNTICA

EMARANHAMENTO QUÂNTICO

Em 1930, Einstein deu um basta. Na sexta Conferência de Solvay, em Bruxelas, ele decidiu que iria bater de frente com Niels Bohr, o principal defensor da mecânica quântica, e desafiá-lo. Seria um verdadeiro Confronto de Titãs, com os maiores físicos da época debatendo o destino da física e a natureza da realidade. O que estava em jogo era o próprio significado de existência. O físico Paul Ehrenfest teria escrito: "Eu jamais vou esquecer a visão dos dois oponentes ao deixar o clube universitário. Einstein, uma figura majestosa, caminhando calmamente com um sorriso irônico discreto e Bohr tentando alcançá-lo, extremamente contrariado." Mais tarde, um Bohr transtornado podia ser visto murmurando para si próprio, "Einstein... Einstein... Einstein...".

O físico John Archibald Wheeler nos lembra: "Foi o maior debate na história intelectual de que tenho conhecimento. Em trinta anos, eu jamais soube de um debate entre dois homens tão importantes, por um período de tempo tão grande, sobre um assunto tão profundo com consequências tão intensas para a compreensão deste nosso mundo estranho."

Repetidas vezes, Einstein iria bombardear Bohr com os paradoxos da teoria quântica. Sem piedade. Bohr ficaria temporariamente atordoado com cada onda de críticas, mas, no dia seguinte, ele organizaria seus pensamentos e daria uma resposta convincente e inquestionável. Certa vez, Einstein pegou Bohr em outro paradoxo a respeito da luz e da gravidade. Parecia que Bohr finalmente tinha sido posto em xeque-mate. Ironicamente, porém, Bohr encontrou uma falha no raciocínio de Einstein, fazendo referência à própria Teoria da Relatividade dele.

O veredito para a maioria dos físicos foi de que Bohr havia conseguido refutar convincentemente todos os argumentos de Einstein na famosa Conferência de Solvay. Mas Einstein, talvez sofrendo com o revés, tentaria mais uma vez derrubar a teoria quântica.

Cinco anos depois, Einstein montou seu contra-ataque final. Com a ajuda de seus alunos Boris Podolsky e Nathan Rosen, eles fizeram uma corajosa última tentativa de destruir a teoria quântica de uma vez por todas. O artigo "EPR", batizado com as iniciais de seus autores, seria o golpe final na teoria quântica.

Um subproduto inesperado desse desafio fatídico seria o computador quântico.

Imaginem, disseram eles, dois elétrons que são coerentes um com o outro, o que significa que eles estão vibrando em uníssono, isto é, com a mesma frequência, porém deslocados por uma fase constante. Sabemos que os elétrons possuem uma orientação magnética (spin), motivo pelo qual os ímãs existem. Se tivermos dois elétrons com um spin total de zero e deixarmos um elétron girar, digamos, no sentido horário, o outro elétron irá girar no sentido anti-horário, porque o spin total deve ser zero.

Agora separemos os dois elétrons. A soma dos spins dos dois elétrons ainda deve ser zero, mesmo que um elétron esteja agora do outro lado da galáxia. Mas não temos como saber como ele está girando antes de fazer uma medição. Estranhamente, porém, se medirmos o spin de um dos elétrons e ele estiver girando no sentido horário, saberemos de imediato que seu parceiro do outro lado da galáxia deve estar girando no sentido anti-horário. Essa informação viajou instantaneamente entre os dois elétrons, mais rápido que a velocidade da luz. Em outras palavras, ao separarmos os dois elétrons, surge um cordão umbilical invisível entre eles, permitindo que a comunicação viaje através do cordão mais depressa que a velocidade da luz. (Veja a Figura 5 no encarte no fim do livro.)

Entretanto, argumentou Einstein, uma vez que nada pode viajar mais rápido que a luz, isso viola a relatividade especial e, portanto, a mecânica quântica estaria incorreta. Esse foi o argumento fulminante que desmascarava a teoria quântica, pensou Einstein. Ele encerrou sua argumentação. Aquela "ação a distância" criada pelo emaranhamento era apenas uma ilusão, declarou ele.

Einstein pensou ter dado o golpe de misericórdia na teoria quântica. Mas, apesar do sucesso experimental da teoria, o chamado paradoxo EPR ficou sem solução por décadas porque era muito difícil de ser reproduzido em laboratório. Com o passar dos anos, o experimento foi finalmente realizado de várias maneiras diferentes, em 1949, 1975 e 1980, e em todas as vezes a teoria quântica se confirmou.

(Mas isso significa que a informação consegue viajar mais rápido que a luz, violando a relatividade especial? Einstein riu por último aqui. Não, apesar de a informação transmitida entre os dois elétrons ter sido instantânea, ela também foi aleatória, e, portanto, inútil. Isso significa que não se pode enviar códigos úteis contendo mensagens mais rapidamente que a luz usando o experimento EPR. Se analisarmos de fato o sinal EPR, iremos encontrar apenas incoerências. Assim, a informação consegue viajar instantaneamente entre partículas coerentes, mas informações úteis que carregam uma mensagem não viajam mais rápido que a luz.)

Hoje, esse princípio é chamado de emaranhamento quântico, a ideia de que, quando dois objetos são coerentes entre si (vibrando da mesma forma), eles permanecem coerentes, mesmo que separados por grandes distâncias.

Isso tem implicações importantes para os computadores quânticos. Significa que, mesmo que os qubits em um computador quântico estejam separados, eles ainda conseguem interagir uns com os outros, o que é responsável pela fantástica capacidade de processamento dos computadores quânticos.

Isso está na essência da utilidade e da inovação dos computadores quânticos. Um computador digital comum, de certo modo, é como vários contadores trabalhando de forma independente em um escritório, cada um fazendo um cálculo separadamente e encaminhando as respostas uns para os outros. Já um computador quântico é como uma sala repleta de contadores que interagem, cada um processando de maneira simultânea, e, o mais importante, comunicando-se uns com os outros via emaranhamento. Dizemos então que eles estão resolvendo o problema juntos coerentemente.

A TRAGÉDIA DA GUERRA

Infelizmente, esse debate intelectual vibrante foi interrompido pelo advento de uma guerra mundial. De repente, a discussão acadêmica sobre teoria quântica se tornou um assunto mortalmente sério, pois tanto a Alemanha Nazista quanto os EUA instituíram programas para o desenvolvimento da bomba atômica. A Segunda Guerra Mundial teria consequências devastadoras para a comunidade física.

Planck, testemunhando a migração em massa de físicos judeus saindo da Alemanha, se encontrou com Adolf Hitler e implorou que ele interrompesse a perseguição aos físicos judeus, que estava destruindo a física na Alemanha. Hitler, no entanto, se enfureceu com Planck e esbravejou contra ele.

Mais tarde, Planck disse: "Não se consegue dialogar com este homem." Infelizmente, um dos filhos de Planck, Erwin, acabou se envolvendo em uma trama para assassinar Hitler. Ele foi preso e torturado. Planck tentou salvar a vida do filho apelando diretamente para Hitler. Mas Erwin foi executado em 1945.

Os nazistas divulgaram uma recompensa pela morte de Einstein. A foto dele foi estampada na capa de uma revista nazista com a legenda "Ainda não enforcado". Ele fugiu da Alemanha em 1933 e jamais retornou.

REVOLUÇÃO QUÂNTICA

Erwin Schrödinger, que testemunhou o linchamento de um homem judeu pelos nazistas nas ruas de Berlim, tentou interromper o ataque, mas acabou apanhando da SS. Fragilizado, ele fugiu da Alemanha e aceitou um cargo na Universidade de Oxford. Mas ele gerou muita controvérsia lá, porque foi acompanhado da esposa e da amante. Então, recebeu uma oferta em Princeton, mas os historiadores conjecturam que ele a tenha declinado por causa de seu estilo de vida não ortodoxo. Ele acabou indo para a Irlanda.

Niels Bohr, um dos fundadores da mecânica quântica, teve de fugir para os Estados Unidos e quase morreu durante o processo de fuga da Europa.

Werner Heisenberg, talvez o principal físico quântico na Alemanha, foi designado responsável pelo desenvolvimento da bomba atômica para os nazistas. No entanto, seu laboratório teve de ser transferido diversas vezes por causa dos bombardeios frequentes pelos aliados. Depois da guerra, ele foi preso pelos aliados. (Felizmente, Heisenberg não sabia uma informação fundamental, a probabilidade de fissão do átomo de urânio, então teve dificuldade de construir a bomba atômica, e os nazistas nunca desenvolveram uma arma nuclear.)

Como trágica repercussão da guerra, as pessoas começaram a perceber o enorme poder do quantum, que foi liberado nos céus sobre Hiroshima e Nagasaki. A mecânica quântica, então, não era mais uma brincadeira dos físicos, mas algo que tinha a capacidade de desvendar os segredos do universo e determinar o destino da raça humana.

Porém, das cinzas da guerra, surgia uma nova invenção quântica que alteraria a base da civilização moderna: o transistor. Talvez o enorme poder do átomo pudesse ser usado para a paz.

78

CAPÍTULO 4

O ALVORECER DOS COMPUTADORES QUÂNTICOS

O transistor é um paradoxo.

Geralmente, quanto maior a invenção, mais poderosa ela é. Aviões comerciais enormes de dois andares conseguem transportar grandes quantidades de passageiros ao redor do mundo em questão de horas. Os foguetes da atualidade são máquinas gigantescas capazes de enviar cargas de várias toneladas até Marte. O Grande Colisor de Hádrons, com quase vinte e sete quilômetros de comprimento, custou mais de 10 bilhões de dólares, e pode algum dia desvendar o segredo do Big Bang. Sua circunferência é tão grande que a maior parte da cidade de Genebra cabe dentro do perímetro da máquina.

Ainda assim, o transistor, talvez a invenção mais importante do século XX, é tão pequeno que bilhões deles cabem na unha do seu dedo. Não é exagero dizer que ele revolucionou todos os aspectos da sociedade humana.

Então, às vezes, menos é mais. Por exemplo, entre os seus ombros encontra-se o objeto mais complexo do universo: o cérebro

REVOLUÇÃO QUÂNTICA

humano. Composto por cerca de 80 bilhões de neurônios, cada um conectado com cerca de outros 10.000 neurônios, o cérebro humano em sua complexidade excede qualquer outra coisa conhecida pela ciência.

Assim, tanto um microchip feito de bilhões de transistores como o cérebro humano podem caber na palma da mão, apesar de serem os objetos mais sofisticados que conhecemos.

Por que isso? Porque seus tamanhos incrivelmente pequenos escondem o fato de que conseguimos armazenar e manipular quantidades enormes de informação dentro deles. Além do mais, a maneira como a informação é armazenada se parece com uma máquina de Turing, dando a eles um poder enorme de processamento. O microchip é o coração de um computador digital com uma fita de entrada finita (apesar de que as máquinas de Turing podem, em princípio, funcionar com uma fita infinita). E o cérebro é uma máquina de aprendizado ou rede neural que está constantemente se modificando à medida que aprende coisas novas. Uma máquina de Turing pode ser modificada de forma que ela também consiga aprender, como uma rede neural.

Mas, se o poder do transistor vem do fato de ele ser microscópico, a próxima pergunta é: qual é o menor tamanho de um computador? Qual é o menor transistor?

O NASCIMENTO DO TRANSISTOR

Três físicos receberam o Prêmio Nobel em 1956 pela criação desse dispositivo maravilhoso: os cientistas John Bardeen, Walter Brattain e William Shockley, todos dos laboratórios Bell. Uma réplica do primeiro transistor do mundo está em exibição no Museu Smithsonian, em Washington. É um dispositivo imperfeito, de

O ALVORECER DOS COMPUTADORES QUÂNTICOS

aparência esquisita, mas delegações inteiras de cientistas de todo o mundo são vistas se aproximando dele em silêncio, alguns até se curvando em reverência, como se ele fosse uma divindade. Bardeen, Brattain e Schockley usaram uma nova forma quântica de matéria, chamada de semicondutor. (Metais são condutores e permitem o fluxo livre de elétrons. Isolantes, como vidro, plástico ou borracha, não conduzem eletricidade. Semicondutores estão entre os dois tipos e conseguem conduzir e interromper o fluxo de elétrons.)

O transistor explora essa propriedade crucial. Ele é o sucessor dos antigos tubos de vácuo que foram utilizados engenhosamente por Turing e outros. Como já vimos, tanto os tubos de vácuo quanto os transistores podem ser comparados a uma válvula de controle de fluxo de água em um cano. Com uma válvula pequena, consegue-se controlar o fluxo muito maior de água que passa pelo cano. Podemos tanto fechá-la, o que corresponde ao zero, ou deixá-la aberta, o que corresponde ao um. Dessa forma, controlamos precisamente o fluxo de água numa série complexa de canos. Se substituirmos a válvula por um transistor e os canos de água por fios condutores de eletricidade, conseguimos criar um computador digital transistorizado.

Se um transistor se parece com um tubo de vácuo nesse aspecto, é aí que as semelhanças terminam. Os tubos de vácuo são famosos por serem brutos e temperamentais. (Quando criança, lembro de ter de abrir minha TV antiga, retirar todos os tubos e testá-los um a um no supermercado para ver qual deles tinha queimado.) Eles eram volumosos, instáveis e rapidamente se deterioravam.

Um transistor, por outro lado, feito de pastilhas finas de silício, pode ser resistente, barato e de tamanho microscópico. Eles podem ser produzidos em massa da mesma forma que uma camiseta é feita hoje em dia.

Camisetas são comumente feitas a partir de um molde de plástico, que contém a imagem que queremos imprimir. O molde então é colocado sobre a camiseta e um borrifador espirra tinta sobre o molde. Quando removemos o molde, a imagem é transferida para a camiseta.

A produção de um transistor é similar. Primeiro, começamos com um molde no qual a imagem dos circuitos que queremos foi gravada. Então, coloca-se o molde sobre a pastilha de silício. Em seguida aplicamos um feixe de radiação ultravioleta sobre a pastilha, de modo que a imagem do molde seja transferida para a pastilha de silício. Remove-se o molde e adiciona-se ácido. O chip de silício é tratado quimicamente de modo que, ao aplicarmos o ácido, ele queima a imagem desejada na pastilha.

A vantagem é que essas imagens podem ser tão pequenas quanto o comprimento de onda da luz ultravioleta, que é um pouco maior que um átomo. Isso significa que um chip comum utilizado em um computador pode ter bilhões de transistores. Hoje, a produção de transistores é um grande negócio, que afeta a economia de nações inteiras. As fábricas mais avançadas de transistores custam vários bilhões de dólares cada uma.

De certo modo, um microchip pode ser comparado com as rodovias de uma cidade grande. O fluxo constante de carros é como os elétrons se movendo pelos circuitos gravados. Os semáforos que regulam o fluxo do tráfego correspondem aos transistores. Uma luz vermelha que para o trânsito é como 0, enquanto uma luz verde que deixa o tráfego fluir é como 1.

Quando "esculpimos" cada vez mais transistores num chip, é como se estivéssemos encolhendo o tamanho de cada quarteirão da cidade para aumentar o número de carros e sinais de trânsito. Mas há um limite para diminuir as rodovias em uma determinada área. Em algum momento, o quarteirão ficará tão apertado que os carros vão subir pelas calçadas. Isso corresponde aos curtos-circuitos se as camadas de silício se tornarem finas demais.

À medida que a espessura dos componentes de um chip de silício se aproxima do tamanho de um átomo, o princípio da incerteza de Heisenberg começa a agir e as posições dos elétrons se tornam incertas, fazendo-os se espalharem e causarem curtos-circuitos. Além do mais, o calor gerado pela enorme quantidade de transistores apertados em um só lugar é suficiente para fazê-lo derreter.

Em outras palavras, tudo na vida passa, até a Era do Silício. Uma nova revolução está por vir: a Era Quântica.

E um dos físicos mais importantes do século XX foi o pioneiro.

UM GÊNIO EM AÇÃO

Richard Feynman era único. Provavelmente jamais haverá outro físico igual a ele.

Por um lado, Feynman era um artista carismático, dado a divertir plateias com histórias chocantes do seu passado e suas excentricidades malucas. Com um sotaque forte, ele parecia um motorista de caminhão ao contar histórias pitorescas sobre sua vida.

Ele tinha orgulho de ser especialista em arrombar cadeados e abrir cofres, até por ter conseguido abrir o cofre que guardava os segredos da bomba atômica enquanto trabalhava em Los Alamos (fazendo um alarme altíssimo disparar durante o processo). Sempre interessado em experiências novas e peculiares, ele uma vez se trancou numa câmara hiperbárica a fim de descobrir se conseguia sair do próprio corpo e olhar a si próprio flutuando a distância. Ele também adorava tocar seu bongô a qualquer hora do dia.

Ao ouvi-lo, poderíamos até nos esquecer de que ele havia ganhado o Nobel de Física em 1965, e que provavelmente foi um dos maiores físicos da sua geração, estabelecendo os fundamentos complexos para a teoria relativística de elétrons interagindo com fótons. Essa teoria, chamada de eletrodinâmica quântica (ou QED, na sigla em inglês), apresenta uma acurácia de uma parte em 10 bilhões; ou seja, de todas as várias medições quânticas já feitas, ela é a de maior sucesso. Outros físicos iriam escutar atentamente todas as suas palavras na esperança de absorver os insights que poderiam também dar a eles fama e glória.

O NASCIMENTO DA NANOTECNOLOGIA

Feynman, acima de tudo, era um visionário.

Ele percebeu que os computadores estavam ficando cada vez menores. Então se fez a seguinte pergunta: qual é o menor tamanho que um computador pode ter?

Feynman se deu conta de que, no futuro, os transistores iriam ficar tão pequenos que seriam do tamanho de átomos. Na verdade, ele supôs, a próxima fronteira da física seria criar máquinas tão pequenas quanto átomos, sendo o pioneiro de um campo em plena expansão chamado de nanotecnologia.

Qual o limite que a mecânica quântica impõe a pinças, martelos e chaves-inglesas que são do tamanho de átomos? Qual é o limite final para um computador que processa usando transistores do tamanho de átomos?

Ele percebeu que, no reino atômico, novas invenções fantásticas são possíveis. As leis atuais da física que utilizamos em escala macro se tornam obsoletas na escala atômica, e temos de abrir nossa mente para possibilidades inteiramente novas. Suas ideias foram expressas inicialmente durante um discurso que ele proferiu à American Physical Society no Caltech, em 1959, intitulado "There's Plenty of Room at the Bottom", prevendo o nascimento de uma nova ciência.

Nesse artigo pioneiro, ele perguntou: "Por que não podemos escrever todos os 24 volumes da Enciclopédia na cabeça de um alfinete?"

Sua ideia básica era simples: criar máquinas minúsculas que conseguissem "organizar os átomos da forma que queremos". Qualquer ferramenta que usamos em nossa casa seria miniaturizada ao tamanho das partículas fundamentais. A Mãe Natureza manipula os átomos o tempo todo. Por que não podemos fazer o mesmo?

Ele resumiu sua ideia para os computadores quânticos, dizendo que "a natureza não é clássica, diabos, e, se quisermos fazer uma simulação da natureza, melhor que seja uma usando mecânica quântica".

Essa é uma observação profunda. Os computadores digitais clássicos, não importando o quão poderosos, jamais conseguirão simular com sucesso um processo quântico. (Bob Sutor, ex-vice--presidente da IBM, gosta de fazer a seguinte comparação: para que um computador clássico consiga recriar uma simulação um para um de uma molécula simples, como a cafeína, ele precisaria de 10^{48} bits de informação. Esse número gigantesco representa 10 por cento do número de átomos que compõem o planeta Terra. Assim, um computador clássico não conseguirá simular de maneira bem-sucedida até mesmo moléculas simples.)

Em seu artigo, Feynman apresentou algumas ideias sensacionais. Ele propôs um robô tão pequeno que conseguiria ser transportado pela corrente sanguínea e cuidar de nossos problemas de saúde. Feynman chamou isso de "engolir o médico". Ele funcionaria como um glóbulo branco, circulando pelo corpo humano caçando bactérias e vírus que pudesse eliminar. Ele também realizaria cirurgias enquanto circulava no interior do corpo. Jamais teríamos de cortar a pele novamente ou nos preocuparmos com dores e infecções, porque a cirurgia seria realizada por dentro.

REVOLUÇÃO QUÂNTICA

Ele foi profético com essa visão, até mesmo afirmando que algum dia seria possível inventar um supermicroscópio que nos permitiria "ver" os átomos. (O que de fato foi inventado em 1981, algumas décadas após ele ter feito tal previsão, na forma de microscópios de tunelamento por varredura.)

Sua visão foi tão fantástica que seu discurso foi amplamente ignorado durante as décadas seguintes. Foi uma pena, porque ele era tão à frente de seu tempo. Até hoje, muitas das suas previsões se tornaram realidade.

Feynman até ofereceu duas recompensas de mil dólares para quem conseguisse realizar uma dessas duas invenções. O primeiro desafio era miniaturizar a página de um livro de modo que apenas um microscópio eletrônico conseguisse enxergá-la. A segunda recompensa de mil dólares se destinava à criação de um motor elétrico que coubesse em um cubo de 0,4 mm. (Dois inventores levaram, posteriormente, as duas recompensas, apesar de não preencherem exatamente todos os requisitos do desafio.)

Outra de suas previsões se tornou possível com a descoberta de nanomateriais como o grafeno, que é composto por uma folha de carbono com espessura de apenas um átomo. O grafeno foi descoberto por dois cientistas russos que trabalhavam em Manchester, na Inglaterra, André Geim e Konstantin Novoselov, que perceberam que a fita adesiva conseguia descascar uma camada fina de grafite. Por meio da repetição desse processo, eles descobriram que conseguiam remover uma única camada de carbono, de um átomo de espessura. Por essa simples, mas impressionante, descoberta, eles ganharam o Prêmio Nobel em 2010. Como os átomos de carbono estão tão compactados numa configuração simétrica, ele é a substância mais forte conhecida pela ciência, até mais forte que os diamantes. Uma folha de grafeno é tão dura que,

O ALVORECER DOS COMPUTADORES QUÂNTICOS

se equilibrássemos um elefante numa das extremidades de um lápis e colocássemos a outra extremidade do lápis sobre a folha de grafeno, ela não se rasgaria.

Pequenas quantidades de grafeno são facilmente produzidas, mas fazê-lo em grande escala é uma tarefa extremamente difícil. Entretanto, em princípio, o grafeno puro é forte o suficiente para que se possa construir um arranha-céu ou uma ponte tão finos de modo que sejam invisíveis. Uma longa fibra de grafeno seria tão forte a ponto de suportar o peso de um elevador que nos levaria ao espaço com o apertar de um botão, como um elevador para o céu. (O elevador espacial seria suspenso por um cabo de grafeno que, assim como o girar de uma bola presa por uma corda, jamais cairia porque ele gira ao redor da Terra por causa da rotação do planeta.) Além do mais, o grafeno conduz eletricidade. Na verdade, alguns dos menores transistores do mundo podem ser feitos a partir de pequenas quantidades de grafeno.

Feynman também preconizou os enormes avanços que seriam possíveis com um computador quântico, que teria enorme capacidade de processamento. Mais cedo, vimos que, se adicionarmos apenas mais um qubit a um computador quântico, sua potência dobra. Assim, um computador quântico feito de 300 átomos teria 2^{300} o poder de processamento de um computador quântico com apenas um qubit.

A INTEGRAL DE CAMINHO DE FEYNMAN

Outra realização de Feynman iria mudar o curso da física. Ele descobriria uma nova maneira de reformular a teoria da mecânica quântica por completo.

REVOLUÇÃO QUÂNTICA

Tudo começou quando ele estava no ensino médio. Feynman adorava fazer cálculos e resolver enigmas. Uma de suas marcas registradas era calcular rapidamente a resposta de charadas de diversas maneiras diferentes. Se ele ficasse sem saída, conheceria os truques matemáticos para resolver o problema de outra forma. Ele era famoso por dizer que o objetivo de todo físico "é provar a si mesmo estar errado o quanto antes". Em outras palavras, engula o orgulho e admita que o que você está fazendo pode não levar a lugar nenhum, e faça isso o quanto antes, de modo que você consiga passar para a próxima ideia.

(Na condição de físico pesquisador, eu penso nessa frase com frequência. Cedo ou tarde, os físicos precisam admitir que talvez a sua ideia de estimação esteja errada e que eles logo precisam tentar uma nova abordagem.)

Como o jovem Feynman estava sempre à frente de sua turma em ciências, seu professor do ensino médio bolava formas inteligentes de mantê-lo entretido, para que ele não se sentisse entediado. Quase sempre o professor o desafiava por meio de lições curiosas, porém profundas, sobre física.

Um dia, seu professor lhe apresentou um conceito chamado o princípio da ação mínima, que permite uma reinterpretação radical de toda a física clássica. O professor afirmou que, se uma bola rola montanha abaixo, há um número infinito de trajetórias possíveis que ela pode seguir, mas há somente um caminho que ela de fato segue. Como a bola sabe qual caminho percorrer?

Trezentos anos antes, Newton resolveu esse problema. Ele disse: calcule as forças que atuam sobre a bola em um instante e use as suas equações para determinar para onde ela irá no instante seguinte. Depois repita o processo. Ao alinhavarmos todos esses instantes sucessivos de tempo, microssegundo após microssegundo, conseguimos traçar sua trajetória completa. Até hoje, trezentos anos depois, é assim que os físicos preveem o movimento das estrelas, dos planetas, dos foguetes, das bolas de canhão e das bolas de beisebol. Essa é a base fundamental da física newtoniana. Praticamente toda a física clássica é feita dessa maneira. E a matemática de somar todos esses movimentos incrementais é chamada de cálculo, que também foi inventado por Newton.

Mas então o professor introduziu uma forma bizarra de olharmos para isso. Ele disse, desenhe *todos* os caminhos possíveis que a bola possa seguir, não importa o quão estranho. Alguns desses caminhos podem ser absurdos, como fazer uma viagem à Lua ou a Marte. Alguns caminhos podem até mesmo ir aos confins do universo. Para cada caminho, calcule o que se chama de ação. (A ação é parecida com a energia de um sistema. É a energia cinética menos a energia potencial.) Assim, o caminho da bola será o caminho com o menor valor da ação. Em outras palavras, de alguma forma a bola "fareja" todos os caminhos possíveis, até os mais malucos, e "decide" pegar o caminho com a menor ação.

Quando fazemos os cálculos matemáticos, obtemos precisamente a mesma resposta que Newton. Feynman ficou encantado. Com essa demonstração simples, conseguíamos resumir toda a física newtoniana sem equações diferenciais complicadas — tudo o que precisávamos fazer era encontrar o caminho com a menor ação. Isso cativou Feynman, porque agora ele tinha duas maneiras equivalentes de resolver toda a mecânica clássica.

Em outras palavras, segundo a versão newtoniana antiga, o caminho da bola seria determinado apenas pelas forças atuantes na bola naquele exato ponto do espaço e do tempo. Pontos distantes não afetariam a bola de forma alguma. Porém, nesta nova versão, a bola fica repentinamente "ciente" de todos os caminhos possíveis que poderia seguir, mas "escolhe" aquele com a menor ação. Como a bola poderia "saber" analisar os bilhões de caminhos diferentes e selecionar apenas o correto?

(Por exemplo, por que a bola cai no chão? Newton diria que há uma força gravitacional puxando a bola para baixo, microssegundo após microssegundo. Outra explicação é dizer que de alguma forma a bola fareja todos os caminhos possíveis e decide seguir o caminho de menor ação ou energia, que é diretamente para o chão.)

Anos depois, quando Feynman fazia seu trabalho ganhador do Prêmio Nobel, ele voltaria a essa abordagem do ensino médio. O princípio da ação mínima funcionava para a física clássica newtoniana. Por que não generalizar esse estranho resultado para a teoria quântica?

SOMA QUÂNTICA DOS CAMINHOS

Feynman percebeu que, em um computador quântico, isso teria um enorme poder de processamento. Imagine um labirinto. Se um camundongo for colocado dentro de um labirinto, ele iria cuidadosamente tentar várias saídas possíveis, uma após a outra, em sequência, o que é extremamente lento. Mas, se colocarmos um camundongo quântico no labirinto, ele poderá detectar simultaneamente todos os caminhos possíveis. Quando aplicado ao computador quântico, esse princípio aumenta seu poder exponencialmente.

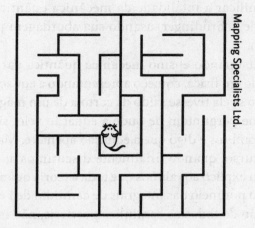

Figura 6: Soma sobre caminhos
Um camundongo em um labirinto clássico precisa decidir para onde virar em cada cruzamento, uma decisão de cada vez. Mas um camundongo quântico consegue, de certo modo, analisar todos os caminhos possíveis simultaneamente. Essa é uma das razões pelas quais os computadores quânticos são exponencialmente mais potentes do que os computadores clássicos comuns.

Então Feynman reescreveu a teoria quântica em termos do princípio da ação mínima. Nessa versão, as partículas quânticas "detectam" todos os caminhos possíveis. Sobre cada caminho ele colocou um fator relacionado à ação e à constante de Planck. Ele então somou ou integrou todos os caminhos possíveis. Isso é o que atualmente chamamos de abordagem da integral de caminho, porque somamos todas as contribuições de todos os caminhos pelos quais um objeto pode seguir.

Para sua própria surpresa, ele percebeu que conseguia obter a equação de Schrödinger. Na verdade, ele percebeu que conseguia resumir *toda* a física quântica em termos desse princípio simples. Assim, décadas depois de Schrödinger apresentar sua equação de onda como mágica, sem qualquer derivação, Feynman foi capaz de unificar a totalidade da mecânica quântica, incluindo a equação de Schrödinger, usando sua abordagem por integrais de caminho.

Em geral, quando ensino mecânica quântica para estudantes de doutorado em física, começo apresentando a equação de Schrödinger como se ela tivesse saído da cartola de um mágico. Quando os alunos me perguntam de onde a equação veio, simplesmente encolho os ombros e digo que a equação apenas é. Mas, posteriormente no curso, quando finalmente discutimos as integrais de caminho, eu explico aos alunos que toda a teoria quântica pode ser reformulada por meio das integrais de caminho de Feynman, pela soma da ação de todos os caminhos possíveis, não importando o quão malucos eles sejam.

Eu não aplico as integrais de caminho de Feynman apenas no meu trabalho profissional, eu também penso sobre elas em casa, às vezes quando passo de um cômodo a outro. Ao me mover sobre o tapete, eu tenho uma sensação estranha ao saber que várias cópias de mim estão simultaneamente andando sobre o tapete, e que cada uma pensa que é a única pessoa que está andando pela sala. Algumas dessas cópias até foram a Marte e voltaram.

Na condição de físico, eu trabalho com versões relativísticas da equação de Schrödinger, a chamada teoria quântica de campos, isto é, a teoria quântica das partículas subatômicas em altas energias. A primeira coisa que faço quando realizo um cálculo em teoria quântica de campos é seguir Feynman e começar com a ação. Então, calculo todos os caminhos possíveis para obter as equações de movimento. Assim, a abordagem das integrais de caminho de Feynman, de certo modo, engoliu toda a teoria quântica de campos.

Mas esse formalismo não é apenas um artifício; ele também traz algumas implicações profundas para a vida na Terra. Vimos anteriormente que os computadores quânticos precisam ser mantidos a uma temperatura aproximadamente perto do zero absoluto. Mas a Mãe Natureza consegue realizar reações quânticas maravilhosas em temperatura ambiente (tais como a fotossíntese e a fixação de nitrogênio para os fertilizantes). Sob a física clássica, há tanto ruído e agitação de átomos em temperatura ambiente que muitos processos químicos deveriam ser impossíveis sob tais condições. Em outras palavras, a fotossíntese viola as leis de Newton.

Como então a Mãe Natureza resolveu o problema da decoerência, o problema mais difícil em computadores quânticos, para permitir a fotossíntese em temperatura ambiente?

Por meio da soma de todos os caminhos. Como demonstrado por Feynman, os elétrons conseguem "detectar" todos os caminhos possíveis e fazer seu trabalho milagroso. Em outras palavras, a fotossíntese e a vida propriamente dita podem ser resultado da abordagem de Feynman por integrais de caminho.

MÁQUINA DE TURING QUÂNTICA

Em 1981, Feynman ressaltou que apenas um computador quântico conseguiria simular verdadeiramente um processo quântico. Mas ele não detalhou precisamente como um computador quântico deveria ser construído. David Deutsch, da Universidade de Oxford, foi quem seguiu com o desafio. Entre outras realizações, ele foi capaz de responder à pergunta: é possível aplicarmos a mecânica quântica a uma máquina de Turing? Feynman cogitou o problema, mas nunca escreveu as equações para uma máquina de Turing quântica. Deutsch foi além e completou todos os detalhes. Ele até projetou um algoritmo que pudesse rodar nessa máquina de Turing quântica hipotética.

Uma máquina de Turing, como já vimos, é um dispositivo clássico simples, baseado em um processador, que transforma

REVOLUÇÃO QUÂNTICA

números de uma fita infinitamente longa em outros números e, assim, executa uma série de operações matemáticas. A beleza de uma máquina de Turing é que ela engloba todas as propriedades de um computador digital numa forma simples e compacta, que pode então ser estudada rigorosamente pelos matemáticos. O passo seguinte é juntar a teoria quântica à invenção de Turing, o que permitiria aos cientistas estudarem as propriedades incomuns dos computadores quânticos de maneira rigorosa. Em uma máquina de Turing quântica, pensou Deutsch, substituímos um bit clássico por um qubit quântico. Isso produz uma série de mudanças importantes.

Primeiro, as manipulações básicas da máquina de Turing (por exemplo, trocar um 0 por um 1 e vice-versa, fazendo a fita se mover para a frente ou para trás) permanecem basicamente as mesmas. Mas os bits foram alterados radicalmente. Não são mais 0 ou 1. Na verdade, eles conseguem utilizar a propriedade quântica peculiar da superposição (a habilidade de estar em dois estados distintos ao mesmo tempo) a fim de criar um qubit, que pode assumir valores entre 0 e 1. E, pelo fato de todos os qubits numa máquina de Turing quântica estarem emaranhados, o que acontece com um qubit pode influenciar outros qubits que estejam distantes. Por fim, para obtermos um número ao final de um cálculo, precisamos "colapsar a onda", de modo que qubits nos deem uma coleção de 0s ou 1s de volta. Assim, conseguimos extrair números e respostas reais de um computador quântico.

Da mesma forma que Turing foi capaz de tornar a área dos computadores digitais rigorosa ao introduzir as regras precisas da máquina de Turing, Deutsch ajudou a introduzir o rigor nos fundamentos da computação quântica. Ao isolar a essência de como os qubits são manipulados, ele ajudou a padronizar o trabalho nos computadores quânticos.

O ALVORECER DOS COMPUTADORES QUÂNTICOS

UNIVERSOS PARALELOS

Mas Deutsch não é apenas conhecido por ter desenvolvido o conceito dos computadores quânticos; ele também levou a sério as perguntas filosóficas levantadas por eles. De acordo com a interpretação usual de Copenhagen da mecânica quântica, precisamos fazer uma observação para por fim determinar onde o elétron está. Antes de a observação ser feita, o elétron está em uma mistura nebulosa de vários estados. Mas, quando o estado do elétron é mensurado, a função de onda "colapsa" como num passe de mágica para um único estado físico. É assim que extraímos respostas numéricas de um computador quântico.

Mas esse "colapsar" tem assombrado os físicos quânticos desde o século passado. O processo de "colapso" da onda parece tão de outro mundo, tão inventado e artificial, mas ainda assim é o processo crucial que nos permite deixar o mundo quântico e adentrar o mundo macroscópico. Por que ele é acionado apenas quando decidimos prestar atenção? Ele é a ponte entre os mundos micro e macro, mas é uma ponte que contém furos filosóficos enormes.

Ainda assim, funciona. Ninguém pode negar.

Porém muitos cientistas se sentem desconfortáveis sabendo que todo o nosso conhecimento sobre o mundo está construído sobre essa fundação tão incerta, como dunas de areia que podem ser levadas pelo vento. Nas últimas décadas, diversas propostas foram feitas com o intuito de esclarecer o problema.

Talvez a proposta mais provocadora tenha sido feita em 1956 por um doutorando em física chamado Hugh Everett. Sabemos que a teoria quântica pode ser resumida por quatro princípios gerais. O último deles é o ponto crítico, onde "colapsamos" a função de onda para decidir em qual estado o sistema está. A proposta de Everett foi desafiadora e controversa: sua teoria propõe simplesmente que *abandonemos a última afirmação que diz que a onda "colapsa" e assim ela nunca o faz.* Cada solução possível continua a existir em sua própria realidade, produzindo, conforme a teoria ficou conhecida, "muitos mundos".

Assim como um rio que se divide em defluentes menores, as diversas ondas do elétron continuam se propagando felizes e faceiras, se dividindo de novo e de novo, se ramificando por dentro de outros universos para sempre. Em outras palavras, há um número infinito de universos paralelos e nenhum deles jamais colapsa. Cada ramo desse multiverso parece tão real quanto qualquer outro, mas eles representam *todos* os estados quânticos possíveis.

O microcosmo e o macrocosmo, portanto, obedecem às mesmas equações, uma vez que não há colapso nem "paredes" separando-os.

Por exemplo, imagine uma onda do mar. Ela, em si, é constituída por milhares de ondas menores. A interpretação de Copenhagen sugere selecionar apenas uma dessas ondas menores e descartar as outras. Mas a interpretação de Everett diz que devemos deixar todas as ondas existirem. Assim, as ondas continuarão a se ramificar em ondas menores, que por sua vez se ramificam em outras ondas mais.

Essa ideia é bastante conveniente. Jamais teremos que nos preocupar com ondas "colapsando", porque elas nunca o fazem. Assim, essa formulação é mais simples do que a interpretação padrão de Copenhagen. Ela é pura, elegante e incrivelmente simples.

MUITOS MUNDOS

No entanto, as teorias de Everett e Deutsch desafiam a natureza da realidade em si. A teoria dos muitos mundos é aquela que

O ALVORECER DOS COMPUTADORES QUÂNTICOS

subverte nossa concepção de existência. Suas consequências são impressionantes.

Por exemplo, pense em todas as vezes em que você teve de tomar uma decisão importante na vida, como escolher uma carreira, com quem se casar, ter ou não ter filhos. Podemos passar horas numa tarde preguiçosa lembrando todas as coisas que poderiam ter sido. A teoria dos muitos mundos diz que há um universo paralelo com uma cópia sua que tem uma história de vida completamente diferente. Em um universo, você pode ser um bilionário imaginando sua próxima aventura digna de manchete de jornais. Em outro, você pode ser uma pessoa pobre que não sabe quando fará a próxima refeição. Ou talvez você esteja vivendo em algum lugar entre esses extremos, trabalhando num emprego chato com um salário fixo e baixo, mas sem futuro. Em cada um desses universos, você insiste em dizer que seu universo é o real e que todos os outros são ilusões. Agora imagine isso no nível quântico. Cada ação atômica individual divide nosso universo produzindo múltiplas cópias de si mesmo.

No seu poema "O caminho que não tomei",[1] Robert Frost escreve sobre algo que todo mundo já se imaginou pensando. Nós nos perguntamos o que teria acontecido durante momentos de nossa vida quando precisamos fazer escolhas importantes. Essas decisões momentâneas podem afetar nossa vida para sempre. Ele escreveu:

---

[1] N.T. *The road not taken*, traduzido para o português por António Simões — SIMÕES, António. *Antologia de poesia anglo-americana*: de Chaucer a Dylan Thomas. Porto: Campo das Letras, 2002, p. 395.

Dois caminhos, um para cada lado:
Ah, ir por ambos na mesma viagem!
Olhei para o primeiro, ali parado,
Nesse bosque de tom amarelado,
Até perder-se longe entre a folhagem.

Ele termina o poema concluindo que sua decisão teve consequências épicas na sua vida, que a escolha pelo caminho menos percorrido foi fundamental. Ele conclui:

Daqui a mil anos, o que aconteceu,
Suspirando, estarei contando a ti:
Dois caminhos bifurcavam, e eu —
O menos pisado tomei como meu,
E a diferença está toda aí.

Isso se aplica não só à sua vida, mas ao mundo inteiro. Na série *O homem do castelo alto*, baseada no romance de Philip K. Dick, o universo se dividiu em dois. Em um universo, um assassino tentou matar Franklin D. Roosevelt, mas sua arma falhou, e FDR seguiu levando os aliados à vitória durante a Segunda Guerra Mundial. Em outro universo, porém, a arma não falhou, e o presidente foi morto. Um vice-presidente fraco então subiu ao poder, e os EUA foram derrotados. Os nazistas ocuparam a costa leste dos EUA, enquanto o Exército Imperial Japonês tomou conta da costa oeste.

O que separa esses universos tão diferentes e divergentes é o defeito numa única bala. Mas balas podem não disparar por causa de minúsculas imperfeições em seus propelentes químicos, talvez causadas por defeitos quânticos em sua estrutura molecular explosiva. Assim, um evento quântico pode ter separado esses dois universos.

O ALVORECER DOS COMPUTADORES QUÂNTICOS

Infelizmente, a ideia de Everett era tão radical, tão de outro mundo, que ela foi categoricamente ignorada pelos físicos durante décadas. Apenas recentemente ela voltou com a redescoberta de seu trabalho pelos físicos.

OS MUITOS MUNDOS DE EVERETT

Hugh Everett III nasceu em 1930 numa família de militares. O pai, que assumiu sua criação após se divorciar da mãe de Everett, era um tenente-coronel do estado-maior geral durante a Segunda Guerra Mundial. Depois da guerra, seu pai foi enviado para a Alemanha Ocidental e Hugh foi junto.

Desde pequeno, ele já demonstrava interesse por física. Ele até escreveu uma carta para Einstein, que respondeu às suas perguntas sobre um problema filosófico de longa data:

Caro Hugh,

Não há tal coisa como uma força irresistível e um corpo irremovível. Mas parece haver um menino muito teimoso que forçou seu caminho vitoriosamente através de dificuldades estranhas criadas por ele mesmo para este fim.

Atenciosamente,
A. Einstein

Em Princeton, ele finalmente seguiu seus interesses científicos centrados em duas áreas. Primeiro, em como a ciência poderia afetar os assuntos militares, usando a teoria dos jogos para compreender a guerra, por exemplo. E, segundo, em como entender os paradoxos da mecânica quântica. Seu orientador de doutorado foi

John Archibald Wheeler, o mesmo orientador da tese de Richard Feynman. Wheeler era um dos grandes luminares na física e havia trabalhado com Bohr e Einstein.

Everett estava insatisfeito com a interpretação tradicional de Copenhagen da mecânica quântica, que afirma que a função de onda "colapsa" misteriosamente e determina o estado do macromundo no qual vivemos.

Sua solução foi radical, apesar de simples e elegante. Wheeler logo compreendeu a importância do trabalho de seu estudante, mas ele também era bastante realista. Wheeler sabia que essa teoria seria destruída pelas autoridades. Assim, em várias ocasiões, ele pediria a Everett que baixasse o tom de modo que sua teoria não parecesse tão escandalosa. Everett não gostou nem um pouco disso, mas, por ser apenas um estudante de doutorado, ele concordou e fez revisões em sua tese. Wheeler até tentou discutir a teoria de seu aluno com outros físicos notáveis, mas, na maioria das vezes, era recebido com frieza.

Em 1959, Wheeler conseguiu que Everett se encontrasse com Niels Bohr em Copenhagen. Foi a última tentativa de Wheeler de obter algum reconhecimento pelo trabalho de seu aluno. Mas aquilo foi como uma ovelha entrando no covil de um leão. O encontro foi um desastre. O físico belga Léon Rosenfeld, que também estava lá, disse que Everett era "indescritivelmente estúpido e não conseguia entender as coisas mais simples da mecânica quântica".

O próprio Everett recordaria o encontro como "o inferno... condenado desde o início". Até mesmo Wheeler, que tentou dar à teoria de Everett uma entrada justa junto aos físicos mais influentes, acabou abandonando a teoria, dizendo que ela tinha "bagagem demais".

Com todos os grandes nomes da física unidos contra Everett, encontrar um emprego como físico teórico era praticamente impossível. Ele então voltou aos estudos militares e conseguiu

O ALVORECER DOS COMPUTADORES QUÂNTICOS

um emprego no Grupo de Avaliação de Sistemas de Armas do Pentágono. De lá, ele faria pesquisas confidenciais sobre mísseis Minuteman, guerras nucleares e suas consequências, bem como aplicações militares da teoria dos jogos.

O RENASCIMENTO DOS UNIVERSOS PARALELOS

Enquanto isso, durante os anos em que Everett trabalhava com guerra nuclear, suas ideias começaram a lentamente ser difundidas pela comunidade dos físicos. Um problema surgiu quando eles tentaram aplicar a mecânica quântica ao universo inteiro, isto é, criar uma teoria quântica da gravitação.

Na mecânica quântica, começamos com uma função de onda que descreve como um elétron pode estar em muitos estados paralelos ao mesmo tempo. No fim, o observador realiza uma medição pelo lado de fora e colapsa a função de onda. Mas encontramos problemas ao aplicar esse processo ao universo inteiro.

Einstein imaginou o universo como um tipo de esfera que estava se expandindo. Vivemos na superfície dessa esfera. Essa é a famosa teoria do Big Bang. Mas, se aplicarmos a teoria quântica ao universo inteiro, isso significa que o universo, como o elétron, precisa existir em muitos estados paralelos.

Assim, se tentarmos aplicar a superposição ao universo inteiro, *necessariamente chegaremos aos universos paralelos*, exatamente como Everett previu. Em outras palavras, o ponto de partida da mecânica quântica é que o elétron consegue estar em dois estados ao mesmo tempo. Quando aplicamos a mecânica quântica ao universo inteiro, isso significa que o universo também deve existir em estados paralelos, isto é, em universos paralelos. Dessa forma, universos paralelos são inevitáveis.

REVOLUÇÃO QUÂNTICA

Portanto, universos paralelos surgem naturalmente se tentarmos descrever o universo inteiro em termos quânticos. Em vez de elétrons paralelos, temos agora universos paralelos.

Mas isso deixa uma outra questão em aberto: conseguimos visitar esses universos paralelos? Por que não vemos essa coleção infinita de universos paralelos, alguns dos quais podem até se parecer com o nosso, enquanto outros podem ser bizarros e absurdos? (E uma pergunta que me fazem com frequência: isso significa que Elvis ainda está vivo em algum universo? A ciência moderna responde: talvez.)

UNIVERSOS PARALELOS NA SUA SALA DE ESTAR

O ganhador do Prêmio Nobel Steven Weinberg uma vez me explicou como lidar mentalmente com essa teoria dos vários mundos de modo a não explodir a cabeça. Imagine, disse ele, que você esteja sentado quieto na sua sala de estar, com ondas de rádio vindas das diversas estações do mundo inteiro preenchendo o ar. A princípio, há centenas de sinais de rádio na sua sala. Mas o seu aparelho está sintonizado apenas em uma frequência; ele só consegue reproduzir uma estação, porque você não está vibrando em sincronia com as outras estações. Em outras palavras, seu aparelho fez uma "decoerência" das outras ondas de rádio que também preenchem sua sala. Você não consegue escutá-las porque não está sintonizado nelas, ou coerente com elas.

Agora, continuou ele, substitua as ondas de rádio por ondas quânticas de elétrons e átomos. Na sua sala de estar, há ondas de universos paralelos, ondas de dinossauros, alienígenas, piratas e vulcões. No entanto, não conseguimos interagir mais com elas porque estamos decoerentes. Nós não vibramos mais em uníssono

O ALVORECER DOS COMPUTADORES QUÂNTICOS

com as ondas dos dinossauros. Os universos paralelos não estão necessariamente no espaço sideral ou em outra dimensão. Eles podem estar na sua sala. Portanto, é possível entrar num universo paralelo, mas, ao calcularmos a probabilidade de isso ocorrer, descobrimos que é preciso esperar uma quantidade de tempo astronômica.

Pessoas que já morreram no nosso universo podem estar vivas em algum universo paralelo, bem na sua sala de estar. Mas é praticamente impossível interagirmos com elas porque não estamos mais coerentes com eles. Assim, Elvis pode estar vivo, mas ele está cantando seus sucessos em outro universo.

A probabilidade de entrarmos em um desses universos paralelos é praticamente zero. A palavra-chave aqui é "praticamente". Em mecânica quântica, tudo é reduzido a probabilidades. Por exemplo, às vezes perguntamos aos nossos estudantes de doutorado qual a probabilidade de que eles venham a acordar em Marte no dia seguinte. Usando a física clássica, a resposta é nunca, porque não conseguimos escapar da barreira gravitacional que nos prende à Terra. Porém, no mundo quântico, conseguimos calcular a probabilidade de "tunelarmos" através dessa barreira gravitacional e acordar em Marte. (Ao fazermos esse cálculo, descobrimos que teríamos de esperar um tempo mais longo que a idade do nosso universo para que isso ocorra; portanto, muito provavelmente, você vai acordar na própria cama amanhã.)

David Deutsch leva esses conceitos incompreensíveis a sério. *Por que os computadores quânticos são tão poderosos?*, pergunta ele. Porque os elétrons estão calculando simultaneamente em universos paralelos. Eles estão interagindo e interferindo uns com os outros por meio do emaranhamento. Por isso, eles conseguem rapidamente ultrapassar um computador tradicional que só processa em um universo.

103

REVOLUÇÃO QUÂNTICA

Para demonstrar isso, ele utiliza um experimento portátil com laser. O experimento consiste simplesmente em uma folha de papel com dois furos. David Deutsch faz um feixe do laser atravessar ambos os furos que resulta em um lindo padrão de interferência do outro lado. Isso acontece porque as ondas passaram pelos furos simultaneamente e, portanto, interferiram com elas mesmas do outro lado, dando origem a um padrão de interferência.

Isso não é novidade.

Mas agora, diz ele, vamos reduzir progressivamente a intensidade do feixe de laser a quase zero. Em algum momento, não teremos mais uma frente de onda, mas um único fóton atravessando os furos. Mas como pode um único fóton de luz atravessar ambos os furos ao mesmo tempo?

Na interpretação usual de Copenhagen, antes de mensurarmos o fóton, ele de fato existe como a soma de duas ondas, uma para cada furo. Isolar um único fóton não faz qualquer sentido até o mensurarmos. Uma vez feita a medida, saberemos através de qual furo o fóton passou.

Everett não gostava dessa interpretação, porque significava que jamais conseguiríamos responder à pergunta: por qual furo o fóton entrou antes de o termos mensurado? Agora aplique isso a elétrons. Na teoria dos muitos mundos de Everett, o elétron é uma partícula puntiforme que de fato atravessou apenas um furo, mas existe um outro elétron gêmeo em um universo paralelo que atravessou o outro furo. Esses dois elétrons, em dois universos diferentes, interagem um com o outro por meio do emaranhamento de forma a alterar a trajetória deles mesmos e, com isso, produzir um padrão de interferência.

Concluindo, um único fóton consegue atravessar apenas uma única fenda, mas ainda assim ele cria um padrão de interferência

O ALVORECER DOS COMPUTADORES QUÂNTICOS

porque o fóton consegue interagir com seu parceiro que se move em um universo paralelo.

(É impressionante que ainda hoje os físicos discutem as várias interpretações desse "colapso" da função de onda. Hoje, porém, não só os físicos, mas também as crianças se enamoraram por essa ideia, porque vários de seus heróis favoritos dos quadrinhos vivem no multiverso. Quando o seu herói favorito está numa enrascada, às vezes seu parceiro do universo paralelo vem ajudar. Por isso, a física quântica é também um assunto entre a garotada.)

RESUMO DA TEORIA QUÂNTICA

Agora vamos resumir todas as características peculiares da teoria quântica que tornam os computadores quânticos possíveis.

Superposição. Antes de observarmos um objeto, ele existe em vários estados possíveis. Assim, um elétron consegue estar em dois lugares ao mesmo tempo. Isso aumenta enormemente a capacidade de um computador, uma vez que temos mais estados à disposição para realizar o processamento.

Emaranhamento. Quando duas partículas estão em coerência e as separamos, elas ainda conseguem influenciar uma à outra. Essa interação ocorre instantaneamente, o que permite que os átomos se comuniquem entre si, mesmo que estejam separados. Isso significa que a capacidade de processamento aumenta exponencialmente à medida que mais e mais qubits são incluídos e interajam uns com os outros, muito mais rápido do que os computadores comuns.

Soma sobre caminhos. Quando uma partícula se move entre dois pontos, ela realiza a soma de todos os caminhos possíveis que conectam os dois pontos. O caminho mais provável é o caminho clássico, não quântico, mas todos os outros caminhos também contribuem para o caminho quântico final que a partícula segue.

REVOLUÇÃO QUÂNTICA

Isso significa que até mesmo caminhos que sejam altamente improváveis se tornam reais. Talvez os caminhos das moléculas que deram origem à vida tenham se tornado reais por causa desse efeito, tornando a vida possível.

Tunelamento. Ao se deparar com uma enorme barreira energética, normalmente uma partícula não consegue atravessá-la. Mas, em mecânica quântica, existe uma probabilidade pequena, porém finita, de que a partícula possa "tunelar" uma barreira. Isso pode ser o motivo pelo qual as reações químicas complexas da vida consigam ocorrer em temperatura ambiente, até mesmo na ausência de vastas quantidades de energia.

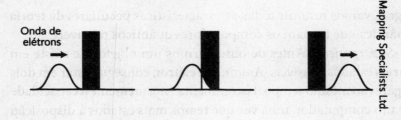

Figura 7: Tunelamento
Normalmente uma pessoa não consegue atravessar uma parede de tijolos. Mas, na mecânica quântica, existe uma probabilidade pequena, porém finita, de que você consiga "tunelar" através dela. No mundo subatômico, o tunelamento é corriqueiro e pode explicar como ocorrem as reações químicas complexas que tornam a vida possível.

O ALGORITMO DE SHOR

Até os anos 1990, os computadores quânticos eram basicamente um brinquedo para os teóricos. Eles existiam apenas na mente de um pequeno núcleo de cientistas, verdadeiros apaixonados e acadêmicos brilhantes.

O ALVORECER DOS COMPUTADORES QUÂNTICOS

Mas o trabalho de Peter Shor na AT&T no início dos anos 1990 mudou tudo. Longe de ser uma pequena nota de rodapé mencionada em conversas na hora do cafezinho, os computadores quânticos se tornaram parte dos programas dos maiores governos do mundo. Analistas em segurança, cuja formação requer pouca base em física, estavam agora sendo solicitados a decifrar os mistérios da teoria quântica.

Todos que já assistiram a um filme de James Bond sabem que o mundo em que vivemos, com tantos interesses de Estado conflitantes e até mesmo hostis, está repleto de espiões e códigos secretos. Isso pode ser um exagero de Hollywood, mas a joia mais preciosa das agências de segurança são exatamente os códigos que elas usam para proteger os segredos de Estado mais valiosos. Lembremos que o sucesso de Turing em decifrar a máquina de códigos nazista Enigma causou uma reviravolta histórica, ajudando a encurtar a duração da guerra e alterando o curso da história da humanidade.

Até então, o trabalho com computadores quânticos era altamente especulativo e de domínio dos mais esotéricos engenheiros elétricos. Mas Shor mostrou que um computador quântico pode decifrar qualquer código digital de uso corrente, colocando em risco toda a economia mundial, pois a movimentação de bilhões de dólares pela internet requer sigilo absoluto.

O principal código para transações secretas é chamado de criptografia RSA e é baseado na fatoração de um número muito grande. Por exemplo, comecemos com dois números, cada um contendo 100 dígitos. Se multiplicamos um pelo outro, obtemos um número que se aproxima dos 200 dígitos. Multiplicar dois números é uma tarefa fácil.

Mas, se alguém desse a você esse número de 200 dígitos e pedisse que o fatorasse (que encontrasse os dois números que, multiplicados entre si, geram esse número), poderia levar séculos ou mais para um computador digital realizar essa tarefa. Chamamos isso de função

REVOLUÇÃO QUÂNTICA

arapuca. Em uma direção, quando multiplicamos os dois números, a função arapuca é trivial. Mas, na direção oposta, ela se torna muito difícil. Tanto computadores clássicos quanto quânticos conseguem fatorar números grandes. Na verdade, um computador clássico consegue, a princípio, calcular tudo o que um computador quântico consegue, e vice-versa, mas, se os dados são complexos demais, eles podem sobrecarregar os computadores clássicos.

A principal vantagem dos computadores quânticos é o tempo. Apesar de ambos conseguirem realizar certas tarefas, o tempo que leva para um computador clássico resolver um problema difícil pode tornar seu uso impraticável.

Assim, o tempo que leva para um computador clássico fatorar um número grande é proibitivamente longo, tornando-o impraticável para desvendar nossos segredos. Mas um computador quântico consegue decifrar um código após certo período de tempo, que ainda é longo, mas talvez seja pequeno o suficiente para torná-lo factível.

Portanto, quando hackers tentam invadir seu computador, o computador pede que eles fatorem um número, talvez com 200 dígitos. Por causa do tempo que esse processo leva, os hackers simplesmente desistem. Mas, se você quer que o destinatário designado leia a transmissão, tudo o que precisa fazer é fornecer os dois números menores. Assim, eles conseguem facilmente desabilitar o programa do computador que está protegendo a mensagem.

O algoritmo RSA parece seguro por enquanto, mas, no futuro, será possível fatorar esse número de 200 dígitos com um computador quântico.

Para ver como isso funciona, vamos examinar o algoritmo de Shor. Ao longo dos séculos, os matemáticos têm inventado algoritmos para ajudá-los na fatoração de números em fatores primos, isto é, números que são apenas divisíveis por 1 ou por si próprios. Por exemplo, $16 = 2 \times 2 \times 2 \times 2$, uma vez que 2 só é divisível por 1 e por si próprio.

O ALVORECER DOS COMPUTADORES QUÂNTICOS

O algoritmo de Shor começa com essas técnicas padronizadas e conhecidas pelos matemáticos clássicos para fatorar um número arbitrário. Então, mais para o fim do processo, realizamos a chamada transformada de Fourier. Isso envolve somar um fator complexo, de modo que os cálculos prossigam normalmente. Mas, no caso quântico, temos de somar muito mais estados; então, em vez disso, precisamos realizar uma transformada de Fourier quântica. O resultado final mostra que o cálculo pode ser feito em tempo recorde porque temos muito mais estados à nossa disposição.

Em outras palavras, ambos os computadores, clássico e quântico, fatoram números praticamente da mesma forma; no entanto, os computadores quânticos realizam o processamento sobre vários estados simultaneamente, o que acelera muito todo o processo.

Vamos representar por N o número que desejamos fatorar. Para um computador digital comum, a quantidade de tempo necessária para fatorá-lo aumenta exponencialmente, como $t \sim e^N$, multiplicado por alguns fatores não importantes. Assim, o tempo de cálculo pode rapidamente aumentar para valores astronômicos, comparáveis à idade do nosso universo. Isso torna a fatoração de um número grande possível, porém impraticável em um computador convencional.

Mas, se realizarmos o mesmo cálculo utilizando um computador quântico, o tempo necessário para fatorar o número cresce como $t \sim N^n$, isto é, como um polinômio, porque os computadores quânticos são astronomicamente mais rápidos do que um computador digital.

DERROTANDO O ALGORITMO DE SHOR

Quando a comunidade responsável pela segurança da inteligência tomou consciência das implicações dessa façanha, as pessoas começaram a tomar medidas para enfrentá-la.

REVOLUÇÃO QUÂNTICA

Primeiro, o Instituto Nacional de Padrões e Tecnologia (NIST, na sigla em inglês), que determina os padrões técnicos para o governo dos EUA, emitiu uma nota sobre os computadores quânticos, dizendo que o perigo real dessa tecnologia ainda estaria no porvir. Mas que o momento de começarmos a pensar sobre o assunto é agora. No futuro, pode ser tarde demais para reequipar toda a indústria de uma hora para a outra, quando os computadores quânticos começarem a decifrar nossos códigos.

Em seguida, ele sugeriu uma medida simples que poderia ser adotada pelas empresas para enfrentar parcialmente essa ameaça. A forma mais fácil de lidar com o algoritmo de Shor é simplesmente aumentar o número que precisa ser fatorado. Em algum momento, os computadores quânticos talvez sejam capazes de quebrar um código RSA turbinado, mas isso irá atrasar qualquer hacker e talvez torne o processo proibitivamente caro de ser feito.

Porém a maneira mais direta de abordar o problema é criar funções arapuca mais sofisticadas. O algoritmo RSA é simples demais para impedir um computador quântico, portanto o memorando do NIST mencionou vários algoritmos novos que eram mais complexos que o código RSA original. Entretanto, essas novas funções arapuca não são de fácil implementação. Ainda resta verificar se elas conseguiriam parar um computador quântico.

O governo encorajou empresas e agências de segurança a tomarem medidas preventivas para esse cataclisma digital. Nos Estados Unidos, várias diretrizes foram criadas pelo NIST sobre como se preparar para a luta contra essa nova ameaça à segurança nacional.

Porém, se o pior acontecer, governos e grandes instituições podem ser obrigados a lançar mão do último recurso, que é usar a criptografia quântica a fim de derrotar os computadores quânticos, isto é, usar os poderes quânticos contra eles mesmos.

O ALVORECER DOS COMPUTADORES QUÂNTICOS

INTERNET A LASER

No futuro, pode ser que as mensagens ultrassecretas sejam enviadas em um canal de internet separado e que funciona por meio de feixes de laser e não cabos elétricos. Raios laser são polarizados, o que significa que as ondas vibram apenas em um plano. Quando um criminoso tenta invadir um feixe de laser, isso afeta a direção da polarização do laser, o que pode ser detectado imediatamente por um monitor. Dessa forma, sabemos, graças às leis da teoria quântica, que alguém tentou invadir nosso sistema de comunicação.

Logo, se um criminoso tentar interceptar uma transmissão, ele inevitavelmente fará soar o alarme. Isso requer, entretanto, uma internet separada e baseada em lasers para transportar os segredos nacionais mais importantes, o que também seria uma solução muito cara.

Tudo isso pode significar que, no futuro, poderá haver duas camadas de internet. Algumas organizações, como bancos, grandes corporações e governos, podem precisar desembolsar uma certa quantia para enviar mensagens pela internet à base de laser, o que garante sua segurança, ao passo que o restante do mundo usa a internet comum, que não tem um custo extra de proteção atribuída a ela.

Esse problema de segurança também está levando a uma nova tecnologia chamada distribuição de chave quântica (QKD, na sigla em inglês), que transfere chaves de criptografia utilizando qubits emaranhados, de modo que conseguimos detectar imediatamente se alguém está tentando invadir nossa rede. A empresa japonesa Toshiba já previu que a QKD poderá gerar até 3 bilhões de dólares de lucro até o fim desta década.

Por enquanto vivemos um jogo de espera. Muitos estão torcendo para que a ameaça tenha sido exagerada. Mas isso não impediu que

REVOLUÇÃO QUÂNTICA

as maiores e principais corporações do mundo iniciassem uma corrida para ver qual tecnologia irá dominar o futuro.

Olhando além da ameaça cibernética, há mundos inteiramente novos a serem conquistados pelos computadores quânticos, e as empresas estão agora correndo contra o tempo para conseguirem uma vantagem com relação a essa nova e excitante tecnologia emergente.

O vencedor poderá ser capaz de moldar o futuro.

CAPÍTULO 5

FOI DADA A LARGADA

Alguns dos principais nomes do Vale do Silício estão fazendo suas apostas sobre quem vai vencer essa corrida. É cedo demais para dizer, mas o que está em jogo aqui é nada menos que o futuro da economia mundial.

Para compreendermos como essa corrida está tomando forma, é importante perceber que há mais de uma arquitetura de computador que poderá funcionar. Recordemos que a máquina de Turing baseia-se em princípios gerais que podem ser aplicados a uma gama maior de tecnologias. Assim, é possível construir um computador digital feito de tubos de água e válvulas. O ingrediente essencial é um sistema que consegue transportar informação digital caracterizada por uma série de 0s e 1s, e uma forma de processar essa informação.

De maneira análoga, computadores quânticos também podem ter uma ampla gama de possíveis designs. Basicamente, qualquer sistema quântico que consiga superpor estados de 0s e 1s e emaranhá-los de

REVOLUÇÃO QUÂNTICA

forma que processem essa informação pode se tornar um computador quântico. Elétrons e íons que possuam spin para cima ou para baixo poderiam servir a esse propósito, ou fótons polarizados que giram no sentido horário ou anti-horário. Como a teoria quântica governa toda matéria e energia no universo, há potencialmente milhares de formas de se construir um computador quântico. Numa tarde preguiçosa, um físico pode sonhar com dezenas de formas de representar superposições de 0s e 1s para criar um computador quântico inteiramente novo.

Como, então, são esses designs e quais suas vantagens e desvantagens? Vimos anteriormente que empresas e governos estão investindo bilhões nessa tecnologia, e suas escolhas de projeto podem influenciar quem dominará essa corrida no fim. Por enquanto, a IBM está liderando o grupo com 433 qubits, porém, como numa corrida de cavalos, as posições podem mudar a qualquer momento.[2]

Nome	Produtor	Qubits
Osprey	IBM	433
Jiuzhang	China	76
Bristlecone	Google	72
Sycamore	Google	53
Tangle Lake	Intel	49

Dario Gil, vice-presidente sênior da IBM e chefe da divisão de pesquisa, diz: "Acreditamos que seremos capazes de demonstrar uma vantagem quântica — algo que possua um valor prático — dentro dos próximos dois anos. Esta é a nossa jornada." Na verdade, a IBM já declarou publicamente que seu objetivo é construir um computador quântico com um milhão de qubits.

---

[2]N.E. Em 2023, foi lançado o processador Condor de 1.121 qubits. E, em 2024, a IBM lançou o Heron, processador quântico de melhor desempenho até o momento.

FOI DADA A LARGADA

Então como funciona o design líder do setor e como é a concorrência?

1. Computador quântico supercondutor

O computador quântico supercondutor estabeleceu os parâmetros para a potência computacional. Em 2019, a Google foi a primeira a mostrar a cara, anunciando que havia alcançado a supremacia quântica com seu computador quântico supercondutor Sycamore.

Mas a IBM não estava muito atrás, e pouco depois surgiu com seu processador quântico Eagle, que quebrou a barreira dos 100 qubits em 2021 e já desenvolveu o processador Osprey de 433 qubits. (Veja a Figura 8 no encarte no fim do livro.)

Os computadores quânticos supercondutores têm uma grande vantagem: eles podem usar uma tecnologia já criada inicialmente pela indústria dos computadores digitais. As empresas do Vale do Silício têm por décadas aperfeiçoado a arte de gravar circuitos minúsculos em pastilhas de silício. Dentro de cada chip é possível representar os números 0 e 1 pela presença ou ausência de elétrons no circuito.

Os computadores quânticos supercondutores também fazem uso dessa tecnologia. Ao baixarmos a temperatura para uma fração do zero absoluto, os circuitos se tornam quânticos, isto é, eles se tornam coerentes, de modo que a superposição dos elétrons fica resguardada. Então, ao agruparmos vários desses circuitos, conseguimos emaranhá-los de modo que o processamento de cálculos quânticos seja possível.

REVOLUÇÃO QUÂNTICA

A desvantagem dessa abordagem é que uma estrutura elaborada de tubos e bombas é necessária para o resfriamento da máquina. Isso também aumenta o custo e introduz a possibilidade de novas complicações e erros. A menor vibração ou impureza consegue quebrar a coerência dos circuitos. Alguém espirrando por perto pode arruinar um experimento.

Os cientistas medem essa sensibilidade por meio de algo chamado tempo de coerência, que é o intervalo de tempo no qual os átomos permanecem coerentes e vibrando juntos. De um modo geral, quanto menor a temperatura, mais lento é o movimento dos átomos no ambiente e maior o tempo de coerência. Manter as máquinas a temperaturas até mesmo menores que as encontradas no espaço maximiza o tempo de coerência.

No entanto, por causa da impossibilidade de alcançar o zero absoluto, alguns erros irão inevitavelmente ocorrer nos cálculos. Enquanto um computador digital convencional não precisa se preocupar com isso, a baixa temperatura é uma senhora dor de cabeça para um computador quântico. Quer dizer que não podemos confiar completamente nos resultados. Isso pode significar também um grave problema se transações bilionárias estiverem em jogo.

Uma solução para o problema é apoiar cada qubit com uma coleção de outros qubits, o que cria uma redundância e reduz os erros do sistema. Por exemplo, digamos que um computador quântico faça um cálculo com três qubits que são o backup de cada qubit e produza a cadeia de nú-

FOI DADA A LARGADA

meros 101; como os valores não são todos iguais, muito provavelmente o dígito do meio está errado e precisa ser substituído pelo dígito 1. A redundância pode reduzir os erros no resultado, mas à custa de aumentar muito a quantidade de qubits no sistema.

Já foi sugerido que talvez 1.000 qubits sejam necessários para apoiar um qubit, de modo que essa coleção de qubits consiga corrigir erros que se infiltrem nos cálculos. Mas isso significa que, para um computador quântico de 1.000 qubits, precisamos de um milhão de qubits. Esse é um número enorme que vai testar o limite dessa tecnologia, mas a Google estima que um processador com um milhão de qubits seja alcançável em dez anos.

2. Computador quântico por armadilha de íons

Um outro candidato é o computador quântico por armadilha de íons. Quando pegamos um átomo eletronicamente neutro e arrancamos alguns elétrons, obtemos um íon carregado positivamente. Um íon pode ser suspenso numa armadilha que é formada por uma série de campos elétricos e magnéticos e, quando vários íons são introduzidos, eles vibram como qubits coerentes. Por exemplo, se o spin do elétron aponta para cima, o estado será 0. Se aponta para baixo, é 1. Assim, o resultado decorrente dos estranhos efeitos do mundo quântico é a mistura superposta de dois estados.

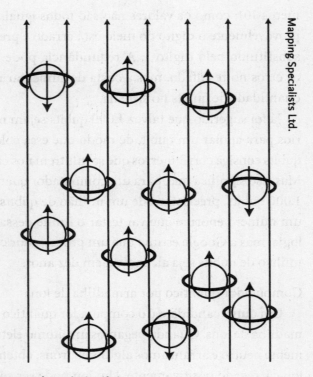

Figura 9: Computador quântico iônico
Átomos podem girar como um pião e ficar alinhados por um campo magnético. Se um átomo girar com seu eixo apontando para cima, ele irá representar o número 0. Se girar com seu eixo para baixo, o 1. Mas os átomos também podem existir em uma superposição desses dois estados. Um cálculo é feito por meio da incidência de laser sobre esses átomos, que pode reverter o eixo de rotação e trocar os zeros por 1s, efetuando, assim, um cálculo.

Então incidimos sobre esses íons micro-ondas ou raios laser, fazendo-os reverter seus eixos e forçando-os a mudar de estado. Dessa forma, os feixes atuam como um processador, convertendo uma configuração atômica em outra,

FOI DADA A LARGADA

assim como a CPU de um computador digital modifica os transistores entre estados on e off.

Essa é talvez a maneira mais transparente de enxergarmos como um computador quântico surge a partir de uma coleção de elétrons aleatórios. A Honeywell é uma das empresas que mais investe nesse modelo.

Em um computador quântico de armadilha de íons, os átomos são mantidos em um estado de quase vácuo, suspensos por uma estrutura complexa de campos elétricos e magnéticos que podem absorver quaisquer movimentos aleatórios. O tempo de coerência pode assim ficar muito maior do que no caso dos computadores quânticos supercondutores, e o computador iônico consegue de fato operar em temperaturas mais altas que seus rivais. Um problema, entretanto, é a escalabilidade, isto é, quando tentamos aumentar o número de qubits. Escalabilidade é algo muito difícil, uma vez que precisamos continuamente reajustar os campos elétricos e magnéticos a fim de manter a coerência, o que já é por si só um processo complexo.

3. Computadores quânticos fotônicos

Logo após a Google ter divulgado a conquista da supremacia quântica, os chineses anunciaram ter quebrado uma barreira ainda maior, realizando um cálculo em 200 segundos que levaria meio bilhão de anos em um computador digital.

Quando o físico quântico Fabio Sciarrino, da Universidade La Sapienza, em Roma, ouviu a notícia, ele disse: "Minha primeira impressão foi UAU!" O computador quântico deles, em vez de calcular com elétrons, calculava com feixes de laser.

REVOLUÇÃO QUÂNTICA

O computador quântico fotônico explora o fato de que a luz consegue vibrar em direções diferentes, isto é, em estados polarizados. Por exemplo, um feixe de luz pode vibrar verticalmente para cima e para baixo ou talvez para os lados direito e esquerdo. (Qualquer um que já tenha comprado óculos escuros com lentes polarizadas para diminuir o brilho da luz do sol na praia se beneficia dessa propriedade. As lentes polarizadas podem ter uma série de ranhuras na direção vertical, que bloqueia a luz do sol que vibra na direção horizontal.) Assim os números 0 e 1 podem ser representados pelos diferentes estados de polarização da luz.

O computador quântico fotônico começa por disparar um feixe de laser em um divisor de feixes, que consiste em um pedaço de vidro cuidadosamente polido, fazendo um ângulo de 45 graus. Ao acertar o divisor, o feixe de laser se divide em dois, com metade seguindo adiante e a outra metade sendo refletida. O ponto importante aqui é que os dois feixes de laser são coerentes, vibrando em uníssono um com o outro.

Os dois feixes coerentes conseguem então atingir dois espelhos polidos, que os refletem de volta para um ponto comum, onde os dois fótons ficam emaranhados um com o outro. Dessa forma conseguimos criar um qubit. Assim, o feixe resultante é agora uma superposição de dois fótons emaranhados. Agora imagine a superfície de uma mesa contendo talvez centenas de divisores de feixe e espelhos, que emaranham uma série de fótons coerentes entre si. É assim que um computador quântico óptico realiza suas façanhas milagrosas. O computador fotônico

120

FOI DADA A LARGADA

chinês foi capaz de processar com 76 fótons emaranhados se movendo em 100 canais.

Mas os computadores fotônicos têm um problema sério: eles são uma coleção desajeitada de divisores de feixe e espelhos que consegue ocupar bastante espaço. Para cada problema, precisamos rearrumar a coleção complexa de espelhos e divisores de feixe para posições diferentes. Não é uma máquina para vários fins que conseguimos programar para realizar cálculos instantâneos. Após cada cálculo, temos de desmontá-lo e rearrumar todos os componentes, precisamente, o que toma muito tempo. Além do mais, como os fótons não interagem facilmente com outros fótons, fica difícil criar qubits de maior complexidade.

No entanto, há vários benefícios da utilização de fótons em vez de elétrons em um computador quântico. Enquanto os elétrons reagem fortemente à matéria comum por terem carga elétrica (e por isso perturbações do ambiente podem se tornar bastante importantes), os fótons não têm carga e assim encontram muito menos ruído vindo do ambiente. Na verdade, os feixes de luz conseguem atravessar outros feixes de luz sem quase qualquer perturbação. Os fótons também são muito mais rápidos que os elétrons, viajando a quase dez vezes a velocidade dos sinais elétricos.

A maior vantagem de um computador fotônico, porém, que talvez possa compensar outros fatores, é que ele consegue operar em temperatura ambiente. Não necessita de bombas ou tubos para diminuir a temperatura próxima ao zero absoluto, o que aumentaria muito o custo.

REVOLUÇÃO QUÂNTICA

Como os computadores fotônicos operam em temperatura ambiente, seu tempo de coerência é bastante curto. Mas isso é compensado pelo fato de que os feixes de laser podem ter alta energia, de forma que os cálculos são feitos muito mais rapidamente do que o tempo de coerência, e as moléculas do ambiente parecem se mover em câmera lenta. Isso reduz a quantidade de erro criada por interações com o ambiente. No longo prazo, taxas menores de erro e custos reduzidos podem ser vantagens em relação aos outros designs.

Mais recentemente, a startup canadense Xanadu apresentou seu computador quântico fotônico, que tem uma característica única. Ele é baseado em um chip minúsculo (não uma mesa repleta de hardware óptico) que manipula luz infravermelha de laser através de um labirinto microscópico de divisores de feixe. Diferentemente do design chinês, o chip da Xanadu é programável e seu computador está disponível na internet. Entretanto, possui apenas oito qubits e ainda requer alguns refrigeradores supercondutores. Mas, como disse Zachary Vernon, da Xanadu, "durante um longo tempo a fotônica era considerada um azarão na corrida pelos computadores quânticos... com estes resultados... está ficando claro que a fotônica não é um azarão, mas um de seus principais líderes". O tempo dirá.

4. Computadores fotônicos de silício

Uma nova empresa se juntou à corrida em 2016 e causou uma controvérsia considerável. A PsiQuantum, uma startup novinha em folha, convenceu os investidores a respeito de seu computador fotônico de silício e agitou

FOI DADA A LARGADA

Wall Street por acumular um impressionante valor de 3,1 bilhões de dólares. Ela fez isso sem sequer produzir um protótipo ou um projeto demonstrativo de que o computador realmente funciona.

A grande vantagem dos computadores fotônicos de silício seria que eles poderiam fazer uso de métodos testados e comprovados aperfeiçoados pela indústria de semicondutores. Na verdade, a PsiQuantum é parceira da GlobalFoundries, que é uma das três fabricantes de chip mais avançadas do mundo. Esse consórcio com uma empresa de alta tecnologia bem estabelecida deu à pequena startup reconhecimento imediato em Wall Street.

Um motivo pelo qual a PsiQuantum gerou tanta mídia e atraiu tanta atenção é o fato de ela ter formulado o plano mais ambicioso para o futuro. A empresa afirma que, em meados deste século, vai criar um computador óptico de silício com um milhão de qubits que terá aplicações práticas. Eles acreditam que seus investidores, que têm se concentrado em computadores quânticos com cerca de 100 qubits, são muitos conservadores, pois se concentram em avanços gradativos e pequenos. Eles esperam conseguir um salto gigante para o futuro, ultrapassando seus rivais mais cautelosos e tímidos.

Um dos segredos do seu programa é a natureza dual do silício. O silício não só pode ser usado para a fabricação de transistores e assim controlar o fluxo de elétrons, como também serve para transmitir luz, uma vez que é transparente sob certas frequências de radiação infravermelha. Essa natureza dupla é crucial para o emaranhamento de fótons.

Um grande aspecto de vendas é que eles conseguem abordar o problema da correção de erro. Como os erros

123

REVOLUÇÃO QUÂNTICA

ocorrem em qualquer cálculo por causa das interações com o ambiente, precisamos de uma redundância intrínseca ao sistema através da criação de qubits de reforço. Com um milhão de qubits, eles acreditam serem capazes de controlar tais erros, de modo que cálculos práticos e reais poderão ser feitos no computador.

5. Computadores quânticos topológicos

O cavalo misterioso nesta corrida é o da Microsoft, que usa processadores topológicos.

Como já vimos, um importante problema encarado pelos projetos anteriores é que a temperatura precisa ser mantida próxima ao zero absoluto. Mas, de acordo com a teoria quântica, há uma outra forma, além da armadilha de íons e dos sistemas fotônicos, de se construir um computador quântico. Um sistema que consiga permanecer estável em temperatura ambiente se mantiver algumas propriedades topológicas, que são sempre preservadas. Imagine um pedaço circular de corda com um nó. Não podemos cortar a corda. Não importa o quanto tentemos, o nó não poderá ser desfeito. A topologia da corda (a forma, neste caso, o nó) não pode ser modificada por qualquer manipulação, exceto cortá-la. De forma similar, os físicos têm buscado encontrar sistemas físicos que preservem a topologia do sistema, não importando a temperatura. Se encontrados, esses sistemas iriam reduzir drasticamente os custos e aumentar enormemente a estabilidade de um computador quântico. Com tal sistema, qubits coerentes poderiam ser criados a partir dessas configurações topológicas.

Em 2018, físicos da Universidade Técnica de Delft, nos Países Baixos, anunciaram ter descoberto um material

FOI DADA A LARGADA

com tais propriedades: nanofios de antimoneto de índio. O material surgiu a partir de uma série complexa de interações de muitas substâncias constituintes. Foi chamado férmion de Majorana. A imprensa elogiou o feito como um material mágico que seria estável em temperatura ambiente. A Microsoft até abriu generosamente seus cofres e começou a montar um novo laboratório quântico no campus.

Logo quando parecia que estávamos diante de uma façanha da maior magnitude, um outro grupo anunciou que não conseguiu duplicar o resultado. Após uma análise mais minuciosa, o grupo de Delft anunciou que talvez eles tenham se apressado em interpretar seus dados, retirando seu artigo em seguida.

O que está em jogo é tão grande que até mesmo os físicos começam a acreditar em comunicados de imprensa. Entretanto, outros objetos topológicos ainda estão sendo estudados, como *anyons*, de forma que essa abordagem ainda é considerada viável.

6. Computadores quânticos da D-Wave Systems

Há um último tipo de computação quântica chamada de anelamento quântico, que está sendo investigada pela companhia D-Wave Systems, com base no Canadá. Apesar de não usar toda a capacidade dos computadores quânticos, a D-Wave afirma que consegue produzir máquinas que alcançam 5.600 qubits, muito além dos números encontrados em outros projetos competitivos, e planeja oferecer computadores com mais de 7.000 qubits em poucos anos. Até o momento, um certo número de empresas de alto perfil já comprou computadores da

REVOLUÇÃO QUÂNTICA

D-Wave, que estão sendo vendidos em mercado aberto por cerca de 10 a 15 milhões de dólares. Essas empresas incluem Lockheed Martin, Volkswagen, a japonesa NEC, o Laboratório Nacional de Los Alamos e a NASA. Aparentemente, os computadores da D-Wave são excelentes em otimização. Empresas que têm interesse na otimização de certos parâmetros em seus negócios (como reduzir o desperdício, maximizar eficiência, aumentar o lucro) têm investido nessa tecnologia. Os computadores da D-Wave conseguem otimizar dados pela utilização de campos elétricos e magnéticos a fim de manipular o fluxo de correntes em fios supercondutores, até que eles alcancem seu menor estado de energia.

Em resumo, existe uma intensa competição entre as corporações e até mesmo entre os governos para alcançar a dianteira na corrida dessa nova tecnologia. A taxa de progresso na área tem sido inacreditável. Cada empresa de computadores tem o próprio programa de computação quântica. Os protótipos já estão demonstrando seu valor e estão sendo vendidos no mercado.

Mas o próximo grande desafio para os computadores quânticos é conseguir resolver questões práticas que possam alterar a trajetória de toda uma indústria. Cientistas e engenheiros estão se concentrando em problemas que estejam muito além da capacidade dos computadores digitais. O objetivo é aplicar os computadores quânticos na solução dos maiores problemas da ciência e da tecnologia.

Um dos focos da pesquisa é resolver a mecânica quântica por trás da origem da vida, que irá ajudar a desvendar o mistério da fotossíntese, alimentar o planeta, prover a sociedade com energia e curar doenças antes incuráveis.

PARTE II

COMPUTADORES QUÂNTICOS E A SOCIEDADE

CAPÍTULO 6

A ORIGEM DA VIDA

Todas as culturas têm sua versão mitológica preferida para a origem da vida. As pessoas frequentemente se perguntam o que poderia explicar a riqueza e a diversidade gloriosas na Terra. Na Bíblia, por exemplo, Deus teria criado o céu e a Terra em seis dias. Ele teria criado o homem a partir do pó e então deu-lhe um sopro de vida. Ele teria criado todas as plantas e os animais para que nós os dominássemos.

Segundo a mitologia grega, no início havia apenas o Caos amorfo e o vazio. Mas, a partir do imenso vazio, nasceram deuses, como Gaia, a deusa da Terra, ou Eros, o deus do amor, ou ainda Éter, o deus da luz. A união de Gaia e Urano, o deus do céu noturno, teria produzido as criaturas que povoaram a Terra.

A origem da vida é talvez um dos maiores mistérios de todos os tempos. Essa pergunta tem dominado as discussões religiosas, filosóficas e científicas como nenhuma outra. Ao longo da história, muitos pensadores acreditaram haver uma "força vital" misteriosa

REVOLUÇÃO QUÂNTICA

capaz de animar o inanimado. Muitos cientistas, de fato, acreditavam em algo chamado geração espontânea, que a vida conseguia surgir espontânea e magicamente a partir da matéria inanimada.

No século XIX, os cientistas foram capazes de reunir várias pistas sobre a origem da vida. Experimentos feitos por Louis Pasteur e outros mostraram que a vida não era capaz de ser gerada espontaneamente, como se acreditava. Ele demonstrou que, com água fervente, conseguia-se criar um ambiente estéril que impediria o desenvolvimento espontâneo de organismos.

Ainda hoje há muitas lacunas em nossa compreensão de como a vida se originou na Terra cerca de 4 bilhões de anos atrás. Na verdade, os computadores digitais são inúteis para a análise dos processos químicos e biológicos em nível atômico, que poderiam lançar luz sobre esse problema. Até os processos moleculares mais simples podem sobrecarregar a capacidade dos computadores digitais. Entretanto, os computadores quânticos poderiam ajudar a explicar várias dessas lacunas e desvendar os mistérios da vida. Os computadores quânticos são adequados idealmente para esse tipo de problema e estão agora começando a revelar alguns dos segredos mais profundos da vida em nível molecular.

DUAS DESCOBERTAS

Duas descobertas monumentais foram feitas nos anos 1950, e elas iriam determinar os planos das pesquisas sobre as origens da vida. A primeira ocorreu em 1952, quando um estudante de doutorado, Stanley Miller, sendo supervisionado por Harold Urey na Universidade de Chicago, fez um experimento muito simples. Ele pegou um frasco e adicionou uma mistura tóxica de agentes químicos que incluíam metano, amônia, água, hidrogênio e

A ORIGEM DA VIDA

outras substâncias, que ele imaginava corresponderem à atmosfera primordial da Terra. Como forma de injetar energia nesse sistema (talvez simulando relâmpagos ou radiação UV proveniente do sol), ele adicionou uma pequena centelha elétrica. E então deixou o experimento de lado por uma semana.

Ao retornar, Miller encontrou um líquido vermelho dentro do frasco. Após uma análise minuciosa, ele percebeu que a coloração era causada por aminoácidos, que são os constituintes básicos das proteínas do nosso corpo. Em outras palavras, os ingredientes básicos da vida se formaram sem qualquer interferência exterior.

Desde então, esse experimento simples tem sido repetido e modificado centenas de vezes, dando aos cientistas um olhar revelador das reações químicas que poderiam ter gerado a vida. Podemos imaginar, por exemplo, que os agentes tóxicos encontrados em fendas hidrotérmicas nas profundezas dos oceanos poderiam ter fornecido os elementos necessários para a criação dos primeiros agentes químicos da vida, e que essas fendas vulcânicas poderiam ter fornecido a energia necessária para converter esses agentes em aminoácidos necessários à vida. De fato, algumas das células mais primitivas encontradas na Terra estão próximas a essas fendas vulcânicas submarinas.

Hoje, percebemos quão fácil é criar as bases fundadoras da vida. Aminoácidos já foram encontrados em nuvens de gás a anos-luz de distância, ou no interior de meteoritos provenientes do espaço. Aminoácidos à base de carbono podem compor as sementes da vida em todo o universo. E tudo isso por causa de algumas propriedades simples de ligação do hidrogênio, carbono e oxigênio, como previu Schrödinger em sua equação.

Portanto, deveria ser possível aplicar a mecânica quântica para encontrarmos, etapa por etapa, os processos quânticos que originaram a vida na Terra. A teoria quântica elementar nos ajuda

REVOLUÇÃO QUÂNTICA

a entender por que o experimento de Miller teve tanto sucesso, e ela pode indicar o caminho para descobertas mais profundas no futuro.

Primeiro, usando-se a mecânica quântica, consegue-se calcular a energia necessária para se quebrar as ligações químicas do metano, da amônia etc., a fim de criar os aminoácidos. As equações da mecânica quântica mostram que uma centelha elétrica como a do experimento de Miller tem energia suficiente para isso. Além do mais, ela nos mostra que, se a energia de ativação necessária para quebrar essas ligações químicas fosse muito maior, a vida jamais teria surgido.

Segundo, sabemos que o carbono tem seis elétrons. Dois se encontram no orbital do primeiro nível e os quatro restantes se encontram individualmente nos quatro espaços existentes nos orbitais do segundo nível. Isso abre a possibilidade para quatro ligações químicas. Um elemento com quatro ligações é raro na tabela periódica dos elementos químicos. Mas as regras da mecânica quântica permitem que essa estrutura crie cadeias longas e complexas de carbono, oxigênio, hidrogênio e nitrogênio, criando, assim, os aminoácidos.

Terceiro, essas reações químicas acontecem na água, H_2O, que age como um cadinho no qual moléculas diferentes se encontram e formam substâncias químicas complexas. Usando a mecânica quântica, descobrimos que a molécula de água tem a forma de uma letra V invertida, e conseguimos calcular que os dois átomos de hidrogênio fazem um ângulo de 104,5 graus um com o outro. Isso, por outro lado, significa que a molécula da água possui uma carga elétrica líquida distribuída desigualmente pela molécula. Essa carga elétrica é grande o suficiente para quebrar e separar as ligações fracas de outras substâncias químicas, de modo que a água consegue dissolver muitas substâncias químicas.

A ORIGEM DA VIDA

Portanto, vemos que a mecânica quântica básica consegue criar as condições para a vida. Mas a próxima pergunta é: será que conseguimos ir além do experimento de Miller e descobrir se a teoria quântica consegue criar o DNA? E, indo mais além, será que os computadores quânticos podem ser aplicados ao genoma humano para decifrar os segredos das doenças e do envelhecimento?

O QUE É VIDA?

A segunda descoberta veio diretamente da mecânica quântica. Em 1944, Erwin Schrödinger, já famoso por sua equação de onda, escreveu o livro *O que é vida?* Nele, Schrödinger fez a afirmação surpreendente de que a vida é consequência da mecânica quântica, e que os rascunhos da vida estão codificados em uma molécula desconhecida. Em uma era na qual muitos cientistas ainda acreditavam em uma "força vital" que animava toda a matéria viva, ele afirmou que a vida poderia ser explicada por meio da física quântica. Examinando soluções de sua equação de onda, ele conjecturou que a vida surgiria a partir da matemática pura, na forma de um código passado adiante por essa molécula misteriosa.

Era uma ideia ultrajante. Mas dois jovens cientistas, o físico Francis Crick e o biólogo James Watson, a encararam como um desafio. Se a base da vida poderia ser encontrada numa molécula, sua tarefa seria encontrar essa molécula e provar que ela carrega o código da vida.

"Desde o instante em que li *O que é vida?*, do Schrödinger, eu me tornei polarizado na direção da descoberta do segredo do gene", recorda Watson.

Eles concluíram que a molécula da vida, tal como imaginada por Schrödinger, deveria estar escondida no material genético do núcleo da célula, muito do qual é composto de uma substância química chamada DNA. Mas moléculas orgânicas como o DNA são minúsculas (menores até que o comprimento de luz visível), elas são invisíveis, de modo que o desafio era assustador. Eles escolheram um método indireto, usando processos de cristalografia de raios X baseados na teoria quântica, para encontrar a molécula mítica.

Diferentemente da luz visível, raios X conseguem ter um comprimento de onda tão pequeno quanto os átomos. Quando raios X atravessam um cristal constituído por trilhões e trilhões de moléculas organizadas em uma rede, os raios X espalhados formam um padrão distinto de interferência, que pode ser fotografado. Após uma análise minuciosa, um físico experiente consegue estudar as radiografias e determinar qual padrão cristalográfico foi criado nessas imagens.

Olhando radiografias do DNA feitas por Rosalind Franklin, Crick e Watson encontraram um padrão que eles concluíram ser formado por uma dupla hélice. Sabendo que a estrutura geral do DNA era de dupla hélice, como duas escadas que dão voltas uma na outra, eles foram capazes de determinar toda a estrutura do DNA, átomo por átomo.

A mecânica quântica deu a eles os ângulos que formavam as ligações contendo átomos de carbono, hidrogênio e oxigênio. Assim, como crianças montando um brinquedo de Lego, eles conseguiram reconstruir a estrutura atômica completa do DNA e explicar como ele era capaz de fazer cópias de si mesmo e fornecer as instruções para todo o desenvolvimento biológico.

Isso, por outro lado, modificou profundamente a natureza da biologia e da medicina. No século anterior, Charles Darwin foi capaz de projetar a Árvore da Vida, com todos os ramos representando a diversidade rica das formas. Essa Árvore da Vida enorme foi colocada em movimento por uma única molécula. E, tal como previsto por Schrödinger, tudo isso pôde ser deduzido como uma consequência da matemática.

Quando revelaram a molécula do DNA, eles descobriram que ela era composta por quatro conjuntos de átomos, chamados de ácidos nucleicos. Esses quatro ácidos nucleicos, chamados adenina (A), citosina (C), timina (T) e guanina (G), estão arranjados numa sequência linear formando longas linhas paralelas, que então são entrelaçadas como uma escada para criar a molécula do DNA. (Um filamento de DNA é invisível, mas, se ele fosse desenrolado, essa única molécula teria quase dois metros de comprimento.) Quando chega a hora de se reproduzirem, os dois filamentos de DNA se desenrolam e se separam em dois filamentos de ácidos nucleicos. Então, cada filamento age como um modelo, recrutando outros átomos na ordem correta de modo que cada filamento separado se transforma em um filamento duplo mais uma vez. Assim, a vida consegue ser reproduzida.

Tínhamos então a arquitetura por meio da qual a molécula de DNA pode ser criada usando a matemática da mecânica quântica. Mas determinar o formato básico da molécula de DNA foi, de certa forma, a parte fácil. A parte difícil é decifrar os bilhões de códigos escondidos dentro da molécula.

É como se estivéssemos tentando entender a música e finalmente aprendemos como produzir algumas notas no teclado de um piano. Mas isso não nos faz soar como Mozart. Aprender umas poucas notas é apenas o início de uma longa jornada.

FÍSICA E BIOTECNOLOGIA

Uma pessoa que liderou o esforço para sequenciar nossos genes foi o bioquímico e ganhador do Prêmio Nobel Walter Gilbert, de

Harvard. Quando eu o entrevistei, ele me confidenciou que essa área não estava nos seus planos iniciais. Na verdade, ele começou a trabalhar em Harvard como professor de física, estudando o comportamento de partículas subatômicas criadas em aceleradores potentes. Trabalhar em biologia era a coisa mais distante em seus pensamentos.

Mas ele começou a mudar de ideia. Primeiro, Gilbert percebeu quão difícil seria conseguir uma posição em Harvard com tanta competição. A área de física de partículas tinha vários pesquisadores brilhantes com os quais ele deveria competir. Acontece que sua esposa estava trabalhando para James Watson, que ele havia conhecido antes na Universidade de Cambridge, de modo que se familiarizou com o trabalho pioneiro dessa nova área de biotecnologia que estava explodindo com ideias e descobertas. Intrigado, Gilbert se viu dividindo o tempo entre as equações misteriosas das partículas elementares e sujando as mãos com a biologia.

Então ele fez a maior aposta de sua carreira.

Como professor de física, ele deu um enorme salto, mudando da teoria das partículas elementares para a biologia. Mas a aposta deu certo, porque em 1980 ele recebeu o Prêmio Nobel de Química. Entre outras conquistas, Gilbert foi um dos primeiros a desenvolver uma técnica rápida de ler a molécula do DNA, gene por gene.

Ter uma base sólida em física foi na verdade de grande valia. Tradicionalmente, a maioria dos departamentos de biologia eram cheios de pessoas especializadas em um animal ou uma planta. Alguns passariam a vida inteira descobrindo novas espécies e nomeando-as. Mas, de repente, descobertas estavam sendo feitas por físicos quânticos usando cálculo avançado. Ser fluente na linguagem obscura da mecânica quântica o ajudou a fazer descobertas que alteraram a nossa compreensão da base molecular da vida.

A ORIGEM DA VIDA

Ele então ajudou a acelerar o Projeto Genoma Humano. Em 1986, ao falar no Laboratório de Cold Spring Harbor, em Nova York, ele fez uma estimativa do custo dessa empreitada ambiciosa e sem precedentes: 3 bilhões de dólares. "O público ficou em choque", lembra Robert Cook-Deegan, autor de *The gene wars*. "As projeções de Gilbert provocaram um alvoroço." Isso era, na opinião de muitos, um número impossivelmente baixo. Quando ele fez essa previsão, apenas alguns poucos genes tinham sido sequenciados. Muitos cientistas até pensavam que sequenciar o genoma humano levaria uma eternidade além de nosso alcance.

Mas aquele número foi o do orçamento aprovado pelo Congresso americano para o Projeto Genoma Humano. A tecnologia avançava tão rapidamente que o projeto foi completado antes do tempo e abaixo do orçamento, o que nunca tinha acontecido em Washington. (Eu perguntei como ele tinha chegado àquele número. Ele percebeu que havia 3 bilhões de pares de base no nosso DNA, então estimou que custaria cerca de 1 dólar para sequenciar cada par de base.)

Gilbert também fez uma previsão de que, no futuro, "poderemos ir a uma farmácia e ter o nosso DNA sequenciado em um CD, que poderá ser analisado em casa no seu computador... seremos capazes de puxar um CD do [nosso] bolso e dizer 'Eis aqui um ser humano: eu!'".

Uma pessoa profundamente influenciada por tudo isso foi Francis Collins, ex-diretor dos Institutos Nacionais de Saúde dos EUA. Ele é um dos médicos mais influentes da medicina atual. Milhões de pessoas já o viram na TV falando principalmente sobre a pandemia de covid-19.

Eu perguntei a Collins como ele se interessou por biologia, apesar de iniciar seus estudos como químico. Collins confessou que a biologia sempre havia lhe parecido "bagunçada", com tantos nomes arbitrários para tantos animais e plantas. Não havia rimas ou muita lógica, pensava ele. Na química Collins via ordem, disciplina e padrões que podiam ser estudados e duplicados. Ele lecionava físico-química, usando a equação de Schrödinger para explicar o funcionamento interno das moléculas.

No entanto, ele acabou percebendo que estava na área errada. A físico-química estava bem estabelecida, com conceitos e princípios bem conhecidos.

Collins então começou a reconsiderar a biologia. Enquanto na biologia os cientistas davam nomes gregos estranhos a insetos e animais obscuros, o campo da biotecnologia estava explodindo com novas ideias e conceitos. Era um terreno desconhecido, um território virgem para os recém-chegados.

Ele consultou outros, incluindo Walter Gilbert, que lhe contou como havia feito a transição da física de partículas elementares para o sequenciamento do DNA. Gilbert encorajou Collins a fazer o mesmo.

Assim, Collins tomou a decisão e jamais se arrependeu. Ele lembra: "Eu percebi, ah meu Deus, é exatamente aqui que a verdadeira era do ouro está acontecendo. Eu me preocupava porque estaria lecionando termodinâmica para um monte de estudantes que odiavam o assunto. Enquanto o que estava acontecendo na biologia parecia com a mecânica quântica nos anos 1920... Eu fiquei completamente deslumbrado."

Muito rapidamente, Collins fez seu nome. Em 1989, ele descobriu a mutação genética responsável pela fibrose cística. Ele descobriu que a doença é causada pela deleção de apenas três pares base em nosso DNA (de ATCTTT para ATT).

Por fim, ele se tornou o maior administrador médico nos EUA. Mas trouxe o próprio estilo de vida para Washington. Collins ia para o trabalho de motocicleta. E jamais se envergonhou de suas

A ORIGEM DA VIDA

crenças religiosas pessoais. Ele escreveu um best-seller: *A linguagem de Deus: um cientista apresenta evidências de que Ele existe.*

TRÊS ESTÁGIOS NA BIOTECNOLOGIA

Gilbert e Collins representam, de certo modo, alguns dos estágios no desenvolvimento desse campo.

PRIMEIRO ESTÁGIO: MAPEAMENTO DO GENOMA

No primeiro estágio, Walter Gilbert e outros conseguiram completar o Projeto Genoma Humano, uma das empreitadas científicas mais importantes de todos os tempos. No entanto, o catálogo do genoma humano é como um dicionário com 20.000 verbetes e nenhuma definição. Essa foi uma façanha monumental alcançada, mas também inútil.

SEGUNDO ESTÁGIO: DETERMINAÇÃO DA FUNÇÃO DOS GENES

No segundo estágio, Francis Collins e outros tentaram definir os genes. Por meio do sequenciamento de doenças, tecidos, órgãos etc., consegue-se compilar, pouco a pouco, a maneira pela qual esses genes operam. É um processo lento, mas gradualmente o dicionário está sendo preenchido.

TERCEIRO ESTÁGIO: MODIFICAÇÃO E MELHORA DO GENOMA

Agora estamos entrando no terceiro estágio, quando conseguimos usar esse dicionário para nos tornarmos os próprios escritores. Isso significa utilizar computadores quânticos para decifrar como os genes operam no nível molecular, de forma que consigamos conceber novas terapias e criar ferramentas para entender o mecanismo das doenças incuráveis. Uma vez que tenhamos compreendido como elas causam danos no nível molecular, poderemos usar esse conhecimento para conceber novas técnicas com a finalidade de neutralizar ou curar essas doenças.

PARADOXO DA VIDA

Na tentativa de determinar a origem da vida, ainda nos deparamos com um paradoxo gritante. Como eventos químicos aleatórios criaram moléculas de vida extremamente complexas em um período tão curto?

Os geólogos acreditam que a Terra tenha 4,6 bilhões de anos. Durante quase um bilhão de anos, o planeta estava quente demais para suportar vida. Por conta do impacto de meteoritos e erupções vulcânicas frequentes, os oceanos primordiais provavelmente evaporaram em várias ocasiões, tornando a vida impossível. Mas, cerca de 3,8 bilhões de anos atrás, a Terra resfriou-se gradativamente o suficiente para permitir que os oceanos se formassem. Como se acredita que o DNA tenha se originado cerca de 3,7 bilhões de anos atrás, isso significa que, em apenas algumas centenas de milhões de anos, o DNA repentinamente surgiu, completo, com seus processos químicos que lhe permitem utilizar energia para se reproduzir.

Alguns cientistas disseram que acham isso impossível. Fred Hoyle, um dos grandes pioneiros em cosmologia, acreditava que, dada a velocidade do surgimento do DNA, simplesmente não houve tempo suficiente para que a vida tenha se formado na Terra, devendo, portanto, ter vindo de fora, do espaço. Rochas e nuvens de gás no espaço são conhecidamente portadoras de aminoácidos, então talvez a vida tenha de fato se originado em outro lugar.

A ORIGEM DA VIDA

A isso chamamos de teoria da panspermia cósmica, e, recentemente, novas evidências parecem ter reavivado o interesse por ela. Por meio do exame dos conteúdos minerais e das bolhas de ar minúsculas aprisionadas no interior de meteoritos, encontramos uma semelhança exata com as rochas em Marte coletadas por nossas sondas espaciais. Dos 60.000 meteoritos descobertos até o momento, pelo menos 125 deles já foram conclusivamente identificados como oriundos de Marte.

Um meteorito denominado ALH 84001, por exemplo, caiu no Polo Sul há 13.000 anos. Ele provavelmente foi lançado no espaço como resultado do impacto de um meteoroide há 16 milhões de anos e ficou vagando até finalmente cair na Terra. Análises microscópicas do interior do meteorito revelaram evidência de algumas estruturas semelhantes a minhocas. (Até hoje, se debate se essas estruturas são criaturas multicelulares antigas e fossilizadas ou um fenômeno que ocorre naturalmente.) Se rochas conseguem viajar de Marte até a Terra, por que não o DNA?

Acredita-se que talvez haja um monte de meteoroides vagando entre Marte, Vênus, a Lua e a Terra, onde os impactos por meteoritos eram grandes o suficiente para lançar rochas para o espaço e por fim cair em outro planeta. Não podemos descartar que o DNA tenha vindo de outro lugar que não a Terra.

No entanto, há outra explicação para esse dilema.

Como vimos, a teoria quântica permite que diversos mecanismos possam acelerar um processo químico. O método das integrais de caminho discutido anteriormente faz uma soma de todos os caminhos possíveis numa reação química, incluindo os mais improváveis. Caminhos que são até proibidos pela mecânica newtoniana usual tornam-se possíveis com a mecânica quântica. Alguns deles poderiam levar à criação de estruturas moleculares complexas.

141

REVOLUÇÃO QUÂNTICA

Também sabemos que as enzimas conseguem acelerar um processo químico. Elas unem as substâncias químicas de modo que reajam rapidamente, e depois diminuem o limiar de energia para conseguir tunelar através da barreira de energia. Isso significa que até as reações químicas mais improváveis podem ocorrer. Reações que parecem violar a conservação da energia podem vir a ser permitidas sob a teoria quântica.

Em outras palavras, a mecânica quântica poderia ser o motivo pelo qual a vida começou tão cedo no planeta Terra. Com a chegada dos computadores quânticos, espera-se que muitas lacunas em nossa compreensão da vida possam ser preenchidas.

QUÍMICA COMPUTACIONAL E BIOLOGIA QUÂNTICA

Velozes avanços na computação quântica estão dando origem a novas ciências: química computacional e biologia quântica. Finalmente, os computadores quânticos estão tornando possível a criação de modelos realistas de moléculas, fornecendo aos cientistas a habilidade de enxergar, átomo por átomo, nanossegundo por nanossegundo, como ocorrem as reações químicas.

Imagine usar um livro de receitas para preparar uma refeição. Podemos simplesmente seguir as instruções, passo a passo, mas não temos ideia de como os sabores e os ingredientes interagem para resultar em uma refeição deliciosa. Se fugirmos da receita, então é tentativa e erro e achismo. Toma bastante tempo e leva a vários becos sem saída. Mas é basicamente como a química é feita hoje.

Agora imagine que consigamos analisar todos os ingredientes no nível molecular. Em princípio, deve ser possível criar novas e deliciosas receitas, com base no conhecimento de como as moléculas vão interagir umas com as outras. Essa é a esperança com os

A ORIGEM DA VIDA

computadores quânticos, sermos capazes de entender as interações de genes, proteínas e substâncias químicas no nível molecular.

A pesquisadora Jeannette M. Garcia, da IBM, diz: "À medida que as moléculas ficam maiores, elas rapidamente saem da esfera do que conseguimos simular com computadores clássicos."

Garcia também diz que "prever o comportamento de moléculas mais simples com total acurácia está além da capacidade dos computadores mais poderosos. É aí que os computadores quânticos oferecem a possibilidade de avanços significativos nos próximos anos". Ela pontua que os computadores digitais conseguem apenas calcular de forma confiável o comportamento de poucos elétrons. Além disso, o cálculo sobrecarrega qualquer computador clássico, a não ser que aproximações drásticas sejam feitas.

Ela acrescenta ainda: "Os computadores quânticos estão num ponto em que conseguem começar a modelar o fluxo energético e as propriedades de moléculas pequenas, como o hidreto de lítio, oferecendo a possibilidade de modelos que irão prover caminhos mais precisos para as descobertas do que os que temos atualmente."

Linghua Zhu, da Virginia Tech, afirma que "os átomos são quânticos, o computador é quântico, estamos utilizando o quantum para simular o quantum. Ao usarmos métodos clássicos, sempre fazemos aproximações, mas com um computador quântico é possível conhecer exatamente como cada átomo interage com os outros".

Por exemplo, imagine um artista tentando pintar uma cópia da *Mona Lisa*. Se dermos a ele nada mais que palitos de dente, a imagem resultante será apenas rudimentar. Linhas retas não conseguem capturar a complexidade da forma humana. Mas, se dermos ao artista uma delicada caneta-tinteiro com cores diferentes, ele conseguirá criar uma riqueza de formas curvilíneas que podem produzir uma cópia razoável dessa pintura famosa.

REVOLUÇÃO QUÂNTICA

Em outras palavras, precisamos de linhas curvas para simularmos linhas curvas. De forma análoga, apenas um computador quântico conseguirá capturar a complexidade de sistemas quânticos, como as substâncias químicas e as bases fundamentais da vida.

Para ver como isso tudo funciona, voltemos à equação de onda de Schrödinger, mencionada no capítulo 3. Lembrem-se de que nós introduzimos uma quantidade chamada H (o Hamiltoniano) que representa a energia total do sistema sendo estudado. Isso significa que, para moléculas grandes, essa quantidade consiste na soma de um número grande de termos, tais como:

- A energia cinética de cada elétron e núcleos

- A energia eletrostática de cada partícula

- A interação de todas as várias partículas

- Os efeitos de spin

Se estivermos estudando o sistema mais simples possível — o átomo de hidrogênio que é composto apenas de um elétron e um próton —, isso pode ser resolvido em qualquer curso do primeiro ano de uma graduação em física. A derivação requer pouco mais do que o cálculo de um terceiro ano. Ainda assim, para um sistema tão pequeno, obtemos uma mina de ouro de resultados, como o conjunto completo dos níveis de energia do átomo de hidrogênio.

Porém, se temos apenas dois elétrons, representando o átomo de hélio, as coisas logo ficam complicadas, uma vez que agora temos interações complexas entre os dois elétrons. Para três ou mais elétrons, então, as coisas fogem do controle dos computadores digitais. Assim, um grande número de aproximações precisa ser feito para que tenhamos uma acurácia razoável nos resultados. Os computadores quânticos podem ser úteis nesse sentido.

Como um exemplo, em 2020 foi anunciado que o Sycamore, computador da Google, estabeleceu um novo recorde: ele foi capaz de simular com acurácia uma cadeia de doze átomos de hidrogênio utilizando doze qubits.

"Esse é um resultado que nos deixa muito entusiasmados, porque isso é mais do que o dobro do número de qubits e do número de elétrons que qualquer simulação de química quântica anterior, com o mesmo nível de acurácia", diz Ryan Babbush, que fez parte da equipe que estabeleceu o novo recorde.

O computador quântico também foi capaz de modelar uma reação química envolvendo hidrogênio e nitrogênio, mesmo que a localização de um dos átomos de hidrogênio fosse alterada. "Isso mostra que, na verdade, esse dispositivo é um computador quântico digital completamente programável, que pode ser usado para qualquer tarefa que venhamos a tentar", completou Babbush.

Garcia conclui que "os computadores construídos classicamente não conseguem suportar o nível de complexidade de substâncias tão simples quanto a cafeína". Para ela, o futuro é quântico.

Mas essas conquistas iniciais têm apenas aguçado o apetite dos cientistas quânticos. Eles estão ávidos para atacar projetos mais ambiciosos, como a fotossíntese, que é a base da vida na Terra. O segredo de como transformar a luz solar no tesouro que são as frutas e os legumes que vemos ao nosso redor pode algum dia ser revelado pelos computadores quânticos. Portanto, o próximo alvo pode ser a fotossíntese, um dos processos quânticos mais importantes do planeta.

CAPÍTULO 7

TORNANDO O MUNDO MAIS VERDE

Quando eu caminho por uma floresta num dia ensolarado de primavera, não consigo deixar de me encantar com o verde da vegetação exuberante e com a explosão de flores delicadas por onde quer que eu olhe. Eu vejo a vida explodindo em todas as direções, com plantas se banhando avidamente de luz solar e transformando essa energia em abundância.

Mas eu também fico abismado ao perceber que estou testemunhando a encenação de algo que acontece há mais de 3 bilhões de anos, um processo que literalmente tornou possível a vida complexa na Terra. O que faz a vida acontecer neste planeta é a fotossíntese, um processo enganosamente simples por meio do qual as plantas convertem o dióxido de carbono, a luz solar e a água em açúcar e oxigênio. É impressionante perceber que a fotossíntese cria 15.000 toneladas de biomassa por segundo, processo responsável por cobrir a Terra com vegetação.

REVOLUÇÃO QUÂNTICA

A vida seria inimaginável sem a fotossíntese, e, apesar de todos os avanços na ciência, os biólogos ainda não estão cem por cento convencidos de como esse processo vital acontece. Alguns biólogos acreditam que, pelo fato de a captura da energia de um fóton pela fotossíntese ser praticamente 100 por cento eficiente, ela deve ter origem quântica. (Mas se calcularmos a eficiência total da conversão da luz solar no produto final de combustível e biomassa, que requer uma série de etapas complexas e reações químicas intricadas, a eficiência final despenca para cerca de 1 por cento.) Se algum dia os computadores quânticos conseguirem revelar o segredo da fotossíntese, será possível construir células fotovoltaicas com eficiência quase perfeita, tornando a Era Solar uma realidade. Poderíamos aumentar a produção das colheitas e alimentar um planeta faminto. Talvez a fotossíntese possa ser modificada de modo que as plantas consigam florescer até nos ambientes mais hostis. Ou, se algum dia começarmos a colonizar Marte, talvez seja possível modificar a fotossíntese de forma a ser cultivada vegetação no Planeta Vermelho.

Um caminho formidável de pesquisa é a chamada fotossíntese artificial, que poderá um dia criar a "folha artificial", uma forma mais versátil de fotossíntese que conseguiria tornar as plantas mais eficientes de um modo geral. Por vezes nos esquecemos de que a fotossíntese é o produto final de bilhões de anos de processos completamente aleatórios e caóticos e de que ela desenvolveu essas propriedades fantásticas puramente por acaso. Assim, uma vez que os computadores quânticos tenham desvendado os mistérios da fotossíntese no nível atômico, poderemos ser capazes de melhorar e modificar a forma pela qual as plantas crescem. Bilhões de anos de evolução vegetal poderiam ser espremidos em apenas alguns meses de trabalho num computador quântico.

148

TORNANDO O MUNDO MAIS VERDE

Graham Fleming, do Instituto Kavli de Nanociência da Energia em Berkeley, diz: "Eu realmente quero saber como a natureza funciona nos estágios iniciais da fotossíntese. Assim, conseguiríamos usar esse conhecimento para criar sistemas artificiais que tenham todas as características positivas dos sistemas naturais sem a necessidade de produzir sementes, sustentar a vida ou nos defender de pragas que as devoram."

Ao longo da história, as plantas sempre foram misteriosas. Elas parecem florescer por si próprias, necessitando apenas ocasionalmente de água. Desde os tempos antigos, acreditava-se que as plantas cresciam por se alimentarem do solo. Só depois de metade do século XVII que essa visão mudou. Jan van Helmont, um cientista belga, mediu o peso de uma planta e seu solo. Para sua surpresa, ele descobriu que o peso do solo não mudava com o tempo. E concluiu que as plantas cresciam por causa da água.

Então o químico Joseph Priestley conduziu experimentos mais detalhados, incluindo um no qual ele colocou uma planta em uma jarra de vidro com uma vela. Priestley descobriu que a vela apagava rapidamente quando sozinha na jarra, mas continuava a queimar na presença da planta, uma vez que a planta usava o dióxido de carbono no ar e fornecia oxigênio para a vela.

No início do século XIX, os biólogos começaram a encaixar todas as peças, percebendo que as plantas precisavam da luz do sol, de água e de dióxido de carbono, e produziam oxigênio durante o processo.

A fotossíntese é tão vital para a Terra que transformou a atmosfera do planeta. Quando o planeta foi formado, sua atmosfera primordial era composta predominantemente por dióxido de carbono, oriundo da liberação de gases por vulcões antigos. Vemos isso nas atmosferas de Marte e Vênus, que são compostas praticamente por dióxido de carbono puro oriundo de vulcões.

REVOLUÇÃO QUÂNTICA

Mas, quando a fotossíntese surgiu na Terra, ela converteu o dióxido de carbono em oxigênio que nós respiramos agora. Assim, a cada respiração, sou lembrado dessa transição importantíssima que ocorreu bilhões de anos atrás.

Por volta dos anos 1950, os cientistas compreenderam o chamado ciclo de Calvin, um processo químico complexo por meio do qual dióxido de carbono e água são convertidos em carboidratos. Usando várias técnicas, incluindo análise por carbono-14, eles conseguiram rastrear o movimento dos componentes químicos específicos à medida que eles viajavam através das plantas.

Foi assim que os biólogos entenderam aos poucos a história de vida das plantas. Mas uma etapa sempre escapou à compreensão. Como as plantas conseguem capturar a energia dos fótons da luz? O que aciona essa longa cadeia de eventos, começando com a captura da energia da luz solar? Isso ainda permanece um mistério até hoje. Mas os computadores quânticos podem ajudar a desvendá-lo.

A MECÂNICA QUÂNTICA DA FOTOSSÍNTESE

Muitos cientistas acreditam que a fotossíntese seja um processo quântico. Ela começa quando os fótons, os pequenos "pacotes" de luz, atingem uma folha que contém clorofila. Essa molécula especial absorve luz de cor vermelha e azul, mas não absorve a cor verde, que é então refletida de volta para o ambiente. Portanto, o verde das plantas é consequência da não absorção dessa cor por elas. (Se a natureza tivesse criado plantas que absorvessem o máximo de luz possível, elas seriam pretas e não verdes.)

Quando a luz atinge uma folha, esperamos que ela seja dispersada em todas as direções e perdida para sempre. Mas é aqui que a magia quântica acontece. Os fótons de luz colidem com a clorofila e isso cria vibrações de energia sobre as folhas, chamadas de éxcitons, que circulam pela planta. Em algum momento, esses éxcitons entram no centro de coleta na superfície da folha, onde a energia do éxciton é usada para converter dióxido de carbono em oxigênio.

De acordo com a Segunda Lei da Termodinâmica, quando a energia é transformada de uma forma em outra, grande parte dela é perdida no ambiente. Assim, espera-se que a maior parte da energia dos fótons seja dissipada ao atingir a molécula de clorofila e, portanto, se perca durante o processo na forma de calor residual.

Em vez disso, milagrosamente, a energia do éxciton é transportada até o centro de coleta quase sem perda de energia. Por razões que ainda não compreendemos, esse processo é praticamente 100 por cento eficaz.

Esse fenômeno por meio do qual fótons criam éxcitons que entram nos centros de coleta seria como um campeonato de golfe, por exemplo, no qual cada jogador dá uma tacada na bola aleatoriamente em todas as direções. Então, como num passe de mágica, todas as bolas de alguma forma mudariam suas direções e cairiam diretamente em um buraco, uma de cada vez. Isso não deveria acontecer, mas de fato pode ser provado em laboratório.

Uma teoria é que essa jornada do éxciton é possível por intermédio das integrais de caminho, que, como vimos, foram apresentadas por Richard Feynman. Lembremos que Feynman reescreveu as leis da teoria quântica em termos de caminhos. Quando um elétron se move de um ponto a outro, ele, de alguma forma, detecta todos os caminhos possíveis entre esses dois pontos. O elétron então calcula a probabilidade para cada rota. Assim, ele fica "ciente" de todos os caminhos possíveis ao conectar os pontos. Isso significa que o elétron "escolhe" o caminho com maior eficiência.

Há outro mistério aqui. O processo da fotossíntese acontece em temperatura ambiente, quando os movimentos aleatórios dos átomos deveriam destruir qualquer coerência entre os éxcitons. Normalmente, os computadores quânticos precisam ser resfriados até próximo do zero absoluto de forma a minimizar essa movimentação caótica, mas ainda assim as plantas funcionam perfeitamente bem em temperaturas normais. Como isso é possível?

FOTOSSÍNTESE ARTIFICIAL

Uma forma de demonstrar ou descartar experimentalmente a existência de efeitos quânticos é olhar para indicações de coerência, o sinal revelador dos efeitos quânticos quando os átomos vibram em uníssono. Normalmente, esperaríamos encontrar uma confusão de vibrações individuais, sem qualquer lógica, mas, se detectarmos algumas vibrações em fase umas com as outras, isso iria sinalizar a presença de efeitos quânticos.

Em 2007, Graham Fleming afirmou ter observado esse fenômeno sorrateiro. Ele conseguiu anunciar a descoberta de coerência na fotossíntese porque estava usando um espectroscópio especial, ultrarrápido, que conseguia gerar pulsos de luz com duração de um femtossegundo (um milionésimo de um bilionésimo de segundo). Ele precisou desses lasers excepcionalmente rápidos para detectar feixes de luz coerentes antes que as colisões aleatórias com o ambiente destruíssem a coerência. Do ponto de vista do laser, os átomos do ambiente estavam quase congelados no tempo e por isso conseguiam ser sumariamente ignorados. Ele foi capaz de demonstrar que as ondas luminosas conseguiam existir em dois ou mais estados quânticos simultâneos. Isso significava que a luz podia explorar vários caminhos até o centro de reação ao mesmo tempo. Talvez isso explique por que os éxcitons conseguiam encontrar o centro de reação cerca de quase 100 por cento das vezes.

TORNANDO O MUNDO MAIS VERDE

K. Birgitta Whaley, uma colega de Fleming em Berkeley, afirma: "A excitação definitivamente 'escolhe' a rota mais eficiente... a partir de um menu quântico de caminhos possíveis. Isso exige que todos os estados possíveis para a partícula viajante estejam superpostos em um único estado quântico e coerente por dezenas de femtossegundos."

Talvez essa também seja a explicação de como a fotossíntese consegue operar em temperatura ambiente, sem todos os tubos e canos encontrados em um laboratório de física.

Os computadores quânticos são idealmente adequados para a realização desses cálculos quânticos. Se essa abordagem de integrais de caminho for válida, isso significa que conseguimos alterar a dinâmica da fotossíntese para resolver uma variedade de problemas. Em vez de fazermos milhares de experimentos com plantas, o que requer uma quantidade de tempo excessiva, esses experimentos poderiam ser realizados virtualmente.

Por exemplo, talvez seja possível cultivar plantações que sejam mais eficazes ou que produzam mais frutas e legumes, aumentando assim o rendimento dos fazendeiros.

Além disso, a dieta humana depende principalmente de grãos, como arroz e trigo, de forma que qualquer praga inesperada que ataque nossos grãos pode prejudicar a cadeia alimentar por completo. Ficaríamos sem saída se apenas um de nossos alimentos básicos desaparecesse de repente.

O foco atual dos cientistas na criação de uma "folha artificial" com fotossíntese artificial vai nos ajudar a nos tornarmos menos dependentes desse importante processo natural.

FOLHA ARTIFICIAL

Quando discutimos os maiores problemas do mundo, o CO_2 é frequentemente citado como um dos grandes vilões da história.

REVOLUÇÃO QUÂNTICA

O CO_2 captura a energia do sol e faz com que a Terra se aqueça. Mas, e se conseguíssemos reciclar esse efeito estufa de forma que ele se tornasse inofensivo? Poderíamos então ser capazes de criar componentes químicos valiosos a partir do CO_2 reciclado. Os cientistas propõem que a luz solar pode ser capaz de fazer exatamente isso. Essa nova tecnologia iria retirar o CO_2 do ar e combiná-lo com luz solar e água a fim de criar combustíveis e outros componentes químicos valiosos, de maneira semelhante a uma folha, porém artificial. A queima desses combustíveis criaria mais CO_2, que seria então recombinado com luz solar e com água para criar mais combustível, em um processo incessante de reciclagem com produção zero de CO_2. Dessa forma, o CO_2, que já foi acusado de vilão, se tornaria um recurso útil.

Para que a reciclagem funcione, ela precisará de duas etapas.

A primeira: a luz solar seria utilizada para decompor a água em hidrogênio e oxigênio. O hidrogênio produzido poderia então ser utilizado em células de combustível para alimentar carros movidos a hidrogênio limpo. Um problema dos carros elétricos é que eles utilizam baterias, que, por sua vez, obtêm sua energia principalmente de usinas a carvão e petróleo. Apesar de as baterias elétricas não produzirem gases, essa eletricidade é originalmente proveniente de usinas de petróleo poluentes. Então há um custo por trás do uso das baterias elétricas. Células a combustível, entretanto, queimam hidrogênio e oxigênio, que produzem água como subproduto. Assim, células a combustível são limpas, sem a necessidade de usinas de carvão e petróleo. No entanto, a infraestrutura industrial baseada em células a combustível ainda é muito menos desenvolvida do que aquela para baterias elétricas.

A segunda: o hidrogênio produzido pela decomposição da água pode ser combinado com o CO_2 para produzir combustível e valiosos hidrocarbonetos. Esse combustível, por sua vez, pode ser

TORNANDO O MUNDO MAIS VERDE

queimado, produzindo novamente CO_2, mas ele também pode ser recombinado ao hidrogênio e, assim, reciclado. Isso poderia criar um ciclo no qual o CO_2 seria continuamente reutilizado de modo a não se acumular na atmosfera, estabilizando assim a quantidade desse gás do efeito estufa ao mesmo tempo que provê energia.

"Nosso objetivo é fechar o ciclo de combustível de carbono", revela Harry Atwater, diretor do Centro Conjunto para Fotossíntese Artificial (JCAP, na sigla em inglês), um ramo do Departamento de Energia dos EUA que financia a fotossíntese artificial. "É um conceito ousado."

Se for um sucesso, isso poderia gerar uma mudança de paradigma na batalha contra o aquecimento global. O CO_2 seria reclassificado como apenas mais uma engrenagem da roda maior que mantém a sociedade em movimento. Os computadores quânticos poderiam desempenhar um papel decisivo na obtenção da reciclagem do carbono. Ao escrever para a revista *Forbes*, o pesquisador quântico Ali El Kaafarani afirma que "os computadores quânticos podem acelerar a descoberta de novos catalisadores de CO_2, o que garantiria a reciclagem eficiente do dióxido de carbono ao mesmo tempo que produzem gases úteis como hidrogênio e monóxido de carbono".

Ainda que isso pareça um sonho distante, a primeira grande descoberta aconteceu em 1972, quando Akira Fujishima e Kenichi Honda mostraram que a luz poderia ser utilizada para decompor a água em hidrogênio e oxigênio, usando um eletrodo feito de dióxido de titânio e outro feito de platina. Apesar de ter sido apenas 1 por cento eficiente, essa prova de princípio mostrou que era possível criar uma folha artificial.

Desde então, os químicos vêm tentando modificar esse experimento a fim de diminuir o custo, uma vez que a platina é muito cara. No JCAP, por exemplo, os químicos foram capazes de usar a luz para decompor água com uma eficiência de 10 por cento usando um eletrodo feito de um semicondutor e catalisadores feitos de níquel.

A parte difícil agora é completar a etapa final e encontrar uma maneira barata de combinar hidrogênio com CO_2 para criar combustível. Isso é difícil porque o CO_2 é uma molécula surpreendentemente estável. O químico de Harvard Daniel Nocera pensa ter encontrado uma forma viável de realizar o feito. Ele usa a bactéria *Ralstonia eutropha*, que consegue combinar hidrogênio com CO_2 para criar combustível e biomassa, com uma eficiência de 11 por cento. Nocera diz: "Realizamos uma fotossíntese completa que é cerca de 10 a 100 vezes melhor do que a da natureza... não é mais um problema de química, necessariamente. Não é sequer um problema de tecnologia." Para ele, o grande problema já está resolvido. Agora é uma questão de economia, ou seja, uma questão de indústria e governo apoiarem a reciclagem do CO_2, dado o seu custo.

Pamela Silver, que trabalha nesse projeto em Harvard, observa que a utilização de microrganismos para completar o ciclo de carbono pode soar estranho a princípio, mas eles já são utilizados em escala industrial para fermentar o açúcar na indústria vinícola.

Peidong Yang, químico da Universidade da Califórnia em Berkeley, também faz uso de bactérias modificadas por bioengenharia, mas de forma diferente. Ele utiliza a luz para decompor a água em hidrogênio e oxigênio através de nanofios semicondutores. Ele então cultiva bactérias nos nanofios, que usam o hidrogênio para criar, com sucesso, vários compostos químicos como o butanol e o gás natural.

Os computadores quânticos podem elevar a tecnologia a outro patamar. A maior parte do progresso na área ainda é feita por tentativa e erro, o que exige centenas de experimentos com produtos químicos incomuns. O processo de utilização do hidrogênio

TORNANDO O MUNDO MAIS VERDE

para fixar o CO_2 nos combustíveis, por exemplo, é um processo molecular complexo, que exige a transferência de muitos elétrons e a quebra de muitas ligações. Computadores quânticos poderão replicar esses processos químicos em uma simulação e permitir que os profissionais da área criem rotas quânticas alternativas. O CO_2 é o produto final de uma série de reações de oxidação. Os computadores quânticos podem ser capazes de modelar maneiras de quebrar as ligações do CO_2 de modo que ele possa se recombinar com o hidrogênio para criar combustível.

Se os computadores quânticos fornecem a etapa final para criar a fotossíntese artificial e a folha artificial, eles podem dar origem a indústrias inteiramente novas que poderão fabricar novas células solares eficientes, alternativas de plantações e novas formas de fotossíntese. Durante o processo, pode ser possível usar os computadores quânticos a fim de encontrar maneiras de reciclar o CO_2 que ajudariam no esforço pelo combate às mudanças climáticas.

Portanto, os computadores quânticos podem desempenhar um papel importantíssimo no aproveitamento do poder da fotossíntese, que converte a energia da luz solar em alimento e nutrientes. Mas, para que consigamos criar grandes quantidades de comida, o próximo passo é ter fertilizantes que nutram as plantações e as ajudem a crescer. Mais uma vez, os computadores quânticos podem desempenhar um papel decisivo na execução dessa tarefa crucial de modo a alimentar o planeta.

Ironicamente, o homem que foi pioneiro nessa última etapa, possibilitando a alimentação de milhões de pessoas e tornando a civilização moderna uma realidade, também é descrito, por vezes, não como um dos maiores cientistas de todos os tempos, mas como um criminoso de guerra.

CAPÍTULO 8

ALIMENTANDO O PLANETA

Na história moderna, um homem é o responsável por salvar mais vidas do que qualquer outra pessoa na Terra, mas ainda assim o seu nome é amplamente desconhecido pelo público geral. Estima-se que cerca de metade da humanidade só está viva hoje por causa das descobertas desse homem, mas ainda assim não há biografias ou documentários que elogiem seus feitos. Fritz Haber, um químico alemão, tocou a vida de cada ser humano no planeta. Haber foi o homem que descobriu como produzir fertilizantes artificiais. Cinquenta por cento de todo o alimento que consumimos está diretamente ligado à sua pesquisa pioneira; no entanto sua contribuição raramente é celebrada pelos historiadores.

Haber deu início à Revolução Verde, descobrindo os segredos da natureza para fabricar quantidades quase ilimitadas de fertilizantes e ajudar a alimentar o planeta. Ele mudou a história mundial quando descobriu o processo químico por meio do qual o nitrogênio podia ser retirado do ar para se criarem fertilizantes. Onde

REVOLUÇÃO QUÂNTICA

uma vez existiam camponeses trabalhando em solo árido para conseguir o mínimo para sua sobrevivência, hoje há quilômetros e quilômetros de plantações, a perder de vista. Em vez de tantos países famintos com campos secos e sem vida, temos fazendas exuberantes que produzem tesouros fantásticos.

Porém seu papel na história está manchado pelo fato de sua descoberta sensacional também poder ser usada na criação de armas químicas devastadoras, incluindo explosivos altamente energéticos, bem como gases venenosos. Apesar de bilhões de pessoas no planeta deverem a própria existência a esse homem, seu trabalho também já matou milhares, que perderam a vida por causa da destruição que sua descoberta desencadeou nos campos de batalha.

Além do mais, temos de conviver com o fato de que o processo de Haber-Bosch, como é conhecida a técnica que ele desenvolveu, requer tanta energia que sobrecarrega o suprimento energético, exacerbando a poluição e até as mudanças climáticas.

O problema, no entanto, é que ninguém foi capaz de aprimorar o processo de Haber-Bosch ao longo de cem anos porque ele é muito complexo em nível molecular. A esperança é que os computadores quânticos consigam nos dar alternativas melhoradas ou modificações do processo, de modo que consigamos alimentar o planeta sem exaurir a energia e criar tantos problemas ambientais.

Mas, para apreciarmos o trabalho pioneiro de Haber e a importância dos computadores quânticos aprimorando suas descobertas, precisamos apreciar sua enorme contribuição para evitar o destino sombrio uma vez previsto por Malthus.

SUPERPOPULAÇÃO E FOME

Em 1798, Thomas Robert Malthus previu que um dia a população humana iria exceder o suprimento de alimentos, resultando em

ALIMENTANDO O PLANETA

fome em massa e mortalidade. Para ele, todos os animais estavam engajados numa luta eterna de vida ou morte e, sempre que seus números excediam a capacidade do habitat, muitos morriam de fome. Os humanos não são diferentes. Também estamos fadados a essa lei, que diz que a humanidade só consegue prosperar a menos que haja comida suficiente para o consumo. Mas, como as populações crescem de maneira exponencial e o suprimento alimentar aumenta lentamente, a população pode, em algum momento, ultrapassar o suprimento alimentar. Isso significa o surgimento de protestos e fome em massa, seguidos de guerras brutais à medida que os países lutam por recursos.

No século XIX, ficou cada vez mais evidente que essa temida profecia pode se tornar realidade. Apesar de a população humana estar relativamente estável, com menos de um milhão de pessoas por milhares de anos, ela experimentou um crescimento de proporções sem precedentes. A chegada da Revolução Industrial e da Era das Máquinas tornou possível a expansão rápida da população.

(Eu vi uma ilustração sobre isso quando estava na faculdade. Em um experimento, pegamos uma placa de Petri cheia de nutrientes e então colocamos algumas bactérias no meio dela. Em poucos dias, vimos que as bactérias haviam se multiplicado exponencialmente e criado uma colônia circular enorme, mas então elas pararam de repente. *Por que as bactérias tinham parado de se multiplicar?*, eu me perguntei. E então comecei a perceber que a colônia de bactérias cresceu rapidamente consumindo todos os nutrientes e morreu por consequência do fim do suprimento alimentar. Assim, essa luta de vida ou morte por comida e crescimento foi a representação de uma luta malthusiana numa placa de Petri.)

Hoje, o suprimento mundial de alimentos depende fortemente dos fertilizantes. O ingrediente essencial dos fertilizantes é o nitrogênio, encontrado nas nossas moléculas de proteína e no DNA.

REVOLUÇÃO QUÂNTICA

Ironicamente, o nitrogênio é o elemento químico mais abundante no ar que respiramos, compondo cerca de 80 por cento de sua totalidade. Por alguma razão misteriosa, bactérias simples que crescem nas raízes de leguminosas (amendoim ou feijão, por exemplo) conseguem extrair o nitrogênio do ar e "fixá-lo" em moléculas de carbono, oxigênio e hidrogênio criando então a amônia, o ingrediente principal para a fabricação de fertilizantes.

Essas bactérias de alguma forma conseguiram dominar esse processo químico intrigante. Apesar de bactérias comuns extraírem, quase sem esforço, nitrogênio do ar para criar fertilizantes que salvam vidas, os químicos ainda estão em desvantagem na tentativa de duplicar a Mãe Natureza com tanta eficácia.

O motivo é que o nitrogênio do ar que respiramos é na verdade N_2, ou seja, dois átomos de nitrogênio ligados fortemente um ao outro por três ligações covalentes. Essas ligações são tão fortes que processos químicos normais não conseguem quebrá-las. Por isso, os químicos estão presos a esse dilema. O ar que respiramos está repleto de nitrogênio vital, que a princípio torna possível a fabricação de fertilizantes, mas está na forma errada e, portanto, é inútil.

É como aquele provérbio do homem morrendo de sede em um oceano cheio de água salgada. Ele está rodeado de água, mas não há uma gota sequer para beber.

Conseguimos enxergar o problema facilmente com o átomo de Schrödinger. O nitrogênio possui sete elétrons, que podem preencher os dois espaços disponíveis nos orbitais 1S do primeiro nível energético, com os outros cinco elétrons no segundo nível. (Lembre-se de que os elétrons orbitam em pares e que o primeiro andar do hotel só possui um quarto que acomoda dois elétrons.) Isso significa que, no segundo nível, dois elétrons estarão no orbital 2S e os três restantes poderão ser encontrados individualmente nos orbitais Px, Py e Pz. Portanto, há três elétrons que não estão

ALIMENTANDO O PLANETA

emparelhados. Quando combinados com um segundo átomo de nitrogênio, isso produz três elétrons compartilhados entre os dois átomos, atingindo os dez elétrons necessários para preenchermos os primeiros dois orbitais e, o mais importante, produzindo uma ligação tripla, que é extremamente forte.

A CIÊNCIA PARA A GUERRA E A PAZ

É aí que entra o trabalho de Fritz Haber. Ainda criança, ele era fascinado por química, e frequentemente fazia experimentos por conta própria. Seu pai era um mercador próspero que importava tintas e pigmentos, e Haber por vezes ajudava o pai na fábrica. Ele fazia parte de uma geração crescente de judeus europeus que eram homens de sucesso nos negócios e na ciência, mas acabou se convertendo ao cristianismo. Acima de tudo, ele era um nacionalista, com um firme desejo de ajudar a Alemanha com seus conhecimentos em química.

Haber se concentrou em alguns mistérios químicos, entre eles como aproveitar o nitrogênio encontrado no ar para fabricar produtos úteis, como fertilizantes e explosivos. Ele percebeu que a única forma de separar dois átomos de nitrogênio era por meio da aplicação de pressão e temperatura extremas. Com força bruta, as ligações de nitrogênio poderiam ser quebradas, ele previu. Haber então fez história com a descoberta da combinação mágica em laboratório. Se aquecermos o gás nitrogênio encontrado no ar a 300 graus Celsius e o comprimirmos com uma pressão de 200 a 300 vezes a pressão atmosférica, será possível quebrar a molécula de nitrogênio e fazê-la se combinar com o hidrogênio para formar amônia, cuja fórmula química é NH_3. Pela primeira vez na história, a química poderia ser usada para alimentar a população mundial crescente.

REVOLUÇÃO QUÂNTICA

Ele ganharia o Prêmio Nobel em 1918 por seu trabalho pioneiro. Hoje, cerca de metade das moléculas de nitrogênio do nosso corpo é consequência direta da descoberta de Haber, de modo que seu legado está impresso em nossos átomos. A população mundial atual está acima de 8 bilhões de pessoas e não conseguiríamos alimentar essa população sem o trabalho dele.

Porém o processo de Haber demanda tanta energia para fazer o nitrogênio ser comprimido e aquecido a pressões e temperaturas enormes, que ele consome dois por cento da produção energética mundial.

Os fertilizantes não eram a única coisa na mente de Haber. Por ser um alemão nacionalista, ele foi um apoiador e entusiasta das forças armadas alemãs durante a Primeira Guerra Mundial, e a energia armazenada na molécula de nitrogênio poderia ser aproveitada para criar tanto fertilizantes provedores de vida como explosivos mortais. (Até mesmo terroristas amadores conhecem o processo. Uma bomba fertilizante, capaz de derrubar um edifício inteiro, é composta por fertilizantes comuns saturados com óleo combustível.) Assim, Haber usou outro subproduto de seu processo, os nitratos, para contribuir com a grande máquina de guerra alemã ao criar armas químicas explosivas, além do gás venenoso, que tirariam muitas vidas inocentes.

Ironicamente, o homem cujas habilidades em química expandiram a população mundial também arruinou a vida de milhares de inocentes. Ele também é conhecido como o "pai da guerra química".

Mas existe um outro aspecto trágico de sua vida. Sua esposa, uma pacifista, cometeria suicídio, talvez por causa de sua oposição às pesquisas sobre guerras químicas e gases venenosos. Apesar das décadas de trabalho apoiando o governo e as forças armadas alemãs, ele sentiu a onda de antissemitismo que varria o país em 1930.

ALIMENTANDO O PLANETA

Apesar de ser um judeu que havia se convertido ao cristianismo, Haber teve de deixar o país e buscar refúgio em outro lugar, morrendo em consequência da saúde debilitada em 1934. Durante a Segunda Guerra Mundial, as forças armadas nazistas utilizaram o gás Zyklon, um gás venenoso desenvolvido e aperfeiçoado por Haber, para matar muitos de seus parentes nos campos de concentração.

ATP: A BATERIA DA NATUREZA

Os cientistas que estão ansiosos para usar computadores quânticos na substituição do processo ineficiente de Haber-Bosch perceberam que precisam compreender como a fixação do nitrogênio acontece na natureza.

Para quebrar as ligações de nitrogênio, o método de Haber envolvia aplicar temperaturas muito altas e enorme pressão de fora para dentro. É isso que o torna tão ineficiente. Mas a natureza faz o processo em temperatura ambiente, sem fornalhas nem compressores. Como um humilde amendoim consegue fazer melhor que uma indústria química?

Na natureza, a fonte de energia fundamental é encontrada em uma molécula chamada ATP (adenosina trifosfato), que é o motor propulsor da vida, a bateria da natureza. Sempre que contraímos nossos músculos, respiramos ou digerimos alimentos, usamos a energia proveniente da ATP para alimentar os tecidos. A molécula de ATP é tão elementar que é encontrada em praticamente todas as formas de vida, o que indica que ela evoluiu há bilhões de anos. Sem a ATP, a maior parte da vida na Terra morreria.

A chave para o entendimento do segredo da molécula de ATP é analisar sua estrutura. Essa molécula consiste em três grupos de fosfato organizados em uma cadeia, onde cada grupo é formado por um átomo de fósforo rodeado por oxigênio e hidrogênio. A energia da molécula é armazenada em um elétron localizado no último grupo de fosfato. Quando o corpo precisa de energia para realizar suas funções biológicas, ele usa a energia armazenada neste elétron, do último grupo.

Ao analisar o processo de fixação do nitrogênio nas plantas, os químicos descobriram que doze moléculas de ATP são necessárias para suprir a energia utilizada na quebra de uma única molécula de N_2. Logo percebemos o problema. Em geral, os átomos simplesmente colidem uns com os outros um a um. Se tivermos vários átomos colidindo com outros átomos, veremos que esse processo precisa acontecer em etapas, porque os átomos colidem uns com os outros sequencialmente, não todos de uma vez. O processo da quebra do N_2 por ATP acontece, portanto, por meio de muitas e muitas etapas intermediárias.

Na natureza, armazenar a energia de doze moléculas de ATP oriundas de colisões aleatórias pode levar anos. Claramente isso é lento demais para tornar a vida possível. Assim, uma série de atalhos são necessários para acelerar significativamente o processo.

Os computadores quânticos podem ser capazes de resolver essa charada. Eles poderiam desvendar o processo em nível molecular e talvez melhorar a fixação de nitrogênio ou encontrar um processo alternativo.

Como divulgado pela revista *CB Insights*, "usar os supercomputadores atuais para identificar as melhores combinações catalíticas a fim de produzir amônia levaria séculos. No entanto, um computador quântico poderia ser utilizado com eficácia muito maior na análise das diferentes combinações de catalisadores — uma outra aplicação das simulações de reações químicas — e ajudar a encontrar uma forma melhor de produzir amônia".

ALIMENTANDO O PLANETA

CATALISADORES: O ATALHO DA NATUREZA

Os cientistas acreditam que a chave é a catálise, que pode ser analisada por computadores quânticos. Um catalisador é como um espectador. Ele não participa diretamente de nenhum processo químico, mas de alguma forma sua presença facilita a reação.

Normalmente, as reações químicas encontradas no corpo humano são muito lentas, levando um longo tempo para ocorrer. Porém, às vezes, algo mágico acontece que acelera esses processos, de forma que sejam realizados numa fração de segundo. É aí que entram os catalisadores. Para o processo de fixação do nitrogênio, existe uma enzima chamada nitrogenase. Da mesma forma que um maestro, seu objetivo é orquestrar as várias etapas necessárias para combinar doze moléculas de ATP com o nitrogênio de modo a quebrar a ligação tripla. Infelizmente, nossos computadores digitais são muito primitivos para revelar esses segredos. Um computador quântico, entretanto, pode se encaixar perfeitamente na execução dessa tarefa importante.

Catalisadores como a nitrogenase funcionam em duas etapas. Primeiro, eles unem dois reagentes. O catalisador e os reagentes se encaixam como peças de um quebra-cabeça. Segundo, a energia necessária para que uma reação ocorra, chamada de energia de ativação, com frequência é alta demais para permitir a interação dos reagentes. Os catalisadores, no entanto, reduzem a energia de ativação de forma que ela aconteça. Os reagentes então conseguem se combinar e criar um novo agente químico, deixando intacto o catalisador.

Para entender o funcionamento de um catalisador, pense num casamenteiro, que tenta unir casais em potencial que porventura vivam em cidades diferentes. A chance de um encontro puramente aleatório entre os dois é extremamente pequena, uma vez que eles

REVOLUÇÃO QUÂNTICA

moram em cidades distintas e estão separados por quilômetros. Mas um casamenteiro consegue contactar as duas partes e fazê--las se unir, aumentando a chance de que algo aconteça entre elas. Quase todos os processos químicos importantes no corpo são mediados por algum catalisador.

Agora vamos introduzir um casamenteiro quântico, que percebe que, às vezes, precisa estimular o casal para que ele se conecte. Por exemplo, talvez uma das pessoas seja tímida, reticente ou nervosa. Algo impede que o casal quebre o gelo. Em outras palavras, eles precisam superar a barreira da ativação antes de iniciar de fato um relacionamento. É isso o que faz um casamenteiro quântico: quebra o gelo ou os ajuda a atravessar a barreira que os separa. A isso chamamos de tunelamento, uma característica peculiar da teoria quântica com a qual se pode penetrar barreiras aparentemente impenetráveis. O tunelamento é o motivo pelo qual elementos radioativos, como o urânio, conseguem emitir radiação, pois a radiação "escava" seu caminho através de uma barreira nuclear a fim de alcançar o mundo exterior. O processo de decaimento radioativo, que aquece o centro do planeta e controla a deriva continental, é consequência do tunelamento. Assim, quando você vir um vulcão entrar em erupção, estará presenciando o poder do tunelamento quântico. Da mesma forma, as moléculas de ATP conseguem "tunelar" magicamente através dessa barreira de energia e completar a reação química.

Veremos ainda que praticamente todas as reações que tornam a vida possível exigem catalisadores, e a origem da vida pode ter sido resultado da mecânica quântica.

Infelizmente, a nitrogenase e a fixação do nitrogênio são processos tão complexos que os progressos, ainda que contínuos, têm sido lentos. Apesar de os cientistas possuírem agora um diagrama molecular completo de como as moléculas de nitrogenase se parecem,

ALIMENTANDO O PLANETA

ninguém sabe ao certo como ele funciona. Esse processo inteiro é tão complicado que é inútil um computador digital sequer tentar revelar seus segredos. É aí que os computadores quânticos se sobressaem, ao preencherem todas as etapas que tornam isso possível.

Uma empresa que investiga esse ambicioso projeto é a Microsoft. Do alto de seu sucesso comercial como o Xbox, ela tem procurado projetos que são de maior risco, mas potencialmente lucrativos. Já em 2005, a Microsoft estava interessada em projetos com horizontes amplos como os computadores quânticos. Naquela época, a Microsoft criou uma empresa chamada Station Q para investigar problemas como a fixação do nitrogênio e a computação quântica.

"Acredito estarmos em um ponto de inflexão no qual estamos prontos para passar da pesquisa ao desenvolvimento", afirma Todd Holmdahl, vice-presidente corporativo do programa quântico da Microsoft. "Precisamos assumir um certo risco para conseguir um grande impacto no mundo, e acredito estarmos agora no ponto em que temos a oportunidade de fazer isso."

Ele gosta de comparar a empreitada com a invenção do transistor. Naquela época, os físicos coçavam a cabeça tentando imaginar aplicações práticas para suas invenções. Alguns acreditavam que os transistores seriam úteis apenas como sinalizadores de barcos no mar. Da mesma forma, a criação do computador quântico da Microsoft, que o *The New York Times* comparou à "ficção científica", pode transformar a sociedade de maneiras inesperadas.

A Microsoft é uma empresa que mal pode esperar para resolver o problema da fixação do nitrogênio. Ela já está utilizando a primeira geração de computadores quânticos para avaliar se os mistérios desse processo podem ser descobertos. As implicações são profundas, com o potencial de dar origem a uma Segunda Revolução Verde e alimentar uma população em rápido crescimento com baixo custo energético. Fracassar aqui poderia levar a efeitos colaterais desastrosos, como já vimos, talvez gerando revoltas, fome e guerras.

Recentemente, a Microsoft teve um contratempo quando resultados experimentais em qubits topológicos não funcionaram, mas, para os verdadeiros adoradores da computação quântica, isso é apenas um tropeço.

Na verdade, o CEO da Google, Sundar Pichai, afirmou que os computadores quânticos serão capazes de aprimorar o processo de Haber em uma década.

Os computadores quânticos serão essenciais na análise desse processo químico importante por vários motivos:

- Os computadores quânticos poderão ajudar a elucidar esse processo complexo, átomo por átomo, por meio da solução da equação de onda para os vários componentes dentro da nitrogenase. Isso ajudará a esclarecer todas as etapas intermediárias ausentes na fixação do nitrogênio.

- Eles poderão testar virtualmente formas diferentes de quebrar as ligações do N_2, em vez de usar a força bruta ou por catálise.

- Eles poderão modelar o que aconteceria se substituíssemos vários átomos e proteínas por outros, para ver se conseguimos tornar o processo da fixação de nitrogênio mais eficaz e menos intenso energeticamente, além de menos poluente, com diversas substâncias químicas diferentes.

- Os computadores quânticos poderão testar novos catalisadores para ver quais conseguem acelerar o processo.

ALIMENTANDO O PLANETA

- Os computadores quânticos poderão testar versões diferentes da nitrogenase, com arranjos diferentes das cadeias de proteína, para ver se conseguimos aprimorar suas propriedades catalíticas.

Portanto, se a Microsoft e outros conseguirem decifrar o mistério da fixação do nitrogênio, isso teria um impacto enorme na produção de alimentos. Mas os cientistas têm outros sonhos para os computadores quânticos. Eles desejam não só resolver o problema de uma produção alimentar energeticamente eficaz, mas também compreender a natureza da energia em si. Será que os computadores quânticos também conseguirão solucionar o problema da crise energética?

CAPÍTULO 9

ENERGIZANDO O MUNDO

Numa primeira análise, poderíamos suspeitar de que os titãs da indústria do século XX, Thomas Edison e Henry Ford, seriam rivais ferozes. Afinal, Edison era a força propulsora e incansável por trás da eletrificação da indústria e da sociedade. Com 1.093 patentes, ele revolucionou nossa forma de viver com diversas invenções à base de eletricidade, a que hoje nem damos valor. Por outro lado, Ford ficou milionário com seu Modelo T, que funcionava à base de combustíveis fósseis. Ele ajudou a criar toda a infraestrutura da indústria moderna dependente do petróleo. Para ele, a queima de óleo e gasolina seriam as forças do futuro.

Na verdade, Edison e Ford eram amigos próximos. Melhor dizendo, o jovem Ford idolatrava Edison. Por anos, eles passariam férias juntos e se deleitariam com a companhia um do outro. Talvez eles tenham se tornado tão próximos exatamente porque criaram empresas mundialmente reconhecidas por meio da pura força de vontade.

REVOLUÇÃO QUÂNTICA

Edison e Ford passavam muito tempo se desafiando, apostando qual fonte de energia iria alimentar o futuro. Edison acreditava na bateria elétrica, enquanto Ford acreditava na gasolina. Para qualquer um que ouvia isso, a resposta era óbvia: a conclusão categórica de que Edison ganharia com ampla margem. Baterias elétricas eram silenciosas e seguras. O petróleo, em contrapartida, era barulhento, nocivo e até mesmo perigoso. A ideia da existência de postos de gasolina em cada quarteirão era considerada absurda.

Os críticos do petróleo estavam certos sob vários aspectos. A fumaça emitida pelos motores de combustão interna pode causar doenças respiratórias e acelera o aquecimento global, além do fato de os carros a gasolina serem barulhentos.

Mas foi Ford que no fim das contas ganhou o desafio.

Por quê?

Para começar, a energia armazenada em uma bateria é uma fração minúscula da energia contida em um galão de gasolina. (As melhores baterias conseguem armazenar 200 watts-hora por quilograma de energia, enquanto a gasolina consegue armazenar 12.000.)

E, quando os gigantescos poços e bacias de petróleo foram descobertos no Oriente Médio, no Texas e em outros lugares, o preço da gasolina despencou, colocando o automóvel ao alcance da classe trabalhadora americana.

As pessoas começaram a esquecer o sonho de Edison. A bateria elétrica, ineficiente, fraca e desengonçada, não conseguiu competir com o combustível barato de alta octanagem projetado para uma população faminta por energia.

Como a lei de Moore revolucionou a economia mundial com a potência computacional barata, existe uma tendência em supor que tudo irá obedecer a essa lei. Ficamos confusos, então, com o fato de a eficiência da energia das baterias ter ficado para trás por

ENERGIZANDO O MUNDO

tantas décadas. Esquecemos que a lei de Moore se aplica apenas aos chips de computadores e que reações químicas como as que fornecem energia às baterias são notoriamente complicadas de se prever. Antever reações químicas novas que poderiam levar ao aumento na eficácia das baterias é uma tarefa muito importante.

Em vez de testar a performance de centenas de produtos químicos diferentes em uma bateria, no futuro será muito mais fácil e barato simular a performance com um computador quântico. Assim como as simulações poderão ajudar a desvendar os segredos da fotossíntese ou da fixação natural do nitrogênio, a "química virtual" poderá algum dia substituir o árduo processo de tentativa e erro conduzido nos laboratórios.

REVOLUÇÃO SOLAR?

O desafio de aumentar a performance das baterias tem implicações econômicas tremendas. Por volta dos anos 1950, os futuristas proclamavam que nossos lares seriam algum dia alimentados por luz solar. Conjuntos enormes de células solares, suplementadas por potentes moinhos, iriam capturar a energia do sol e a do vento e prover energia barata e confiável. Energia de graça. Esse era o sonho.

A realidade, porém, acabou sendo diferente. A energia renovável teve seu custo reduzido ao longo das décadas, mas a uma taxa angustiantemente lenta. A chegada da Era Solar tem sido mais lenta do que as pessoas esperavam.

O problema está, em parte, nas limitações das baterias modernas. Quando o sol não está brilhando e quando o vento não está soprando as fontes de energia renovável caem para praticamente zero. O elo fraco na corrente da energia renovável é o armazenamento:

REVOLUÇÃO QUÂNTICA

como armazenar energia para um dia chuvoso, por exemplo? Se por um lado a velocidade de processamento dos computadores cresce exponencialmente à medida que os chips de silício ficam cada vez menores, a energia das baterias cresce apenas quando descobrimos novas maneiras de tornar o processo eficaz ou novos compostos químicos. Hoje, elas ainda utilizam reações químicas conhecidas desde o século passado. Se uma superbateria pudesse ser construída com potência e eficácia elevadas, ela poderia acelerar a transição para um futuro livre de carbono e do aquecimento global impiedoso.

HISTÓRIA DA BATERIA

Olhando para trás, vemos que a história das baterias evoluiu a um ritmo extremamente lento ao longo dos séculos. Antigamente, sabíamos que, se andássemos por um tapete, levaríamos um choque ao tocar a maçaneta de uma porta. Mas isso era apenas uma curiosidade, até que a história foi feita em 1786, quando o físico Luigi Galvani esfregou um pedaço de metal nas patas de um sapo. Ele percebeu que as patas se contraíam por conta própria.

Essa foi uma descoberta importante, porque então os cientistas puderam demonstrar que a eletricidade conduzia o movimento de nossos músculos. Os cientistas logo perceberam que não era preciso lançar mão de uma forma mítica de "força vital" para explicar como objetos inanimados se tornavam animados. A eletricidade era a chave para a compreensão de como nosso corpo se movia sem espíritos. Mas esses estudos pioneiros com a eletricidade também inspiraram um dos colegas mais intrépidos de Galvani.

Em 1799, Alessandro Volta construiu a primeira bateria e mostrou que ele conseguia criar uma reação química para reproduzir o efeito. Criar a eletricidade em laboratório sob demanda era uma descoberta sensacional. A notícia de que essa força estranha poderia agora ser produzida à vontade se espalhou rapidamente.

Mas infelizmente a bateria não mudou muito nos últimos 200 anos. A bateria mais simples é composta de dois bastões de metal, ou eletrodos, colocados em recipientes separados. Em ambos os recipientes há substâncias químicas chamadas eletrólitos, que permitem a realização de reações químicas. Um tubo conecta os dois recipientes permitindo a passagem de íons de um recipiente para o outro.

Por causa das reações químicas nos eletrólitos, os elétrons saem de um eletrodo, denominado ânodo, e passam para o outro eletrodo, denominado cátodo. O movimento das cargas elétricas precisa ser compensado, de modo que, enquanto os elétrons possuidores de carga negativa passam do ânodo para o cátodo, há também o movimento de íons positivos através do tubo que conecta os eletrodos. O fluxo dessas cargas gera eletricidade.

Esse modelo básico não foi modificado com o passar dos séculos. O que mudou foi, basicamente, a composição química dos vários componentes. Os químicos fizeram diversos experimentos com vários metais e eletrólitos diferentes para tentar maximizar a voltagem elétrica ou aumentar o conteúdo energético.

Como a ideia de que não há mercado para carros elétricos foi amplamente difundida, houve muito pouca pressão para que essa tecnologia fosse aprimorada.

A REVOLUÇÃO DO LÍTIO

Na era do pós-guerra, a tecnologia das baterias não era mais popular. O progresso cessou porque havia uma demanda relativamente pequena por veículos elétricos e eletrodomésticos portáteis. Mas a preocupação crescente com o aquecimento global e a explosão do mercado de eletrônicos deram um ânimo nas pesquisas sobre tecnologia de baterias.

Por conta da ameaça da poluição e do aquecimento global, o público exigiu ações. Com o aumento da pressão sobre a indústria automotiva para converter os carros em automóveis elétricos, os inventores se apressaram em criar baterias mais potentes. Elas foram gradualmente se tornando competitivas com relação à gasolina.

Uma história de sucesso foi a introdução das baterias de íons de lítio, que causou grande sucesso no mercado. Elas são encontradas praticamente em todas as formas de aparelho eletrônico, desde telefones celulares a computadores e até mesmo aviões a jato. O que as torna tão onipresentes é o fato de possuírem maior capacidade energética do que qualquer outra bateria, sendo ainda portáteis, compactas e eficientes. É o produto final de décadas de pesquisa, que analisou as propriedades elétricas de centenas de elementos químicos diferentes.

O que as torna tão convenientes é a natureza do átomo de lítio. Quando olhamos a tabela periódica dos elementos, concluímos que ele é o metal mais leve, o que é importante quando precisamos de baterias leves para carros e aviões.

Percebemos ainda que ele possui três elétrons orbitando o núcleo. Os dois primeiros elétrons preenchem o nível de energia mais baixo do átomo, a camada 1S, de modo que o terceiro elétron, em uma órbita maior, está fracamente ligado, tornando-o fácil de ser removido e de energizar a bateria. Esse é um dos motivos pelos quais é tão fácil gerar uma corrente elétrica com uma bateria de lítio.

Juntando tudo, a bateria de íons de lítio tem um ânodo feito de grafite, um cátodo feito de óxido de lítio-cobalto e um eletrólito

ENERGIZANDO O MUNDO

feito de éter. O impacto das baterias de íons de lítio tem sido tão revolucionário que o Prêmio Nobel de Química foi concedido aos vários cientistas que as aperfeiçoaram: John B. Goodenough, M. Stanley Whittingham e Akira Yoshino.

Entretanto, uma característica indesejada das baterias de íons de lítio é que, apesar de possuírem a maior densidade de energia que qualquer outra bateria no mercado, elas ainda têm apenas 1 por cento da energia armazenada na gasolina. Se quisermos entrar numa era livre de carbono, precisamos de uma bateria com uma densidade de energia que se aproxima daquela dos combustíveis fósseis rivais.

ALÉM DAS BATERIAS DE ÍONS DE LÍTIO

Por causa do enorme sucesso comercial das baterias de íons de lítio, presentes em todos os lugares na sociedade moderna, há uma busca febril pela substituição ou pelo aprimoramento da nova geração. Mais uma vez, os engenheiros estão limitados pela abordagem de tentativa e erro.

Uma candidata é a bateria de lítio-ar. Diferentemente das outras baterias, que são completamente seladas, essa permite que o ar entre. O oxigênio existente no ar interage com o lítio, liberando os elétrons da bateria (e criando peróxido de lítio).

A grande vantagem das baterias de lítio-ar é que sua densidade de energia é dez vezes maior que a das baterias de íons de lítio, de modo que ela está se aproximando da densidade de energia da gasolina. (Isso acontece porque o oxigênio vem de graça do ar, em vez de ter de ser armazenado dentro das baterias propriamente ditas.)

Apesar do enorme incremento na densidade de energia encontrado nas baterias lítio-ar, vários problemas técnicos têm impedido que essa bateria fantástica funcione na prática. Em particular, ela possui uma vida útil muito pequena, de apenas dois meses mais ou menos. Os cientistas acreditam que, por meio do teste com vários tipos diferentes de substâncias químicas, poderíamos resolver muitos desses problemas técnicos.

Em 2022, o Instituto Nacional de Ciências dos Materiais do Japão, trabalhando com a multinacional de investimentos SoftBank, anunciou um tipo promissor de bateria lítio-ar que possui uma densidade de energia muito maior que a das baterias padrão de íons de lítio. No entanto, os detalhes ainda não estão disponíveis para vermos se eles conseguiram solucionar a quantidade interminável de problemas enfrentados por essa tecnologia promissora.

Um aborrecimento constante de quem tem carro elétrico é o tempo necessário para a recarga da bateria, que pode demorar de várias horas a um dia inteiro. Assim, uma outra tecnologia que está sendo desenvolvida é a SuperBattery, um sistema híbrido criado pela Skeleton Technologies e pelo Instituto de Tecnologia Karlsruhe, na Alemanha, que promete ser capaz de carregar um veículo elétrico em meros quinze segundos.

Por um lado, a SuperBattery usa uma bateria de íons de lítio padrão. Mas o que a torna novidade é que ela combina a bateria de íons de lítio com um capacitor para reduzir o tempo de carga. (Um capacitor armazena eletricidade estática. Em sua forma mais simples, ele consiste em duas placas paralelas, uma carregada positivamente e outra carregada negativamente. A grande vantagem dos capacitores é que eles conseguem armazenar energia elétrica e então liberá-la muito rapidamente.) O uso de supercapacitores na oferta de carga rápida também tem atraído outras empresas.

Como são grandes as recompensas em potencial, muitos grupos empresariais estão trabalhando nos sucessores das baterias de íons de lítio, que incluem as seguintes tecnologias experimentais:

ENERGIZANDO O MUNDO

- A NAWA Technologies afirma que seu Eletrodo de Carbono Ultrarrápido, que usa nanotecnologia, consegue alavancar a potência das baterias em dez vezes e aumentar sua vida útil em cinco vezes. Eles afirmam que a autonomia de um carro elétrico poderia chegar a 1.000 quilômetros, com um tempo de recarga de apenas cinco minutos até atingir 80 por cento da capacidade total.

- Cientistas na Universidade do Texas afirmam serem capazes de remover um dos componentes menos desejados de suas baterias, o cobalto. Esse metal é caro e tóxico, e eles afirmam que conseguem substituí-lo por manganês e alumínio.

- O fabricante chinês de células de bateria SVOLT anunciou que também consegue substituir o cobalto em suas baterias. Eles afirmam que podem melhorar a autonomia dos veículos elétricos para 800 quilômetros e aumentar a vida útil da bateria.

- Cientistas da Universidade da Finlândia Oriental desenvolveram uma bateria de íons de lítio com um ânodo híbrido, usando silício e nanotubos de carbono, que eles afirmam aumentar a performance da bateria.

- Outro grupo que está de olho no silício é o de cientistas da Universidade da Califórnia, em Riverside. Eles usam a bateria básica de íons de lítio, mas substituem o ânodo de grafite pelo silício.

- Cientistas da Universidade Monash, na Austrália, substituíram a bateria de íons de lítio pela bateria de lítio-enxofre. Eles afirmam que sua bateria consegue alimentar

REVOLUÇÃO QUÂNTICA

um smartphone por cinco dias ou um carro elétrico por 1.000 quilômetros.

- A IBM Research e outras estão investigando a substituição de elementos tóxicos como cobalto e níquel ou até mesmo a própria bateria de íons de lítio por água do mar. A IBM afirma que a bateria de água do mar seria mais barata e teria maior densidade de energia.

Enquanto avanços estão sendo feitos nas baterias de íons de lítio, a estratégia básica introduzida por Volta 200 anos atrás ainda está conosco. A esperança é de que os computadores quânticos sejam capazes de sistematizar esse processo, tornando-o mais barato e mais eficiente, de forma que milhões de experimentos sejam conduzidos virtualmente.

O problema é que as reações químicas complexas que ocorrem dentro de uma bateria não obedecem a nenhuma lei simples, como a mecânica de Newton. Mas os computadores quânticos podem conseguir fazer esse trabalho pesado, simulando reações químicas complexas sem de fato realizá-las.

Como era de se esperar, a indústria automotiva está investindo pesado em computadores quânticos para ver se uma superbateria poderia ser projetada utilizando matemática pura. Uma bateria supereficiente conseguiria remover o principal gargalo que está impedindo que a Era Solar se estabeleça: o armazenamento da eletricidade.

A INDÚSTRIA AUTOMOTIVA E OS COMPUTADORES QUÂNTICOS

Uma empresa que enxerga o potencial dos computadores quânticos para revolucionar sua indústria é a gigante automotiva Daimler,

ENERGIZANDO O MUNDO

dona da Mercedes-Benz. Já em 2015, a Daimler criou a Quantum Computing Initiative a fim de se manter atualizada com essa área que evolui tão rápido.

Ben Boeser, que faz parte do Grupo Norte-americano de Pesquisa e Desenvolvimento da Mercedes-Benz, diz que "essa é uma atividade essencialmente orientada à pesquisa, lidando com coisas que vão acontecer nos próximos 10 ou 15 anos, mas queremos compreender o básico na medida em que um novo universo está sendo criado — e nós, como empresa, queremos fazer parte disso". A Daimler enxerga a computação quântica não só como uma curiosidade científica, mas como parte de sua essência.

Holger Mohn, editor da revista online da Daimler, ressalta outros benefícios da computação quântica além da obtenção de novos protótipos para baterias. Segundo ele, "poderia se tornar a melhor maneira de descobrirmos novas tecnologias eficazes, simular formas aerodinâmicas para uma melhor eficiência do combustível e uma viagem mais suave, ou para otimizar processos manufaturados com uma miríade de variáveis". Em 2018, a Daimler reuniu um grupo de engenheiros de primeira linha para trabalhar com a Google e a IBM no desenvolvimento da tecnologia necessária para solucionar alguns desses problemas. Eles já estão escrevendo códigos e carregando-os na nuvem para se familiarizarem com a computação quântica.

As equações básicas da aerodinâmica, por exemplo, são bem conhecidas. Mas, em vez de realizar testes caros no túnel de vento com a finalidade de diminuir a fricção do ar nos carros, será muito mais barato e conveniente colocar os carros em "túneis de vento virtuais", isto é, testar a eficiência dos projetos na memória de um computador quântico. Isso irá permitir uma análise rápida quanto à redução do arrasto.

A Airbus está usando computadores quânticos para criar túneis de vento virtuais a fim de calcular caminhos mais eficientes, em

REVOLUÇÃO QUÂNTICA

termos de combustível, de decolagem e aterrissagem dos aviões. A Volkswagen também está usando essa tecnologia para calcular o caminho ótimo para ônibus e táxis em cidades congestionadas.

Desde 2018, a BMW vem olhando para os computadores quânticos na solução de diversos problemas, usando o mais novo computador quântico da Honeywell. Entre as várias frentes investigadas por eles estão:

- Criar uma bateria de carro melhor

- Determinar os melhores locais para a instalação de postos de abastecimento elétrico

- Encontrar formas mais eficientes de comprar os diversos componentes utilizados nos carros da BMW

- Aumentar a performance aerodinâmica e a segurança

Em particular, a BMW está interessada em computadores quânticos para ajudar com programas de otimização, isto é, diminuir custos e melhorar a performance.

Mas os computadores quânticos não são apenas úteis na criação de baterias e carros mais novos, mais baratos e mais potentes, sem prejuízo ao ambiente. Eles poderão também nos libertar dos perigos das doenças temidas e mortais que têm afligido a humanidade desde sempre. Veremos agora como os computadores quânticos podem criar uma revolução na medicina.

A fonte da juventude, em vez de ser uma fonte lendária de vida eterna, pode ser um computador quântico.

PARTE III

MEDICINA QUÂNTICA

CAPÍTULO 10

SAÚDE QUÂNTICA

Por quanto tempo vivemos?

Durante a maior parte da história, a expectativa de vida média dos homens variava entre vinte e trinta anos. A vida era frequentemente curta e miserável. As pessoas sentiam um temor constante da próxima peste ou da próxima epidemia de fome.

As histórias da Bíblia e outros textos antigos são repletos de contos de epidemias e doenças. Mais tarde, essas histórias falariam sobre órfãos e madrastas más porque seus pais na maioria das vezes não viviam o suficiente para ver os próprios filhos crescerem.

Infelizmente, ao longo da história, os médicos eram pouco mais do que vigaristas e charlatães, pomposamente prescrevendo "curas" que em geral deixavam os pacientes piores. Os ricos conseguiam pagar médicos particulares, que guardavam ciosamente suas poções inúteis enquanto os pobres morriam na pobreza e na imundice de hospitais superlotados. (Tudo isso foi encenado pelo dramaturgo francês Molière na sua farsa cômica *Le Médicin Malgré Lui* [*Médico à força*, na adaptação em português], na qual um camponês pobre é confundido com um médico proeminente, que então engana todos fazendo uso de palavras inventadas em latim, enormes, complicadas, para oferecer dicas médicas tolas.)

No entanto, diversos avanços históricos aconteceram e prolongaram nossa expectativa de vida. Primeiro foi a chegada de uma condição sanitária básica melhorada. As cidades antigas eram tipicamente grandes poças de comida estragada e dejetos humanos. As pessoas jogavam corriqueiramente seu lixo na rua. As estradas pareciam mais uma pista de obstáculos fedorenta, um terreno fértil para doenças. Mas, no século XIX, os cidadãos se rebelaram contra as condições insalubres, levando à criação de um sistema de esgotos e saneamento decente, o que eliminou uma quantidade enorme de doenças oriundas das águas, somando, talvez, uns quinze ou vinte anos à nossa expectativa de vida.

A revolução seguinte aconteceu por causa das guerras europeias sangrentas que se espalharam pelo continente durante o século XIX. Houve tantos soldados mortos em consequência de feridas abertas de combate que reis e monarcas decretaram que as curas que realmente funcionassem seriam recompensadas pela coroa. De repente, médicos ambiciosos, em vez de tentarem impressionar os patrões ricos com misturas inúteis, começaram a publicar artigos sobre terapias que ajudavam de fato os pacientes. As revistas de medicina começaram a prosperar, documentando avanços baseados em provas experimentais e não apenas na reputação dos autores.

Com essa nova orientação entre médicos e cientistas, o palco estava montado para os avanços revolucionários, como antibióticos e vacinas, que iriam eliminar doenças mortais, somando talvez entre dez e quinze anos à expectativa de vida média. Uma melhor nutrição, cirurgias, a revolução industrial e outros fatores também contribuíram para o aumento da expectativa de vida.

SAÚDE QUÂNTICA

Então agora a expectativa de vida está em torno dos 70 anos em muitos países.

Infelizmente, muitas dessas descobertas na medicina moderna originaram-se da pura sorte, não por um projeto cuidadoso. Não havia nada sistemático na procura de curas para as doenças, que ocorriam primariamente por meio de acidentes fortuitos.

Por exemplo, em 1928, quando Alexander Fleming observou inadvertidamente que partículas de mofo de pão conseguiam matar as bactérias que cresciam numa placa de Petri, ele iniciou uma revolução nos cuidados da saúde. Médicos, em vez de ficarem assistindo impotentes à morte de seus pacientes por causa de doenças comuns, agora conseguiam prescrever antibióticos como a penicilina que, pela primeira vez na história, conseguiam de fato curar os pacientes. Logo, havia antibióticos contra cólera, tétano, febre tifoide, tuberculose e várias outras doenças. Mas muitas dessas curas foram encontradas por tentativa e erro.

A ASCENSÃO DOS MICRORGANISMOS RESISTENTES A MEDICAMENTOS

Os antibióticos têm sido tão eficazes e prescritos tão frequentemente que agora os microrganismos estão contra-atacando. Essa não é uma questão acadêmica, porque os germes resistentes aos medicamentos são um dos maiores problemas de saúde enfrentados hoje pela sociedade. Doenças graves que outrora foram banidas, como a tuberculose, estão voltando lentamente em formas virulentas e incuráveis. Essas "superbactérias" são frequentemente imunes aos antibióticos modernos, deixando a população sem esperanças contra elas.

Além disso, à medida que a humanidade migra para áreas anteriormente inexploradas e não povoadas, estamos sendo constantemente expostos a novas doenças contra as quais não temos qualquer imunidade. Assim, há uma lista enorme de doenças desconhecidas esperando para atacar e nos infectar.

Alguns acreditam que o uso de antibióticos em larga escala nos animais acelerou essa tendência. As vacas, por exemplo, se tornaram um criadouro de germes resistentes às drogas porque os fazendeiros às vezes exageram na administração de antibióticos com a finalidade de aumentar a produção de leite e alimentos.

Por causa da ameaça de essas doenças voltarem mais fortes do que nunca, há a necessidade urgente de uma nova geração de antibióticos que sejam baratos o suficiente para justificar seu custo. Infelizmente, não houve qualquer desenvolvimento de novas classes de antibióticos durante os últimos trinta anos. Os antibióticos que nossos pais usavam são praticamente os mesmo que usamos hoje. O problema é que milhares de substâncias químicas precisam ser experimentadas para que isolemos algumas poucas drogas promissoras. Isso custa cerca de 2 a 3 bilhões de dólares para o desenvolvimento de uma nova classe de antibióticos por meio desses métodos.

COMO FUNCIONAM OS ANTIBIÓTICOS

Ao usar tecnologias modernas, os cientistas vêm aos poucos deduzindo como certos tipos de antibióticos funcionam. A penicilina e a vancomicina, por exemplo, interferem na produção de uma molécula chamada peptidoglicano, que é essencial para a criação e o fortalecimento da parede celular da bactéria. Essas drogas, portanto, fazem com que a parede das bactérias se rompa.

Uma outra classe de medicamentos, as chamadas quinolonas, danificam a química reprodutiva da bactéria, de modo que seu DNA não funcione e ela não consiga se reproduzir.

SAÚDE QUÂNTICA

Outra classe, que inclui a tetraciclina, interfere com a habilidade da bactéria de sintetizar uma proteína-chave . E outra interrompe a produção de ácido fólico nas células, o que por sua vez interfere na capacidade da bactéria de controlar o fluxo de substâncias químicas através da parede celular.

Com tantos avanços, por que há um gargalo?

De cara, esses antibióticos novos levam um longo tempo para serem desenvolvidos, cerca de dez anos em geral. Essas drogas precisam ser testadas cuidadosamente para nos certificarmos de que são seguras, o que é um processo que toma tempo. E, após uma década de muito trabalho, o produto frequentemente não consegue pagar as contas. O ponto crucial para várias empresas farmacêuticas é que as vendas precisam compensar os custos de fabricação dos medicamentos.

O PAPEL DA MEDICINA QUÂNTICA

O problema é que, assim como a bateria desde os tempos de Volta, a estratégia básica não mudou muito desde a época de Fleming. Basicamente, ainda fazemos testes cegos com os vários candidatos contra os microrganismos usando uma placa de Petri. Hoje, por meio do uso de automação, robótica e linhas de montagem mecanizadas, milhares de placas de Petri contendo diferentes tipos de patógenos são expostas às drogas, todas de uma vez, imitando a abordagem pioneira de Fleming de 100 anos atrás.

Desde então, nossa estratégia tem sido:

Testar a substância promissora → determinar se ela mata as bactérias → identificar o mecanismo

REVOLUÇÃO QUÂNTICA

Os computadores quânticos poderão transformar esse processo e acelerar a descoberta de novos medicamentos que salvam vidas. Eles são potentes o bastante para que um dia possam nos guiar sistematicamente em direção a formas novas de destruir as bactérias. Em vez de gastarmos anos brincando com drogas diferentes ao longo de várias décadas, seremos capazes de projetar rapidamente novos fármacos dentro da memória de um computador quântico.

Isso implicará a reversão da ordem na estratégia:

Identificar o mecanismo → determinar se a substância promissora mata as bactérias → testar a substância promissora

Se, por exemplo, for revelado ao nível molecular o mecanismo básico por meio do qual esses antibióticos conseguem matar os microrganismos, pode-se utilizar tal conhecimento para criar novas drogas. Isso significa que começamos primeiro com o mecanismo que desejamos, tal como derrubar as paredes celulares de uma bactéria, então usamos um computador quântico para determinar como fazer isso por meio da busca por pontos fracos nas paredes das bactérias. Em seguida, testamos drogas diferentes que consigam realizar essa função e por fim nos concentramos nas que de fato funcionam contra determinado patógeno.

Por exemplo, tentar modelar a molécula de penicilina usando um computador convencional é uma tarefa muito difícil. Isso exigiria cerca de 10^{86} bits da memória do computador, muito além da capacidade de qualquer computador digital. Mas a tarefa está dentro das capacidades de um computador quântico. Assim, tentar descobrir novas drogas por meio da análise de seu comportamento molecular pode ser um alvo principal para os computadores quânticos.

SAÚDE QUÂNTICA

VÍRUS MORTAIS

Analogamente, a ciência moderna tem sido capaz de atacar os vírus usando vacinas, mas até certo ponto. As vacinas funcionam indiretamente por meio do estímulo do sistema imunológico do corpo, e não pelo ataque direto ao vírus, de forma que o progresso na cura das doenças causadas por vírus tem sido lento.

Um dos maiores assassinos da história é a varíola, que já matou 300 milhões de pessoas desde 1910. A doença já era conhecida desde a antiguidade. Já se sabia também que, se uma pessoa tivesse varíola e se recuperasse, as crostas de suas feridas poderiam ser usadas para se fazer um pó, que era dado a uma pessoa saudável através de fissuras na pele dela. Essa pessoa estaria então protegida contra a doença.

Em 1796, essa técnica foi refinada e utilizada com sucesso na Inglaterra. O médico Edward Jenner tirou pus de vacas leiteiras que se recuperaram da varíola bovina, que se assemelha à varíola humana. Ele então injetou o pus em indivíduos saudáveis, que desenvolveram imunidade contra a doença.

Desde então, as vacinas têm sido usadas contra um número grande de doenças antes incuráveis, como poliomielite, hepatite B, sarampo, meningite, caxumba, tétano, febre amarela e muitas mais. Há milhares de vacinas possíveis com valor terapêutico potencial, mas, sem uma compreensão de como o sistema imunológico humano funciona em escala mais minuciosa, é impossível testar todas elas.

Em vez de testarmos cada vacina experimentalmente, poderíamos "testá-las" dentro de um computador quântico. A beleza desse método é que a busca por novas vacinas pode acontecer rapidamente, com baixo custo, de maneira eficiente e sem as tentativas caras e que demandam tanto tempo.

REVOLUÇÃO QUÂNTICA

No capítulo seguinte, iremos explorar como os computadores quânticos poderão modificar e fortalecer nosso sistema imunológico, nos protegendo contra o câncer e talvez até contra doenças hoje incuráveis, como Alzheimer e Parkinson. Mas, primeiro, há uma outra forma por meio da qual os computadores quânticos podem nos ajudar na defesa contra a pandemia global.

A PANDEMIA DA COVID

Uma forma de atestar o poder dos computadores quânticos é considerar a tragédia da pandemia de covid-19, que matou cerca de um milhão de pessoas nos EUA até agora e mergulhou bilhões de pessoas no mundo em dificuldades financeiras e sofrimento. Os computadores quânticos, no entanto, podem nos dar um sistema de alerta para detectar vírus emergentes antes que eles se transformem em pandemia.

Sessenta por cento de todas as doenças, acredita-se, são provenientes do reino animal. Assim, existe um vasto reservatório de novos patógenos que pode gerar uma série de novas doenças. E, à medida que a civilização se expande para áreas previamente despovoadas, estamos sendo expostos a novos animais e suas doenças.

Por meio da análise genética, por exemplo, conseguimos determinar que o vírus da gripe se origina principalmente em aves. Diversos vírus da gripe surgiram na Ásia, onde os fazendeiros praticam algo chamado de policultura, que envolve viver na proximidade de porcos e aves. Se, por um lado, os vírus se originam nas aves, os porcos frequentemente se alimentam dos dejetos das aves, e os humanos se alimentam dos porcos. Assim, os porcos funcionam como um vetor, combinando o próprio DNA com o das aves para criar vírus novos.

SAÚDE QUÂNTICA

De forma análoga, o vírus da AIDS foi identificado como tendo sido uma mutação do vírus da imunodeficiência símia (SIV, na sigla em inglês), que infecta os primatas. Pela genética, os cientistas acreditam que alguém na África comeu a carne de algum primata entre 1884 e 1924, que então se combinou com o DNA humano para criar o HIV, uma versão mutante do SIV que consegue infectar pessoas.

Com o avanço nos transportes, o aumento das viagens internacionais acelerou a disseminação de doenças como a peste durante a Idade Média. Historiadores rastrearam os caminhos percorridos pelos marinheiros antigos quando viajavam de cidade em cidade, espalhando, assim, a peste por costas distantes. Comparando as épocas de atracação dos navios em certos portos com as datas das explosões da peste, conseguimos ver como as doenças se espalharam pelo Oriente Médio e a Ásia. Hoje, temos linhas aéreas que conseguem disseminar uma doença pelos continentes em questão de horas.

Portanto, é apenas uma questão de tempo até que outra pandemia, difundida por viagens aéreas internacionais, paralise o mundo.

Mas, graças aos progressos impressionantes na genômica, em 2020 os cientistas conseguiram sequenciar o material genético do vírus da covid-19 em apenas algumas semanas. Isso permitiu que os pesquisadores criassem vacinas que estimulam o sistema imunológico do corpo a atacar o vírus. O que está faltando agora é uma forma sistemática de combater esse vírus mortal de maneira direta.

SISTEMA DE ALERTA PRECOCE

Há várias maneiras de os computadores quânticos ajudarem a interromper uma nova pandemia. Primeiro, precisamos de um sistema de alerta precoce para detectar o vírus em tempo real, assim que ele surgir. Do instante em que uma nova versão do vírus da covid-19 surgir até que um alerta seja emitido, várias semanas terão passado. Durante esse período, o vírus pode passar despercebido e entrar no ecossistema humano. Um atraso de apenas algumas semanas pode fazer com que o vírus se espalhe entre milhões de pessoas.

Um método de rastrear pandemias é colocar sensores em sistemas de esgoto ao redor do mundo. Vírus podem ser facilmente identificados por meio da análise do esgoto, principalmente nos entornos de áreas urbanas populosas. Testes rápidos de antígenos conseguem captar o surto de um vírus em menos de quinze minutos. No entanto, as informações que serão geradas dos milhões de sistemas de esgoto podem facilmente sobrecarregar computadores digitais. Mas os computadores quânticos são perfeitos para grandes análises de dados em busca daquela agulha no palheiro que está faltando. Algumas comunidades nos EUA já estão instalando sensores em seus sistemas de esgotos como um sistema de alerta.

Outro tipo de sistema de alerta precoce foi demonstrado pela empresa Kinsa, que fabrica termômetros conectados à internet. Pela análise de pessoas com febre ao redor do país, consegue-se detectar anomalias importantes. Por exemplo, em março de 2020, hospitais no Sul dos EUA receberam relatos de milhares de pessoas que sofriam de um novo vírus. Muitas morreram. Os hospitais estavam sobrecarregados.

Uma teoria é a de que o Mardi Gras, uma celebração como o Carnaval que aconteceu no fim de fevereiro de 2020, em Nova Orleans, foi um evento disseminador que expôs centenas de milhares de pessoas despreocupadas ao vírus. Certamente, ao analisar as leituras dos termômetros logo após o Mardi Gras, consegue-se perceber um pico na temperatura dos pacientes no Sul do país.

SAÚDE QUÂNTICA

Infelizmente, por conta da inexperiência dos médicos em lidar com o novo vírus, demorou várias semanas para que esses profissionais fossem alertados quanto à pandemia. Muitos morreram por causa desse atraso crítico na identificação do vírus, cujo surgimento pegou toda a estrutura médica de surpresa.

No futuro, com uma vasta rede de dispositivos médicos como termômetros e sensores conectados à internet, poderemos ter uma leitura de temperatura instantânea do que está acontecendo no país analisada pelos computadores quânticos. Bastará uma simples olhada no mapa para identificar os pontos que representam eventos disseminadores potenciais.

Outra forma de criar um sistema de alerta precoce é utilizar as redes sociais, que dão, melhor do que qualquer outra ferramenta, uma medida de tudo o que acontece no mundo em tempo real. Por exemplo, os algoritmos do futuro estariam treinados para perceber postagens anômalas na internet. Se, por exemplo, as pessoas começarem a dizer "não consigo respirar" ou "não sinto cheiro", essas frases seriam captadas pelos computadores quânticos. Os trabalhadores da área da saúde então poderiam averiguar esses incidentes para descobrir se estão sendo causados por uma doença transmissível.

De forma análoga, os computadores quânticos podem detectar surtos virais assim que eles surgirem. Sensores poderão ser desenvolvidos para detectar aerossóis virais flutuando no ar. No início da pandemia, autoridades governamentais afirmaram que se manter a dois metros de distância um do outro seria suficiente para prevenir a disseminação do vírus. A transmissão, eles afirmavam, ocorria principalmente por meio de gotículas maiores produzidas pela tosse ou espirros.

Acredita-se agora que isso provavelmente estava incorreto. Estudos sobre o vírus mostram que aerossóis depois de um espirro, por

REVOLUÇÃO QUÂNTICA

exemplo, conseguem carregar o vírus por mais de seis metros. Na verdade, acredita-se hoje que uma das várias maneiras pelas quais o vírus se espalha é através dessas partículas produzidas pelo simples ato de conversar. Sentar-se perto de pessoas cantando, gritando ou falando alto em ambientes fechados por mais de quinze minutos é uma forma de acelerar a disseminação do vírus.

Portanto, no futuro, uma rede de sensores colocados em ambientes fechados poderá ser capaz de detectar partículas aéreas do vírus e então enviar os resultados aos computadores quânticos, que, por sua vez, vão analisar essa lista enorme de informação e encontrar os sinais de alerta precoces para a próxima pandemia.

DECIFRANDO O SISTEMA IMUNOLÓGICO

As vacinas já demonstraram que o sistema imunológico do nosso corpo é uma defesa poderosa contra doenças infecciosas. Mas os cientistas ainda conhecem muito pouco sobre seu funcionamento.

Ainda estamos aprendendo coisas novas e surpreendentes sobre o sistema imunológico. Os cientistas agora perceberam que muitas doenças não atacam diretamente o corpo. A gripe espanhola de 1918, por exemplo, matou mais pessoas que a Primeira Guerra Mundial. Infelizmente, amostras do vírus não foram preservadas, então é difícil analisar e determinar como ele matou tantas pessoas. Há muitos anos, porém, cientistas foram até o Ártico examinar o corpo daqueles que morreram pelo vírus, mas que foram preservados no permafrost.

O que eles concluíram foi bastante interessante. A doença não matava suas vítimas diretamente. Ela superestimulava o sistema imunológico do corpo, que então começava a inundá-lo com substâncias químicas perigosas na esperança de matar o vírus.

SAÚDE QUÂNTICA

Essa tempestade de citocina era o que matava os pacientes. Assim, o principal assassino era o próprio sistema imunológico do corpo que tinha ficado furioso.

Uma história parecida aconteceu com a covid-19. Quando as pessoas eram internadas no hospital, a situação delas não parecia ser tão grave. Mas, em estágios avançados da doença, quando a tempestade de citocina começa, as substâncias químicas perigosas que inundam o corpo acabam levando os órgãos à falência. A morte geralmente ocorre quando isso não é tratado.

No futuro, os computadores quânticos irão fornecer um olhar sem precedentes na biologia molecular do sistema imunológico. Isso pode indicar inúmeras formas de desligarmos ou amenizarmos o sistema imunológico de modo que ele não nos mate quando estivermos com uma infecção grave. Vamos discutir o sistema imunológico em mais detalhes no próximo capítulo.

O VÍRUS ÔMICRON

Computadores quânticos também poderiam se mostrar úteis na determinação das propriedades de um vírus à medida que eles sofrem mutações. Por exemplo, a variante Ômicron da covid-19 surgiu por volta de novembro de 2021. Seu genoma foi sequenciado e as sirenes de alarme foram disparadas imediatamente. A Ômicrom tinha cinquenta mutações, o que a tornava mais transmissível que a variante Delta. Mas os cientistas não tinham a menor condição de prever o quão perigosas seriam essas mutações. Será que elas permitem que as proteínas spike entrem nas células humanas mais rapidamente do que antes, e assim causem estragos maiores? Só podíamos esperar para ver. No futuro, os computadores quânticos serão capazes de determinar a letalidade de um vírus por meio da

REVOLUÇÃO QUÂNTICA

análise das mutações em suas proteínas spike, em vez de passarmos semanas com os dedos cruzados.

Poderemos prever a trajetória desse e de outros vírus assim que descobrirmos sua estrutura. Os computadores digitais da atualidade são demasiadamente primitivos para simular como um vírus do tipo Ômicron ataca o corpo humano. Mas, uma vez que conheçamos a estrutura molecular precisa dele, seremos capazes de utilizar computadores quânticos para simular os efeitos específicos do vírus no corpo, de forma que saberemos com antecedência o quão perigosos eles são e como combatê-los.

Felizmente, temos a evolução ao nosso lado. Muitas doenças da antiguidade que dizimaram grande parte da raça humana, como a gripe espanhola de 1918, provavelmente ainda estão entre nós, mas de forma endêmica e não pandêmica. De acordo com a teoria da evolução, variedades diferentes de vírus estão em competição umas com as outras. Assim, há uma pressão evolutiva para tornar-se mais infeccioso e vencer a competição. Por isso cada nova mutação de um vírus pode ser mais infecciosa que a anterior. No entanto, se pessoas demais morrem, não há hospedeiros suficientes para continuar a disseminação. Assim, existe também uma pressão evolutiva para ser menos letal.

Em outras palavras, para que permaneçam em circulação, muitos vírus evoluem de maneira a se tornarem mais infecciosos, porém menos letais. Talvez tenhamos de simplesmente aprender a conviver com o vírus da covid-19 em sua forma menos letal.

O FUTURO

Antibióticos e vacinas compõem a base da medicina moderna. Mas os antibióticos geralmente são descobertos por meio de tentativa e

SAÚDE QUÂNTICA

erro, ao passo que as vacinas apenas estimulam o sistema imunológico a criar anticorpos para combater um vírus. Assim, um dos
objetivos da medicina moderna é desenvolver novos antibióticos
e o outro é compreender as respostas imunológicas do corpo humano, que é nossa primeira linha de defesa contra os vírus, mas
também um dos maiores assassinos de todos os tempos quando
surge um câncer, por exemplo. Se o mistério que rodeia o nosso
sistema imunológico puder ser desvendado com computadores
quânticos, teremos também uma maneira de enfrentar algumas
das maiores doenças incuráveis, como certas formas de câncer,
Alzheimer, Parkinson e ELA. Essas doenças causam danos em nível
molecular, o que apenas os computadores quânticos conseguem
processar e ajudar na luta. No próximo capítulo, vamos investigar
como os computadores quânticos podem fornecer novos insights
sobre nosso sistema imunológico e, por fim, fortalecê-lo.

CAPÍTULO 11

EDITANDO GENES E CURANDO O CÂNCER

Em 1971, o presidente dos Estados Unidos, Richard Nixon, anunciou com grande comoção a Guerra contra o Câncer. A medicina moderna, ele declarou, iria finalmente acabar com esse terrível flagelo.

Porém, anos depois, quando os historiadores avaliaram a empreitada, o veredito era claro: o câncer havia vencido. Sim, é verdade que houve progressos na luta por meio de cirurgias, quimioterapia e radioterapia, mas o número de mortes pela doença permaneceu teimosamente alto. O câncer ainda é a segunda maior causa de mortes nos EUA, logo abaixo das doenças cardiovasculares. Em todo o mundo, ele matou 9,5 milhões de pessoas em 2018.

O problema fundamental nessa guerra era que os cientistas não sabiam exatamente o que era câncer. Havia debates inflamados questionando se a temida doença era causada por um único fator ou por uma coleção deles, como alimentação, poluição, genética, vírus, radiação, tabagismo ou simplesmente azar.

REVOLUÇÃO QUÂNTICA

Décadas mais tarde, avanços na genética e na biotecnologia finalmente deram a resposta. Em seu nível mais fundamental, o câncer é uma doença dos nossos genes, mas ela também pode ser acionada por venenos ambientais, radiação e outros fatores — ou apenas por falta de sorte. Na verdade, ele não é só uma única doença, mas o resultado de milhares de mutações diferentes em nossos genes. Hoje há enciclopédias dos vários tipos de câncer que fazem com que células saudáveis se proliferem repentinamente e matem o hospedeiro.

O câncer é uma doença incrivelmente diversa e difundida. É encontrado em múmias com milhares de anos de idade. A referência médica mais antiga data de 3.000 AEC no Egito. Mas o câncer não é encontrado só em humanos; ele é visto em todo o reino animal. O câncer, de certa forma, é o preço que pagamos por possuirmos formas de vida complexas na Terra.

Para criar uma forma de vida complexa, que envolve trilhões de células que realizam reações químicas complicadas em sequência, algumas células precisam morrer à medida que células novas tomam seu lugar, o que permite ao corpo continuar a crescer e se desenvolver. Muitas das células de um bebê precisam em algum momento morrer a fim de preparar o caminho para as células de um adulto. Isso significa que as células são geneticamente programadas para morrerem por necessidade, sacrificando-se para a criação de tecidos e órgãos novos e complexos. A isso chamamos de apoptose.

Apesar de essa morte celular programada ser parte do desenvolvimento saudável do corpo, às vezes erros desligam esses genes acidentalmente, e as células continuam a se reproduzir e proliferar de maneira descontrolada. As células cancerosas não conseguem parar de se reproduzir e, por causa disso, são imortais. Na verdade, esse é o motivo pelo qual elas nos matam, por meio do crescimento

EDITANDO GENES E CURANDO O CÂNCER

descontrolado e da criação de tumores que prejudicam o funcionamento de órgãos vitais do corpo.

Em outras palavras, células cancerosas são células comuns que se esqueceram de morrer.

Amiúde, é preciso muitos anos ou décadas para um câncer se formar. Se você sofreu uma queimadura de sol grave na infância, poderá ter câncer de pele no exato local décadas depois. Isso acontece porque mais de uma mutação é necessária para causar o câncer. Normalmente leva anos ou décadas para que várias mutações se acumulem, desabilitando finalmente a capacidade da célula de controlar sua reprodução.

Mas, se o câncer é tão mortal, por que a evolução humana não se livrou desses genes defeituosos milhões de anos atrás pela seleção natural? A resposta é que essa doença se espalha principalmente depois de nossos anos reprodutivos terem terminado, de forma que há menor pressão evolutiva de eliminar genes cancerosos.

Às vezes nos esquecemos de que a evolução progride pela seleção natural e o acaso. Assim, se por um lado os mecanismos moleculares que tornam a vida possível são incrivelmente maravilhosos, por outro eles são o subproduto de mutações aleatórias ao longo de bilhões de anos de tentativa e erro. Então não podemos esperar que nosso corpo monte uma defesa perfeita contra doenças mortais. Dado o número desconcertante de mutações envolvidas no câncer, pode ser que precisemos de computadores quânticos para peneirar as montanhas de informação e identificar as raízes da doença. Computadores quânticos são perfeitos para atacar uma doença que se manifesta de forma tão confusa. Eles poderão nos fornecer um campo de batalha inteiramente novo no qual enfrentemos doenças como o câncer, Alzheimer, Parkinson, ELA e outras.

REVOLUÇÃO QUÂNTICA

BIÓPSIA LÍQUIDA

Como saber se estamos com câncer? Infelizmente, muitas vezes não sabemos. Os sinais do câncer são por vezes ambíguos e difíceis de serem detectados. Quando um tumor já está formado, por exemplo, pode ser que haja bilhões de células cancerosas crescendo no corpo. Se um tumor maligno for encontrado, o médico quase imediatamente vai recomendar cirurgia, radioterapia ou quimioterapia. Algumas vezes, no entanto, é tarde demais.

Mas e se pudéssemos interromper a proliferação do câncer pela detecção das células anômalas antes da formação de um tumor? Os computadores quânticos poderão desempenhar um papel-chave nessa empreitada.

Hoje, na maioria das consultas médicas de rotina, os médicos solicitam um hemograma completo para descartar qualquer doença. Ainda assim, mais tarde, os sinais indicativos de câncer podem surgir. Portanto, você pode se perguntar: por que um simples exame de sangue não consegue detectar o câncer?

Isso acontece porque nosso sistema imunológico normalmente não consegue detectar células cancerosas. Elas voam baixo, evitando o radar. Células cancerosas não são invasoras externas que podem ser facilmente reconhecidas pelo sistema imunológico. Elas são nossas células que se tornaram defeituosas e por isso conseguem escapar de serem descobertas. Portanto, exames de sangue que analisam as respostas do sistema imunológico não conseguem identificar a presença de câncer.

Mas já se sabe há mais de 100 anos que células e moléculas de tumores malignos são encontradas nos fluidos corporais, podendo ser detectadas no sangue, na urina, no líquido cefalorraquidiano e até na saliva.

Infelizmente, isso só é possível se já houver bilhões de células crescendo no corpo. A essa altura, uma cirurgia em geral é necessária

206

EDITANDO GENES E CURANDO O CÂNCER

para remover o tumor. Recentemente, no entanto, a engenharia genética nos deu a capacidade de detectar células do câncer na corrente sanguínea ou em outros líquidos corporais. Algum dia, esse método poderá se tornar sensível o suficiente para detectar apenas cerca de algumas centenas de células cancerosas, nos dando anos para agir antes que um tumor se forme.

Mas foi só nos últimos anos que um sistema de alarme precoce para o câncer se tornou possível: a biópsia líquida, uma forma rápida, conveniente e versátil de detectar o câncer e que pode criar uma revolução no diagnóstico das doenças.

"Nos últimos anos, o desenvolvimento clínico da biópsia líquida para o câncer, uma ferramenta de triagem revolucionária, gerou um grande otimismo", escreveram Liz Kwo e Jenna Aronson no *American Journal of Managed Care*.

Atualmente, a biópsia líquida consegue detectar até cinquenta tipos diferentes de câncer. Uma visita regular ao médico poderá ser capaz de detectar tipos de câncer anos antes de se tornarem letais.

No futuro, até mesmo o vaso sanitário do seu banheiro poderá ser sensível o suficiente para detectar sinais de células cancerosas, enzimas e genes que circulam em nossos líquidos corporais, tornando o câncer tão perigoso quanto um resfriado comum. Todas as vezes que uma pessoa for ao banheiro, ela será involuntariamente testada para o câncer. O "vaso inteligente" se tornará nossa primeira linha de defesa.

Ainda que milhares de mutações diferentes possam causar câncer, os computadores quânticos vão aprender a identificá-las de forma que um simples exame de sangue detecte dezenas de neoplasias malignas. Talvez o nosso genoma possa ser lido diária ou semanalmente e escaneado por computadores quânticos à procura de qualquer evidência de mutações perigosas. Isso não é a cura do câncer, mas pode prevenir que ele se espalhe e que se torne mais perigoso do que um resfriado comum.

REVOLUÇÃO QUÂNTICA

Muitas pessoas perguntam por que não curamos um resfriado comum. Na verdade, é possível, mas como há mais de 300 rinovírus que podem causar resfriados, e como eles estão em constante mutação, não faz sentido desenvolver 300 vacinas para acertar esse alvo em movimento. Simplesmente aprendemos a conviver com ele.

Talvez esse seja o futuro da pesquisa do câncer. Em vez de ser uma sentença de morte, ele poderá algum dia ser encarado como um incômodo apenas. Como há tantos genes cancerosos, pode ser impraticável buscar uma cura para todos eles. Mas, se conseguirmos detectá-los com a ajuda dos computadores quânticos anos antes que se espalhem, enquanto são apenas uma pequena colônia com algumas poucas centenas de células malignas, talvez seja possível parar sua progressão.

Em outras palavras, no futuro, poderemos continuar tendo câncer, mas ele raramente levará alguém à morte.

FAREJANDO O CÂNCER

Outra forma de identificar o câncer em estágio inicial pode ser através de sensores para detectar os odores discretos produzidos por células cancerosas. Algum dia, talvez o seu telefone celular, equipado com sensores para odor e conectados a um computador quântico na nuvem, possa ajudá-lo a se defender não apenas do câncer, mas também de uma grande variedade de outras doenças. Os computadores quânticos poderiam analisar os resultados de milhões de "narizes robóticos" por todo o país com a finalidade de detectar o câncer.

A análise do odor é uma técnica de diagnóstico comprovada. Por exemplo, os cães estão sendo usados para detectar o coronavírus em aeroportos. Enquanto um teste típico de PCR para o vírus

EDITANDO GENES E CURANDO O CÂNCER

pode levar alguns dias, cães especialmente treinados conseguem ter uma acurácia de 95 por cento na identificação em menos de dez segundos. Isso já está sendo utilizado para analisar passageiros no aeroporto de Helsinque e em outros lugares.

Cães já foram treinados para identificar câncer de pulmão, mama, ovário, bexiga e próstata. Na verdade, os cães têm uma taxa de sucesso de 99 por cento na detecção do câncer de próstata ao cheirarem a urina do paciente. Em um estudo, esses animais conseguiram detectar câncer de mama com uma acurácia de 88 por cento e câncer de pulmão com 99 por cento de acurácia.

O motivo é que eles possuem 220 milhões de receptores olfativos, enquanto os humanos possuem apenas 5 milhões. O olfato dos cães é tão acurado que eles conseguem detectar concentrações de uma parte por trilhão, o que equivale à detecção de uma única gota de líquido em vinte piscinas olímpicas. E a área do cérebro canino destinada à análise do cheiro é muito maior que a área análoga em um cérebro humano.

Entretanto, são necessários muitos meses para se treinar um cão que reconheça o coronavírus ou o câncer, e há uma quantidade limitada desses animais especialmente treinados. Será que conseguiremos fazer essas análises com nossa tecnologia em uma escala que permita salvar milhões de vidas?

Logo após o 11 de Setembro, eu fui convidado por uma emissora de TV americana para um almoço especial a fim de discutir as tecnologias do futuro. Tive o privilégio de me sentar ao lado de um oficial da Agência de Projetos de Pesquisa Avançada para a Defesa (DARPA, na sigla em inglês), um ramo do Pentágono famoso pela invenção da tecnologia do futuro. A DARPA tem uma longa tradição de histórias espetaculares, como a NASA, a internet, os carros autônomos e o avião invisível.

Então eu fiz a ele uma pergunta sobre algo que sempre me incomodou: por que não conseguimos desenvolver sensores que detectem explosivos? Os cães conseguem realizar façanhas que nossas máquinas mais sofisticadas não conseguem.

Ele parou por um instante e então me explicou a diferença entre cães e nossos sensores mais avançados. A DARPA, na verdade, já tinha abordado esse problema e percebeu que os nervos olfativos dos cães são tão sensíveis que eles conseguem captar até moléculas individuais de certos odores. Os sensores artificiais desenvolvidos em nossos melhores laboratórios não conseguem atingir esse grau de sensibilidade.

Poucos anos depois dessa conversa, a DARPA financiou uma competição para ver se os laboratórios conseguiam criar um nariz robótico como o dos cachorros.

Uma pessoa que soube do desafio foi Andreas Mershin, do MIT. Ele era fascinado pela habilidade quase milagrosa dos cães de detectar uma variedade de doenças. De início, Mershin se interessou pelo problema enquanto estudava a detecção do câncer de bexiga. Um dos cachorros identificou um paciente como tendo câncer de bexiga, apesar de ele já ter sido testado diversas vezes e declarado sem câncer. Algo estava errado. O cachorro não mudava sua opinião. Ao final, o paciente concordou em ser testado de novo e, de fato, ele tinha câncer de bexiga em um estágio bem inicial, antes mesmo que ele pudesse ser detectado pelos testes de laboratório.

Mershin queria reproduzir esse sucesso assombroso. Seu objetivo era criar um "nanonariz", que possuísse microssensores capazes de detectar o câncer e outras doenças e então alertar o paciente pelo celular. Hoje, cientistas do MIT e da Universidade Johns Hopkins já desenvolveram microssensores que são 200 vezes mais sensíveis que o nariz de um cachorro.

Mas, como essa tecnologia ainda é experimental, custa cerca de 1.000 dólares apenas para analisar uma amostra de urina. Ainda assim, Mershin imagina o dia em que essa tecnologia será tão

EDITANDO GENES E CURANDO O CÂNCER

comum quanto a câmera de um celular. Por causa do volume colossal de informação que pode ser gerado a partir das centenas de milhões de telefones celulares e sensores, apenas os computadores quânticos teriam a capacidade de processar esse valioso tesouro de dados. Eles poderiam então fazer uso da inteligência artificial para analisar os sinais, localizar suspeitas de câncer e enviar a informação de volta, talvez anos antes da formação de um tumor.

No futuro, talvez haja várias formas de detectarmos o câncer, sem esforço e silenciosamente, antes que ele ofereça algum risco sério. A biópsia líquida e os detectores de odor talvez sejam capazes de enviar dados para um computador quântico, que então consiga identificar dezenas de tipos diferentes de câncer. Na verdade, a palavra "tumor" poderá desaparecer do discurso comum na nossa língua, da mesma forma que não mais falamos de "sangria" ou "sanguessugas".

Mas o que acontece se uma pessoa já tiver câncer? Será que os computadores quânticos poderão ajudar na cura dessa doença, uma vez que ela já tenha começado a atacar o corpo?

IMUNOTERAPIA

Até o momento, há pelo menos três formas principais de combater o câncer a partir de sua detecção: cirurgia (para retirada do tumor), radioterapia (para matar as células cancerosas com raios X ou feixes de partículas) e quimioterapia (para envenenar as células do câncer). Porém, com o surgimento da engenharia genética, uma nova forma de terapia está começando a ser amplamente utilizada: a imunoterapia. Há várias versões desse tratamento, mas, em geral, todas elas contam com a ajuda do sistema imunológico do corpo do paciente.

REVOLUÇÃO QUÂNTICA

As células cancerosas, como já discutimos, infelizmente não podem ser facilmente detectadas pelo sistema imunológico do corpo. Nossas células T e B, por exemplo, são programadas para identificar e posteriormente matar um grande número de antígenos externos, mas as células cancerosas não fazem parte da biblioteca de antígenos que os leucócitos reconhecem. Por isso, elas não são detectadas pelo sistema imune. O truque é então estimular artificialmente a potência do nosso sistema imunológico a fim de reconhecer e atacar o câncer.

Em um dos métodos, o genoma do câncer é sequenciado de forma que os médicos saibam exatamente o tipo de neoplasia maligna que está sendo estudada e entendam como ela está se desenvolvendo. Em seguida, glóbulos brancos são extraídos do sangue enquanto os genes do câncer são processados. A informação genética do câncer é então inserida nos glóbulos brancos por meio de um vírus (tornado inofensivo). Agora, os leucócitos foram reprogramados para identificar essas células cancerosas. Por fim, os glóbulos brancos recalibrados são injetados de volta no corpo do paciente.

Até o momento, esse método tem demonstrado ser bastante promissor no ataque a formas incuráveis de câncer, até mesmo em estágios avançados, quando ele já se espalhou por todo o corpo. Alguns pacientes que já haviam recebido a notícia de que seu caso não tinha solução viram o câncer desaparecer repentina e drasticamente.

A imunoterapia tem sido usada para o câncer de bexiga, cérebro, mama, colo do útero, cólon, reto, esôfago, rim, fígado, pulmão, linfa, pele, ovário, pâncreas, próstata, ossos, estômago e para leucemia, todos com graus variados de sucesso.

Mas há ressalvas. Esse método só está disponível para alguns tipos de câncer e há milhares de tipos diferentes. Além disso,

EDITANDO GENES E CURANDO O CÂNCER

como a genética dos glóbulos brancos foi alterada artificialmente, algumas vezes essa modificação não é perfeita, o que pode levar a efeitos colaterais indesejáveis. Os efeitos colaterais, na verdade, podem ser fatais.

Os computadores quânticos, no entanto, podem ajudar a aperfeiçoar essa terapia ao analisar a massa de dados crus e identificar a genética de cada célula cancerosa. Tal tarefa monumental iria sobrecarregar qualquer computador clássico. Cada cidadão no país teria seu genoma sequenciado de forma eficiente várias vezes por mês por meio da análise de seus líquidos corporais. O genoma inteiro seria sequenciado, catalogando mais de 20.000 genes por pessoa. Isso então seria comparado com os milhares de tipos de câncer já estudados. Uma vasta infraestrutura de computadores quânticos seria necessária para analisar essas informações. Mas os benefícios seriam enormes: a diminuição desse temido assassino.

O PARADOXO DO SISTEMA IMUNOLÓGICO

Há muito tempo um mistério sobre o sistema imunológico nos intriga. Para que o corpo humano consiga destruir antígenos invasores, ele precisa ser capaz de identificá-los. Mas, como há um número ilimitado de possíveis tipos de vírus e bactérias, como o sistema imunológico consegue saber a diferença entre o que é amigo e o que é inimigo? Como ele sabe a diferença se jamais encontrou tal tipo particular de doença anteriormente? É como se policiais conseguissem saber quem prender no meio de uma multidão de pessoas que eles nunca viram.

A princípio, parece impossível. Há uma infinidade de tipos diferentes de doenças, então não está claro como o sistema imunológico consegue magicamente diferenciar os inimigos.

REVOLUÇÃO QUÂNTICA

Mas a evolução da espécie encontrou uma forma inteligente de resolver esse problema. O linfócito B, por exemplo, contém receptores de antígenos em forma de Y que se sobressaem na sua parede celular. O objetivo do linfócito é cravar a ponta de seu receptor Y em algum antígeno perigoso de forma que ele possa ser destruído ou marcado para destruição posterior. É assim que são identificados os antígenos ameaçadores.

Quando nasce um glóbulo branco, os códigos genéticos nas pontas dos receptores Y que correspondem a antígenos específicos são misturados aleatoriamente. Isso é muito importante. Pois, a princípio, quase *todos* os códigos que o corpo humano poderá vir a encontrar já estão contidos nesses vários receptores Y aleatórios, bons ou ruins. (Para compreendermos como um pequeno número de aminoácidos consegue criar tal quantidade enorme de códigos genéticos, considere um exemplo hipotético. Existem 20 tipos diferentes de aminoácidos no corpo humano. Vamos dizer que criamos uma cadeia composta por 10 aminoácidos, com 20 aminoácidos possíveis em cada posição. Assim haverá $20 \times 20 \times 20 \times \ldots = 20^{10}$ arranjos aleatórios possíveis de aminoácidos. Compare isso com o número verdadeiro de células receptoras B, que contém cerca de 10^{12} combinações diferentes possíveis. Esse número astronômico possui quase todos os possíveis tipos de antígenos que os leucócitos poderão encontrar.)

Uma vez que os receptores Y tenham sido espalhados aleatoriamente, no entanto, os receptores que contenham os códigos genéticos dos aminoácidos do próprio corpo são aos poucos eliminados. Os receptores Y são, portanto, abandonados, de modo que contenham apenas o código genético dos antígenos perigosos. Dessa forma, os receptores Y conseguem atacar antígenos perigosos mesmo se eles jamais os tiverem encontrado.

Então é como se a polícia estivesse tentando encontrar um criminoso infiltrado numa multidão. Primeiro, a polícia elimina todas as pessoas que já se sabiam serem inocentes. Assim, a polícia saberá que os criminosos estão entre aqueles que sobraram.

EDITANDO GENES E CURANDO O CÂNCER

Como vivemos em um oceano invisível com bilhões de bactérias e vírus, esse sistema funciona surpreendentemente bem. Porém, algumas vezes, o tiro sai pela culatra. Por exemplo, o corpo pode não eliminar todos os códigos genéticos benéficos. Alguns são deixados, sendo então atacados pelo sistema imunológico. Em outras palavras, se a polícia não eliminar todos os suspeitos inocentes, alguns serão esquecidos acidentalmente. Então, quando chegar a hora do interrogatório dos suspeitos, alguns inocentes se tornarão suspeitos também.

Isso significa que o corpo vai atacar a si próprio, criando uma gama de doenças autoimunes. Talvez seja por isso que soframos de artrite reumatoide, lúpus, diabetes do tipo 1, esclerose múltipla etc.

Por vezes, acontece o contrário. O sistema imune não remove apenas os códigos bons, ele elimina por engano alguns códigos ruins também. Ele então não consegue identificar os códigos perigosos, que causarão doenças.

Isso é o que pode ocorrer com alguns tipos de câncer quando o corpo não é capaz de detectar antígenos com os genes errados.

O processo de identificação de antígenos é puramente quântico. Os computadores digitais são incapazes de reproduzir a sequência complexa de eventos que precisa acontecer em nível molecular para que o sistema imunológico funcione de maneira perfeita. Mas os computadores quânticos poderão ser potentes o bastante para revelar, molécula por molécula, como o sistema imunológico executa esse processo fascinante.

CRISPR

As aplicações terapêuticas dos computadores quânticos podem ser potencializadas quando combinadas a uma nova tecnologia

REVOLUÇÃO QUÂNTICA

chamada CRISPR (Repetições Palindrômicas Curtas Agrupadas e Regularmente Interespaçadas), que permite que os cientistas copiem e colem genes. Os computadores quânticos poderão ser usados para identificar e isolar doenças genéticas complexas, e o CRISPR poderá curá-las.

Por volta dos anos 1980, havia grande entusiasmo em relação à terapia gênica, isto é, a tentativa de consertar genes defeituosos. Há pelo menos 10.000 doenças genéticas conhecidas que afligem a raça humana. Existia uma crença de que a ciência nos permitiria reescrever o código da vida, corrigindo os erros da natureza. Havia até mesmo boatos de que a terapia gênica seria capaz de aperfeiçoar a raça humana, melhorando nossa saúde e inteligência em nível genético.

Grande parte da pesquisa inicial estava concentrada em alvos fáceis: atacar doenças genéticas causadas pelo erro de algumas poucas letras no nosso genoma. Por exemplo, a anemia falciforme (que aflige muitos afrodescendentes), a fibrose cística (que afeta muitos europeus do norte) e a doença de Tay-Sachs (que aflige muitos judeus) são causadas pelo erro de uma letra ou de algumas poucas letras no genoma. Havia a esperança de que os médicos conseguissem curar essas doenças ao simplesmente reescreverem nosso código genético.

(Por causa dos casamentos consanguíneos, essas doenças genéticas eram tão prevalentes nas famílias reais da Europa que, segundo os historiadores, elas afetaram a história mundial. O rei George III da Inglaterra sofria de uma doença genética que o deixou louco. Os historiadores especulam que sua insanidade pode muito bem ter levado à Revolução Americana. Da mesma forma, o filho de Nicolau II da Rússia tinha hemofilia, e a família real acreditava que a doença só poderia ser tratada pelo místico Rasputin. Isso paralisou a monarquia e atrasou as reformas necessárias, o que pode ter contribuído para a Revolução Russa de 1917.)

EDITANDO GENES E CURANDO O CÂNCER

Esses testes de engenharia genética foram conduzidos como na imunoterapia. Primeiro, o gene desejado era inserido no interior de um vírus tornado inofensivo, modificado de forma a não atacar o hospedeiro. Em seguida, o vírus era injetado no paciente, para que este fosse infectado com o gene desejado.

Infelizmente, diversas complicações logo surgiram. Por exemplo, o corpo reconhecia o vírus e o atacava, levando a efeitos colaterais indesejados para os pacientes. Muito da expectativa pela terapia genética foi frustrada em 1999, quando um paciente morreu após um teste. Os financiamentos começaram a ficar escassos. Os programas de pesquisa foram cortados drasticamente. Os testes foram reexaminados ou interrompidos.

Porém, mais recentemente, os pesquisadores fizeram um grande avanço quando começaram a examinar mais cuidadosamente como a natureza ataca os vírus. Por vezes, nos esquecemos de que vírus não atacam apenas as pessoas, mas também as bactérias. Assim, os médicos fizeram uma pergunta simples: como as bactérias se defendem do ataque viral? Eles descobriram que, após milhões de anos, as bactérias desenvolveram maneiras de cortar os genes dos vírus invasores em pedaços. Se um vírus tenta atacar uma bactéria, ela contra-ataca liberando uma barreira de substâncias químicas que divide os genes do vírus em locais específicos, interrompendo a infecção. Esse mecanismo poderoso foi isolado e então utilizado para "cortar" os códigos genéticos dos vírus em pontos específicos. O Prêmio Nobel foi concedido a Emmanuelle Charpentier e Jennifer Doudna em 2020 por seu trabalho pioneiro no aperfeiçoamento dessa tecnologia revolucionária.

Esse processo já foi comparado ao processador de textos. Antigamente, os datilógrafos precisavam teclar cada letra sucessivamente, o que era um procedimento cansativo e suscetível a erros. Com o advento dos processadores de texto, foi possível escrever um programa que permite que sejam feitas edições cortando-se e reordenando-se as partes escritas. De forma análoga, a tecnologia CRISPR talvez possa ser aplicada à engenharia genética, que já tem demonstrado sucesso ao longo dos anos. Isso impulsionaria e muito a engenharia genética.

Um alvo específico para a terapia gênica pode ser o gene p53. Quando sofre mutação, ele está presente em cerca de metade dos tipos comuns de câncer, como os de mama, cólon, fígado, pulmão e ovário. O fato de ele ser um gene excepcionalmente longo, tendo várias posições nas quais podem ocorrer mutações, talvez seja o motivo de ele ser tão vulnerável a se tornar canceroso. Ele é um gene supressor de tumores, o que o torna vital na interrupção do crescimento do câncer. Por isso, ele é frequentemente chamado de "o guardião do genoma".

Porém, quando sofre mutação, ele se torna um dos genes subjacentes mais comuns nos cânceres humanos. Na verdade, mutações em posições específicas estão frequentemente relacionadas a tipos específicos de câncer. Por exemplo, fumantes de longa data podem desenvolver câncer em três mutações específicas do p53, o que pode ser usado para mostrar que o câncer de pulmão dessa pessoa muito provavelmente foi resultado do tabagismo.

No futuro, por meio dos avanços na terapia gênica e no CRISPR, poderemos editar erros no p53 usando imunoterapia e computadores quânticos e, assim, curar muitos tipos de câncer.

Sabemos que a imunoterapia apresenta efeitos colaterais, entre eles casos raros de morte dos pacientes. Parte disso se dá porque o processo de copiar e colar genes do câncer não é perfeito. O p53, por exemplo, é um gene muito longo, de forma que erros no procedimento de edição dele podem ser frequentes. Os computadores quânticos poderão ajudar a reduzir esses efeitos colaterais letais. Eles iriam potencialmente decifrar e mapear as moléculas dentro

EDITANDO GENES E CURANDO O CÂNCER

dos genes de um certo tipo de célula cancerosa. Então o CRISPR conseguiria cortar de forma precisa o gene em posições específicas. Portanto, a utilização de uma combinação de terapia gênica, computadores quânticos e CRISPR pode possibilitar a edição acurada de genes, reduzindo os efeitos colaterais letais.

TERAPIA GÊNICA CRISPR

Clara Rodríguez Fernández publicou no *Labiotech*: "Em teoria, o CRISPR poderia deixar que editássemos qualquer mutação genética à vontade para curar qualquer doença de origem genética." Doenças genéticas que envolvem uma única mutação serão os primeiros alvos. Ela acrescenta: "Com cerca de 10.000 doenças causadas por mutações em um único gene humano, o CRISPR oferece uma esperança de curar todas elas consertando qualquer erro genético que esteja por trás." No futuro, à medida que a tecnologia se desenvolve, as doenças genéticas causadas por mutações múltiplas em vários genes também poderão ser estudadas.

Por exemplo, aqui está uma lista de algumas doenças genéticas atualmente tratadas pelo CRISPR:

1. Câncer
    Na Universidade da Pensilvânia, os cientistas utilizaram o CRISPR para remover três genes que permitem que o câncer drible o sistema imune do corpo. Eles então adicionaram outro gene que consegue ajudar o sistema imunológico a identificar tumores. Os pesquisadores descobriram que o método era seguro, mesmo quando usado em pacientes com estágios avançados da doença.

REVOLUÇÃO QUÂNTICA

Além disso, a CRISPR Therapeutics está conduzindo um ensaio com 130 pacientes com câncer no sangue. Esses pacientes estão sendo tratados com imunoterapia, que usa o CRISPR para modificar seu DNA.

2. Anemia falciforme

A CRISPR Therapeutics também está cultivando células-tronco da medula óssea de pacientes com anemia falciforme. A tecnologia altera essas células a fim de produzir hemoglobina fetal. Essas células tratadas são então injetadas de volta ao corpo.

3. AIDS

Um pequeno número de indivíduos tem imunidade natural à AIDS por causa da mutação em seu gene CCR5. Normalmente, a proteína feita por esse gene cria um ponto de entrada para o vírus da AIDS na célula. Mas, nessas raras pessoas, o gene CCR5 sofreu mutação de forma que o vírus da AIDS não consegue penetrar a célula. Para quem não nasceu com mutação, os cientistas estão editando deliberadamente o CCR5 com CRISPR de modo que o vírus não consiga entrar nas suas células.

4. Fibrose cística

A fibrose cística é uma doença respiratória relativamente comum; quem a tem raramente vive além dos 40 anos de idade. Ela é causada pela mutação do gene CFTR. Nos Países Baixos, os médicos conseguiram usar o CRISPR para consertar esse gene sem causar efeitos colaterais. Outros grupos, como Editas Medicine, CRISPR Therapeutics e Beam Therapeutics, também estão planejando tratar a fibrose cística com CRISPR.

EDITANDO GENES E CURANDO O CÂNCER

5. Doença de Huntington
Essa doença genética frequentemente causa demência, doenças mentais, comprometimento cognitivo e outros sintomas debilitantes. Acredita-se que algumas mulheres perseguidas como bruxas nos julgamentos de Salem em 1692 sofriam da doença. Ela é resultado da repetição do gene de Huntington ao longo do DNA. Cientistas do Hospital Infantil da Filadélfia estão usando o CRISPR para tratar a doença.

Se, por um lado, doenças oriundas de um número mínimo de mutações são alvos relativamente fáceis para o CRISPR, doenças como a esquizofrenia podem envolver um grande número de mutações, além de interações com o ambiente. Essa é outra razão pela qual os computadores quânticos podem ser necessários.

Para entender como tais mutações geram doenças no nível molecular, pode ser necessária a potência total dos computadores quânticos. Uma vez que saibamos os mecanismos moleculares pelos quais certas proteínas causam doenças genéticas, poderemos então modificá-las ou tentar encontrar tratamentos mais efetivos.

O PARADOXO DE PETO

O biólogo Richard Peto, de Oxford, identificou algo estranho sobre os elefantes. Por causa do tamanho, seria esperado que eles tivessem mais câncer do que animais muito menores. Afinal, uma massa maior requer mais células em processo constante de divisão e introduz a possibilidade de erros genéticos, como o câncer. Surpreendentemente, porém, os elefantes apresentam uma incidência relativamente baixa de câncer. Isso ficou conhecido como o paradoxo de Peto.

Ao analisarmos o reino animal, encontramos o mesmo comportamento. A incidência de câncer frequentemente não tem relação com o peso corporal. Posteriormente, descobriu-se que os elefantes têm vinte cópias do gene p53, enquanto os humanos têm apenas uma cópia. Acredita-se que essas cópias extras do p53 trabalhem com outro gene chamado LIF que dá aos elefantes uma vantagem contra a doença. Assim, genes como o p53 e o LIF parecem suprimir o câncer em animais grandes.

Mas talvez essa não seja a história toda. Por exemplo, baleias também têm apenas uma cópia do p53 e uma versão do LIF e, ainda assim, apresentam uma incidência de câncer baixa. Isso significa que elas provavelmente têm outros genes, que ainda não foram descobertos, que as protejam do câncer. Na verdade, acredita-se que haja inúmeros genes que protegem animais grandes de apresentarem taxas elevadas de câncer. Algumas espécies de tubarão, por exemplo, levam uma vantagem genética adquirida pela evolução. Os tubarões da Groenlândia conseguem viver até 500 anos, o que provavelmente se deve a algum tipo desconhecido de gene.

"A esperança é que, ao observarmos como a evolução encontrou uma forma de vencer o câncer, consigamos traduzir isso em uma melhor prevenção da doença. Todo organismo que desenvolveu um tamanho corporal grande encontrou uma solução diferente para o paradoxo de Peto. Há várias descobertas que estão à nossa espera na natureza, que está nos mostrando como prevenir o câncer", diz Carlo Maley, que estudou o gene p53 no reino animal. E os computadores quânticos podem se revelar instrumentos úteis na busca por esses misteriosos genes anticâncer.

Há várias formas pelas quais os computadores quânticos poderão nos ajudar na guerra contra o câncer. Algum dia, a biópsia

EDITANDO GENES E CURANDO O CÂNCER

líquida poderá ser capaz de detectar células cancerosas anos antes de os tumores se formarem. Na verdade, os computadores quânticos poderão tornar possível a existência de um repositório nacional gigante de dados genômicos minuto a minuto, utilizando vasos sanitários para inspecionar a população em busca de sinais precoces de câncer.

Mas, se a doença for diagnosticada, os computadores quânticos poderão habilitar modificações em nosso sistema imunológico que lhe permitam atacar centenas de tipos diferentes de câncer. Uma combinação de terapia gênica, imunoterapia, computadores quânticos e CRISPR conseguiria potencialmente copiar e colar genes cancerosos com enorme precisão molecular, ajudando a reduzir os efeitos colaterais fatais da imunoterapia. Além do mais, talvez alguns poucos genes, como o p53, estejam envolvidos na maioria dos tipos de câncer, de modo que a terapia gênica combinada com novos insights provenientes dos computadores quânticos sejam capazes de interromper a letalidade da doença.

Todos esses avanços no tratamento do câncer, como biópsia líquida e imunoterapia, levaram o presidente Joseph Biden a lançar, em 2022, a Cancer Moonshot, uma iniciativa nacional para reduzir a mortalidade do câncer em no mínimo 50 por cento no decorrer dos próximos 25 anos. Dados os avanços rápidos na biotecnologia, esse é um objetivo alcançável.

Embora possamos ter a capacidade de curar um número crescente de cânceres utilizando essa tecnologia, provavelmente ainda sofreremos de outras formas de câncer. No futuro, porém, poderemos tratar da doença como um resfriado comum, como um incômodo que se pode prevenir. Mas outra combinação poderosa de novas tecnologias, que vamos abordar no capítulo seguinte, poderá nos dar uma linha de defesa contra a doença. A Inteligência Artificial e os computadores quânticos poderão nos habilitar a

REVOLUÇÃO QUÂNTICA

criar proteínas projetadas, a partir das quais nosso corpo é feito. Juntos, eles poderão nos tornar capazes de curar doenças incuráveis e transformar a nossa vida.

CAPÍTULO 12

IA E OS COMPUTADORES QUÂNTICOS

Máquinas conseguem pensar?

Essa foi a pergunta que dominou a histórica Conferência de Dartmouth, em 1956, e que deu origem a um campo inteiramente novo da ciência, denominado "inteligência artificial". Tudo começou com a seguinte proposta ousada: "Será feita uma tentativa de descobrir como fazer com que máquinas usem linguagem, formem abstrações e conceitos, resolvam tipos de problemas hoje restritos aos humanos e que melhorem a si mesmas." Os conferencistas previram que "avanços significativos podem ser feitos... se um grupo de cientistas cuidadosamente selecionados trabalhar nisso durante o verão".

Muitos verões se passaram e alguns dos cientistas mais brilhantes do mundo ainda estão trabalhando obstinadamente nesse problema.

Um dos líderes da conferência era o professor Marvin Minsky, do MIT, que também é conhecido como o Pai da Inteligência Artificial (IA).

REVOLUÇÃO QUÂNTICA

Quando eu lhe perguntei sobre aquele período, Minsky me respondeu que foram tempos inebriantes. Parecia que em apenas alguns anos seria possível equiparar a inteligência de um humano à de uma máquina. Talvez fosse só uma questão de tempo até que os robôs passassem no teste de Turing.

Parecia que a cada ano novas descobertas aconteciam no campo da IA. Pela primeira vez, os computadores digitais conseguiam jogar dama e até derrotar humanos em jogos simples. Havia computadores que conseguiam resolver problemas de álgebra como uma criança em idade escolar. Braços mecânicos foram projetados com a finalidade de identificar e levantar blocos. No Instituto de Pesquisa de Stanford, cientistas construíram o Shakey, um minicomputador em formato de caixa colocado sobre esteiras e com uma câmera em cima. Ele poderia ser programado para transitar por algum cômodo e identificar objetos pelo caminho. Conseguia se locomover de forma autônoma e evitar obstáculos. (Seu nome teve origem no barulho que fazia enquanto atravessava pesadamente o chão.)

A mídia enlouqueceu. Um homem mecânico nascia bem debaixo dos nossos olhos, eles aclamaram. As manchetes nas revistas científicas anunciavam a chegada do robô doméstico, que podia aspirar o chão, lavar a louça e nos aliviar das tarefas domésticas. Os robôs se tornariam babás ou mesmo membros confiáveis da família. Até as forças armadas estavam financiando robôs para uso em campos de batalha, como o Smart Truck, que poderia algum dia viajar por conta própria, executar missões de reconhecimento atrás das linhas inimigas, resgatar soldados feridos e então se apresentar de volta à base, tudo de maneira autônoma.

Os historiadores começaram a escrever que estávamos à beira de realizar um sonho antigo. O deus grego Hefesto criou uma frota de robôs para executar tarefas em seu castelo. Pandora, que sem saber abriu a caixa mágica e libertou desgraças para a raça humana,

IA E OS COMPUTADORES QUÂNTICOS

era, na verdade, um autômato criado por Hefesto. E até o polímata Leonardo da Vinci construiu em 1495 um cavaleiro mecânico que conseguia mover os braços, ficar de pé, sentar-se e levantar seu visor, operado por meio de cabos e roldanas escondidos.

Mas então o "inverno da IA" chegou. Apesar de todos os comunicados de imprensa apaixonados, a IA tinha sido supervalorizada para a mídia, e uma nuvem negra de pessimismo tomou conta. Os cientistas começaram a perceber que seus dispositivos de IA eram como um mágico de um truque só. Eles conseguiam executar uma tarefa simples apenas. Robôs ainda eram dispositivos desengonçados que mal conseguiam se mover pelos cômodos. A ideia de criar uma máquina de múltiplas finalidades que conseguisse se equiparar à inteligência de um humano parecia impossivelmente avançada.

As forças armadas começaram a perder o interesse. Os financiamentos secaram, e os investidores perderam muito dinheiro. Desde aquela época, houve vários "invernos da IA", nos quais um ciclo de expectativa *versus* realidade iria gerar enorme entusiasmo e uma publicidade descarada, para acabar sucumbindo vergonhosamente. Os cientistas foram forçados a encarar a realidade cruel de que a IA era mais difícil de se desenvolver do que eles haviam previsto.

Como Marvin Minsky foi testemunha de tantos altos e baixos da IA, eu perguntei se ele tinha alguma previsão de quando um robô poderia se equiparar ou até ultrapassar a inteligência humana. Ele sorriu e me disse que não fazia mais previsões como essa sobre o futuro. Minsky não estava mais no ramo da cartomancia. Por vezes demais, ele admitiu, as pessoas deixaram seu entusiasmo tomar conta.

O problema, disse ele, é que os pesquisadores de IA sofrem do que é conhecido como "inveja da física", o desejo de encontrar um único tema abrangente e unificador da IA. Segundo ele, os físicos

REVOLUÇÃO QUÂNTICA

buscam uma teoria de campo unificada que vai fornecer um panorama elegante e coerente do universo, mas a IA é diferente. Ela é uma colcha de retalhos bagunçada com caminhos divergentes e conflitantes demais que chegaram até nós por meio da evolução.

Novas ideias e novas estratégias precisam ser exploradas. Um caminho promissor pode ser casar a IA com os computadores quânticos, de modo a fundir a potência dessas duas disciplinas a fim de atacar o problema da inteligência artificial. No passado, a IA estava atrelada aos computadores digitais e por isso havia limites frustrantes para o que um computador poderia fazer. Mas a IA e os computadores quânticos complementam-se um ao outro. A IA tem a capacidade de aprender tarefas novas e complexas, enquanto os computadores quânticos podem fornecer a musculatura computacional de que ela necessita.

Um computador quântico tem uma capacidade formidável, mas não necessariamente aprende com os próprios erros. Mas um computador quântico equipado com redes neurais será capaz de aprimorar seus cálculos a cada iteração, de forma a resolver problemas com mais velocidade e eficiência encontrando novas soluções. De forma análoga, os sistemas de IA podem ser equipados para aprender a partir de seus erros, mas sua capacidade de cálculo total pode ser demasiadamente limitada para resolver problemas complexos. Assim, uma IA rodando com o poder de processamento de um computador quântico conseguiria abordar problemas mais complexos.

No fim, a união da IA com os computadores quânticos abrirá caminhos inteiramente novos para a pesquisa. Talvez a chave para a inteligência artificial resida na teoria quântica. Na verdade, a união dos dois poderá revolucionar cada ramo da ciência, alterar nosso estilo de vida e transformar radicalmente a economia. A IA nos capacita a criar máquinas que aprendam e que consigam imitar habilidades

IA E OS COMPUTADORES QUÂNTICOS

humanas, enquanto os computadores quânticos fornecem o poder de cálculo para finalmente se criar uma inteligência artificial.

Como o CEO da Google, Sundar Pichai, disse: "Eu acredito que a IA poderá acelerar a computação quântica e a computação quântica poderá acelerar a IA."

MÁQUINAS DE APRENDIZADO

Um cientista que já refletiu profundamente sobre o futuro da IA é Rodney Brooks, ex-diretor do Laboratório de Inteligência Artificial do MIT, que foi fundado por Marvin Minsky.

Brooks acredita que a IA pode ter sido concebida de forma muito limitada. Por exemplo, considere uma mosca, ele me disse. Ela consegue executar tarefas impressionantes de navegação que superam a performance de nossas máquinas mais avançadas, como voar habilmente no interior de um cômodo, manobrar, evitar obstáculos, localizar alimentos, encontrar parceiros e se esconder, tudo usando um cérebro que não é maior do que a cabeça de um alfinete. É realmente uma maravilha da engenharia biológica.

Como isso é possível? Como pode a natureza criar uma máquina voadora que iria humilhar nossas aeronaves mais desenvolvidas?

Brooks começou a perceber que talvez o campo da IA estivesse fazendo as perguntas erradas em 1956. À época, supunha-se que o cérebro fosse um certo tipo de máquina de Turing, um computador digital. Você escreve as regras completas do xadrez, do ato de caminhar, da álgebra etc. em um pedaço gigante de software e então o introduz em um computador digital; ele, então, de repente começa a pensar. "Pensar" foi reduzido a um software, e a estratégia básica era clara: escrever softwares cada vez mais sofisticados para conduzir a máquina.

Lembremos que uma máquina de Turing tem um processador que executa comandos que lhe são dados. Ela é tão inteligente quanto a programação que implementa. Assim, um robô que anda precisa ter todas as leis do movimento de Newton programadas de modo a guiar a locomoção de seus membros, microssegundo a microssegundo. Isso exige uma programação gigantesca, com milhões de linhas de código, simplesmente para fazê-lo andar por um cômodo.

Até então, as máquinas de IA, me disse Brooks, eram baseadas na programação de todas as leis da lógica e do movimento, o que se revelou uma tarefa bastante árdua. Isso era chamado abordagem top-down, na qual os robôs eram programados para dominar tudo desde o início. Mas os robôs projetados dessa forma eram patéticos. Se pegássemos Shakey ou um robô militar avançado dessa época e o colocássemos em uma floresta, o que ele faria? Muito provavelmente, se perderia ou tombaria. E, apesar disso, o menor dos insetos com seu cérebro minúsculo consegue se safar por aí em busca de alimento, parceiros e abrigo enquanto nosso robô cai vergonhosamente de costas.

Não foi assim que a Mãe Natureza projetou suas criaturas.

Brooks percebeu que os animais não são programados para andar muito cedo. Eles aprendem da forma mais difícil, colocando uma perna na frente da outra, caindo e repetindo tudo de novo. Tentativa e erro é o jeito da natureza.

Isso nos leva de volta ao conselho que todo professor de música gosta de dar aos seus alunos mais talentosos. Como se apresentar no Carnegie Hall? A resposta: praticar, praticar, praticar e praticar.

Em outras palavras, a Mãe Natureza projeta criaturas que são máquinas de aprendizado em busca de padrões, fazendo uso da tentativa e erro para se aventurar pelo mundo. Elas cometem erros, mas, a cada iteração, se aproximam do sucesso.

IA E OS COMPUTADORES QUÂNTICOS

Essa é uma abordagem bottom-up e ela começa com nada menos que esbarrar nas coisas. Por exemplo, os bebês aprendem ao tentar imitar os adultos. Se colocarmos um gravador em um berço à noite vamos escutar os bebês balbuciando constantemente. O que eles estão fazendo é praticar os sons que escutam, até que consigam reproduzi-los corretamente.

Guiado por esse insight, Brooks criou uma frota de "insectoides" ou "bugbots". Eles aprendem como andar da mesma forma que a Mãe Natureza planejou, esbarrando em coisas. Logo, robôs minúsculos em forma de inseto engatinhavam pelo chão do MIT, superando os robôs tradicionais desajeitados que seguem regras estritas, porém rasgam o papel de parede à medida que avançam pesadamente. Por que reinventar a roda?

Brooks me contou: "Quando eu era criança, eu tinha um livro que descrevia o cérebro como uma rede de telefonia comutada. Livros mais antigos o descreviam como um sistema hidrodinâmico ou uma máquina a vapor. Então, nos anos 1960, o cérebro se tornou um computador digital. Nos anos 1980, ele se tornou um enorme computador digital paralelo. Provavelmente há algum livro infantil por aí que diz que o cérebro é como a World Wide Web."

Então talvez o cérebro seja na verdade uma máquina de aprendizado em busca de padrões, baseada no que chamamos de rede neural. Em ciência computacional, redes neurais exploram algo conhecido como regra de Hebb. Uma versão dessa regra diz que repetir constantemente uma tarefa e aprender com os erros fazem com que a cada iteração estejamos mais próximos do caminho certo. Em outras palavras, os caminhos elétricos corretos para determinada tarefa são reforçados no cérebro do sistema de IA após repetidas iterações.

Por exemplo, quando uma máquina de aprendizado tenta identificar um gato, ela não recebe a descrição matemática das características

REVOLUÇÃO QUÂNTICA

básicas de um gato. Ao contrário, ela recebe dezenas de fotos de gatos, em todas as situações — dormindo, se arrastando, caçando, pulando etc. Então o computador descobre por si só como um gato deve se parecer em ambientes diferentes por meio de tentativa e erro. Isso é conhecido como aprendizado profundo.

Os sucessos da abordagem por aprendizado profundo são surpreendentes. O AlphaGo da Google, uma IA projetada para jogar o antigo jogo de tabuleiros Go, foi capaz de derrotar o campeão mundial em 2017. Isso foi um feito surpreendente, pois há cerca de 10^{170} posições possíveis no Go em um tabuleiro 19 × 19. Isso é mais do que a quantidade total de átomos no universo conhecido. O AlphaGo aprendeu a jogar não só contra jogadores humanos de ponta, mas também jogando contra si, quando tinha a oportunidade de jogar quase na velocidade da luz.

O PROBLEMA DO SENSO COMUM

Máquinas de aprendizado ou redes neurais poderão algum dia resolver uma das questões mais persistentes na inteligência artificial: o "problema do senso comum". Coisas que os humanos tomam como certas, que até uma criança consegue compreender, estão além da capacidade de nossos computadores mais avançados. Até que um robô consiga resolver o problema do senso comum, ele não terá a menor condição de funcionar na sociedade humana.

Por exemplo, um computador digital não consegue entender um conjunto simples de observações como:

- A água é molhada, não seca
- Mães são mais velhas que suas filhas

IA E OS COMPUTADORES QUÂNTICOS

- Cordas conseguem puxar, não empurrar
- Varas conseguem empurrar, não puxar

É muito fácil escrever, numa tarde, dezenas de fatos "óbvios" sobre nosso mundo e que estão além da capacidade de compreensão de um computador digital. Isso ocorre porque os computadores não experimentam o mundo como nós.

As crianças aprendem esses fatos do senso comum porque esbarram nas coisas. Elas aprendem fazendo. Sabem que as mães são mais velhas que suas filhas porque viram isso por meio da experiência. Mas um robô está em estado puro, sem qualquer entendimento anterior do ambiente.

Conforme discutimos na abordagem top-down, os cientistas tentaram programar o senso comum no software de um computador. Imediatamente, ele saberia como funcionar na sociedade humana. Entretanto, todas as tentativas falharam. Existe um número muito grande de noções do senso comum, que até uma criança de 4 anos de idade compreende, mas que está além do alcance de nossos computadores digitais.

Portanto, talvez a junção das abordagens top-down e bottom-up, bem como a união da IA com os computadores quânticos, venham a concretizar o sonho dos primeiros pesquisadores de IA e preparar o caminho para o futuro.

À medida que a lei de Moore desacelera por causa do tamanho dos transistores, que vem se aproximando do dos átomos, os microchips serão inevitavelmente substituídos por computadores mais avançados, como os quânticos.

Do lado da IA as coisas empacaram por causa da falta de potência computacional. Suas capacidades de aprendizado de máquina, reconhecimento de padrões, ferramentas de buscas e robótica estão todas vinculadas a essa limitação. Os computadores quânticos vão conseguir acelerar significativamente o progresso em cada uma dessas áreas porque eles processam grande quantidade de informação simultaneamente. Enquanto os computadores digitais calculam um bit de cada vez, os computadores quânticos calculam um grupo gigante de qubits ao mesmo tempo, amplificando assim sua capacidade de modo exponencial.

Vemos então como a IA e os computadores quânticos poderão se ajudar mutuamente. Os computadores quânticos podem se beneficiar da capacidade de aprender novas tarefas, como em uma rede neural, enquanto a IA pode se beneficiar do imenso poder de fogo dos computadores quânticos.

ENOVELAMENTO DE PROTEÍNAS

Os sistemas de aprendizado profundo da IA estão atacando um dos maiores problemas da biologia e da medicina: decodificar os segredos das moléculas de proteína. Apesar de o DNA conter as instruções necessárias à vida, são as proteínas que fazem o trabalho braçal para que o corpo funcione. Se compararmos o corpo humano com um canteiro de obras, o DNA é o lugar onde está o projeto, mas são as proteínas que fazem o serviço pesado dos mestres e dos peões de obra. Um projeto é inútil sem um exército de trabalhadores que o executem.

As proteínas, além de construírem os músculos que dão energia ao nosso corpo, também digerem os alimentos, atacam microrganismos, regulam as funções corporais e realizam outras tarefas cruciais. Os biólogos, então, têm se perguntado: como uma molécula de proteína consegue executar todas essas funções extraordinárias?

IA E OS COMPUTADORES QUÂNTICOS

Nos anos 1950 e 1960, cientistas utilizaram a cristalografia de raios X para mapear a forma de algumas moléculas de proteína, compostas exatamente de vinte aminoácidos organizados em longas cadeias que criavam emaranhados complexos. Para surpresa geral, eles concluíram que a forma da molécula de proteína é que possibilitava seus feitos incríveis. Os cientistas dizem que, nesse caso, a forma da molécula de proteína, com todos os seus nós e voltas intrincados, é que cria suas propriedades características, e não sua função.

Consideremos o vírus da covid-19, por exemplo, que sabemos ter forma semelhante a da coroa do sol, com diversas proteínas spike irradiando de sua superfície. Esses "espinhos" são como chaves que abrem fechaduras específicas localizadas na superfície das células pulmonares. Ao abrir essas fechaduras, a proteína spike consegue injetar seu material genético nas células pulmonares, nas quais logo fazem várias cópias de si mesmas. Então a célula morre, liberando esses vírus mortais que infectam mais células pulmonares saudáveis. Essas estruturas em forma de espinhos são o motivo de a economia mundial quase ter colapsado em 2020-2022.

Portanto, a forma da proteína determina, mais do que qualquer outra coisa, o comportamento da molécula. Se soubéssemos o formato de cada molécula de proteína, estaríamos um passo gigante mais próximos da compreensão de como ela funciona.

Esse é o problema do "enovelamento das proteínas", a tarefa de mapear a configuração de todas as proteínas importantes e que poderá revelar os segredos de várias doenças incuráveis.

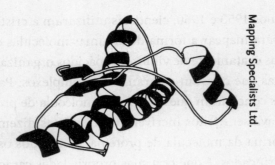

Figura 10: Enovelamento de proteínas
As proteínas são compostas por cadeias longas de vinte aminoácidos, que podem se dobrar de maneira complexa. A forma da molécula de proteína dobrada determina seu funcionamento. Os computadores quânticos poderão ajudar os cientistas a analisar e então desenvolver proteínas inteiramente novas com propriedades estranhas, porém úteis, criando um novo ramo na biologia.

A cristalografia de raios X tem sido fundamental para a determinação da forma das moléculas de proteína, mas esse é um processo longo. Os cientistas começam isolando e purificando quimicamente as proteínas que eles desejam analisar, que então precisam ser cristalizadas. A proteína cristalizada é inserida na máquina de difração de raios X, que então faz atravessar essa radiação pelo cristal formando um padrão de interferência em um filme fotográfico. Inicialmente, a fotografia de raios X parece uma confusão inútil de linhas e pontos. Mas, usando intuição, sorte e física, os cientistas tentam decifrar a estrutura da proteína a partir das fotos de raios X.

O NASCIMENTO DA BIOLOGIA COMPUTACIONAL

Então um dos objetivos do campo emergente chamado biologia computacional é utilizar computadores para desvendar a estrutura

IA E OS COMPUTADORES QUÂNTICOS

3D de uma proteína por meio da observação de sua composição química. Talvez todos os anos de intenso trabalho em busca do entendimento da estrutura de uma molécula de proteína pudesse equivaler a um simples apertar de botão em um computador rodando um programa de IA.

Para ajudar a estimular a pesquisa nessa área difícil porém crucial, os cientistas lançaram uma estratégia: um concurso chamado CASP (Avaliação Crítica da Previsão de Estruturas), para ver quem tinha o melhor programa de computador para quebrar o problema do enovelamento das proteínas.

Esse foi um momento decisivo, pois deu aos jovens cientistas um objetivo concreto e estimulante. Eles poderiam conquistar fama e reconhecimento de seus pares ao usarem a IA para solucionar o problema do enovelamento das proteínas, que por sua vez levaria a terapias que salvariam milhares de vidas.

As regras do concurso eram simples. Você receberia as dicas mais cruas sobre a natureza de certas proteínas, como sua sequência de aminoácidos. Então, ficaria por conta do seu programa de computador preencher todos os detalhes sobre o enovelamento delas. Uma forma de abordagem do problema seria a utilização do princípio da ação mínima introduzido por Richard Feynman. Lembremos que Feynman, ainda no ensino médio, conseguia determinar o caminho percorrido por uma bola, minimizando sua ação (sua energia cinética menos sua energia potencial).

Poderíamos aplicar o mesmo método às moléculas de proteína. O objetivo é encontrar a configuração de aminoácidos que crie o estado de menor energia. Esse processo assemelha-se a descer uma montanha em busca do ponto mais profundo em seu vale. Primeiro, damos passos pequenos em todas as direções. Depois, nos movemos apenas na direção que diminui levemente a nossa altura. Então, começamos o processo mais uma vez e damos o

REVOLUÇÃO QUÂNTICA

próximo passo, procurando diminuir ainda mais nossa altura, até chegar ao fundo do vale.

Da mesma forma, podemos encontrar a configuração de aminoácidos que tem a menor energia. Eis aqui um jeito de fazer isso.

Antes de começar, fazemos uma série de aproximações. Como uma molécula tem várias funções de onda que descrevem elétrons e núcleos todos em interação uns com os outros de maneira complexa, os cálculos logo excedem a capacidade de um computador convencional. Então, simplesmente desprezamos uma série de termos complexos que são relativamente pequenos (por exemplo, a interação de elétrons com núcleos pesados e certas interações entre os elétrons) e torcemos para que isso não gere erros demais.

Agora que preparamos o programa, conectamos primeiro os vários aminoácidos em uma longa cadeia. Isso cria um esqueleto ou uma pequena representação da provável aparência da molécula de proteína. Como conhecemos os ângulos de ligação quando certos átomos se conectam uns com os outros, isso dá um resultado aproximado de como a proteína deve ser.

Em segundo lugar, calculamos a energia dessa configuração de aminoácidos, uma vez que conhecemos a energia das várias cargas e o movimento das ligações.

Em terceiro lugar, torcemos e giramos as ligações para ver se a nova configuração aumenta ou diminui a energia da proteína. Isso se assemelha aos passos na montanha, procurando por aquele caminho que diminuía a nossa altura.

Em quarto lugar, descartamos todas as configurações que aumentam a energia, mantendo aquelas que a diminuem. O computador "aprende" por tentativa e erro como o movimento dos átomos pode reduzir a energia da molécula.

E, por fim, começamos tudo de novo, torcendo as ligações químicas ou rearranjando os aminoácidos. A cada iteração, baixamos

IA E OS COMPUTADORES QUÂNTICOS

a energia mexendo na posição e na localização dos aminoácidos até que alcancemos a configuração de menor energia.

Normalmente, o processo constante de ajuste da posição dos átomos seria impossível para um computador digital. Mas, como fizemos uma série de aproximações e descartamos termos complexos relativamente pequenos, um computador consegue resolver essa versão simplificada em cerca de algumas horas ou dias.

No início, os resultados eram risíveis. Ao compararmos a forma da molécula prevista pelo computador com a forma verdadeira obtida pela cristalografia de raios X, os modelos de computador estavam confusamente errados. Porém, com o passar dos anos, programas de aprendizado de computador ficaram mais potentes, e os modelos se tornaram mais precisos.

Por volta de 2021, os resultados eram espetaculares. Até com todas as aproximações, a DeepMind, afiliada à Google e que desenvolveu o AlphaGo, anunciou que seu programa de IA, o AlphaFold, havia decifrado a estrutura aproximada de um número impressionante de proteínas: 350.000. Ademais, ele identificou 250.000 formas que eram desconhecidas. Ele decifrou a estrutura 3D de todas as 20.000 proteínas listadas no Projeto Genoma Humano. O programa até revelou a estrutura de proteínas encontradas em camundongos, moscas e na bactéria *E. coli*. Posteriormente, os criadores do DeepMind anunciaram que iriam lançar um banco de dados com mais de 100 milhões de proteínas, que inclui todas as proteínas conhecidas pela ciência.

O que também impressiona é que, mesmo com todas as aproximações, os resultados coincidiram relativamente com os da cristalografia de raios X. Apesar de terem descartado vários termos na equação de onda de Schrödinger, eles conseguiram obter resultados surpreendentemente bons.

"Estávamos emperrados no problema — como as proteínas se enovelam — por quase 50 anos. Ver o DeepMind produzir uma

REVOLUÇÃO QUÂNTICA

solução para isso, tendo trabalhado pessoalmente no problema por tanto tempo e depois de tantos inícios e reinícios, imaginando se chegaríamos lá, é um momento muito especial", diz John Moult, cofundador do CASP.

Esse manancial de informação produziu consequências imediatas. Ele está sendo usado para identificar 26 proteínas diferentes encontradas no coronavírus, com a esperança de descobrir seus pontos fracos e produzir novas vacinas. No futuro, deverá ser possível encontrar facilmente a estrutura de milhares de proteínas fundamentais. "Nós conseguimos projetar proteínas que neutralizam o coronavírus em meses. Mas nosso objetivo é fazer isso em questão de semanas", afirma David Baker, do Instituto de Design de Proteínas na Universidade de Washington.

Mas esse é só o começo. Como enfatizamos, a função é secundária à forma. Isto é, a maneira pela qual as proteínas executam suas funções é determinada por sua estrutura. Da mesma maneira que uma chave se encaixa numa fechadura, uma proteína funciona se encaixando em outra molécula.

Mas descobrir como as proteínas se dobram é a parte fácil. Agora começa a parte difícil, usar os computadores quânticos para determinar a estrutura completa de uma proteína, sem todas as aproximações, e a maneira como uma determinada proteína se encaixa em outras moléculas de modo que ela consiga executar sua função, como prover energia, agir como um catalisador, combinar-se com outras proteínas, unir-se a outras proteínas para criar novas estruturas, dividir moléculas e muito mais. Então o enovelamento de proteínas é apenas o primeiro passo de uma longa jornada que contém os segredos da vida propriamente dita.

No futuro, a compreensão do programa de enovelamento de proteínas irá progredir em vários estágios, de maneira similar às etapas na criação da genômica:

240

IA E OS COMPUTADORES QUÂNTICOS

ESTÁGIO UM: MAPEAR AS PROTEÍNAS DOBRADAS

Estamos atualmente no estágio um, criando um dicionário enorme, com centenas de milhares de entradas que correspondem ao enovelamento de proteínas diversas. Cada entrada nesse dicionário é uma imagem dos átomos individuais que se combinam para formar uma proteína complexa. Esses diagramas, por sua vez, vieram do estudo das fotografias de raios X. Esse livro gigantesco contém todas as grafias corretas de cada proteína, mas está basicamente vazio, sem definições. Ele se baseia em uma série de aproximações que permitem que os computadores digitais façam os cálculos. É surpreendente que, com tantas aproximações, os cientistas ainda consigam obter resultados tão acurados.

ESTÁGIO DOIS: DETERMINAR AS FUNÇÕES DAS PROTEÍNAS

No estágio seguinte, no qual estamos entrando agora, os cientistas tentarão determinar como as formas geométricas das moléculas de proteína determinam suas funções. A IA e os computadores quânticos serão capazes de identificar como certas estruturas atômicas em uma proteína dobrada conseguem permitir que ela execute certas funções no corpo humano. Em algum momento, teremos uma descrição completa das funções corporais e de como elas são controladas pelas proteínas.

ESTÁGIO TRÊS: CRIAR PROTEÍNAS E MEDICAMENTOS NOVOS

O estágio final é utilizar o dicionário de proteínas para criar versões aprimoradas, que irão permitir o desenvolvimento de medicamentos e terapias novos. Para essa finalidade, teremos de abandonar as aproximações e resolver a mecânica quântica verdadeira das moléculas. Apenas computadores quânticos podem fazer isso.

A evolução criou um tesouro de proteínas por meio de interações puramente aleatórias para executar suas diversas tarefas. Entretanto, levou bilhões de anos para se conseguir isso. Usando a memória de um computador como um "laboratório virtual", deveria ser possível melhorar a evolução e projetar novas proteínas para aprimorar suas funções no corpo humano.

Esse processo tem variadas aplicações, entre elas encontrar drogas inteiramente novas. Algumas pessoas já vislumbraram como isso poderá ajudar a limpar o meio ambiente. O exemplo atual mais simples é o trabalho de cientistas que tentam encontrar maneiras de dar um fim às 150 milhões de toneladas de garrafas plásticas encontradas nos oceanos, nos lixões e em nossos quintais. O segredo seria usar o banco de dados de proteínas, depois examinar as formas 3D de certas moléculas e encontrar enzimas capazes de metabolizar o plástico. Esse trabalho já está sendo feito no Centro de Inovação em Enzimas da Universidade de Portsmouth, na Inglaterra.

Isso também poderá nos levar a implicações médicas imediatas, pois algumas doenças incuráveis estão conectadas a proteínas erroneamente enoveladas. Um caminho promissor é a compreensão da natureza dos príons, que estão potencialmente conectados a várias doenças incuráveis que afetam os idosos, como Alzheimer, Parkinson e ELA. Portanto, o segredo para encontrarmos a cura para essas doenças passa pelos computadores quânticos.

As fronteiras da medicina, doenças incuráveis, podem ser o próximo campo de batalha para os computadores quânticos.

PRÍONS E AS DOENÇAS INCURÁVEIS

Tradicionalmente, todos os livros dizem que as doenças se espalham com auxílio das bactérias e dos vírus.

IA E OS COMPUTADORES QUÂNTICOS

Mas isso não é inteiramente verdade. Já se sabe há séculos que os animais estão sujeitos a doenças diferentes das que afetam humanos. Ovelhas com paraplexia enzoótica agem de forma estranha, arrastam as costas contra postes e se recusam a comer. É uma doença incurável e fatal. A "doença da vaca louca" (encefalopatia espongiforme bovina) é uma enfermidade similar que afeta o gado: eles têm dificuldade de andar, ficam nervosos e até mesmo violentos.

Em humanos, existe a chamada doença de Kuru, encontrada em algumas tribos da Papua-Nova Guiné. Lá, alguns povos fazem cerimônias funerais que envolvem comer o cérebro dos cadáveres. Alguns indivíduos começaram a sofrer de demência, mudanças de humor, dificuldade de andar e outros sintomas por causa da ingestão de tecido cerebral de parentes falecidos, que pode conter partículas infecciosas.

Stanley B. Prusiner, da Universidade da Califórnia, em São Francisco, foi contra a maré da medicina convencional ao concluir que tudo isso era evidência de um novo tipo de patologia. Em 1982, ele anunciou que havia purificado e isolado a proteína causadora da doença. Em 1997, Prusiner recebeu o Prêmio Nobel em Fisiologia ou Medicina pela descoberta dos príons.

Príon é uma proteína que se dobrou da forma errada: ele se espalha não pela forma usual de uma doença, mas frequentemente pelo contato com outros príons. Quando um príon entra em contato com uma molécula normal de proteína, ele de alguma forma obriga a proteína normal a se dobrar incorretamente. Assim, a doença priônica consegue se espalhar rapidamente pelo corpo.

Hoje, apesar de ainda haver discordâncias, há cientistas que acreditam que muitas das doenças fatais que afligem os idosos podem também ser causadas por príons. Entre elas, está o Alzheimer, que alguns apelidaram de "a doença do século". Seis milhões de americanos sofrem de Alzheimer, muitos deles com mais de 65 anos de idade. Um em cada três idosos morre de Alzheimer ou demência. Atualmente, é a sexta maior causa de morte nos EUA, e os casos continuam aumentando. Estima-se que cerca de metade das pessoas que sobrevivem até seus 80 anos de idade podem em algum momento morrer da doença.

A doença de Alzheimer é trágica porque atinge nossos bens mais queridos e privados: as memórias e o sentido de quem somos. Ela atinge inicialmente o cérebro em áreas próximas ao centro. Portanto, os primeiros sinais da doença de Alzheimer são o esquecimento de coisas que acabaram de acontecer. Podemos ser capazes de nos lembrar de eventos que aconteceram sessenta anos atrás com acurácia incrivelmente afiada, mas nos esquecemos do que aconteceu seis minutos atrás. Por fim, ela ataca o cérebro inteiro, e até as memórias de longo prazo desaparecem nas areias do tempo.

Minha mãe morreu de Alzheimer. Foi de cortar o coração ver sua memória desaparecer lentamente, até não reconhecer quem eu era. Mais tarde, ela também já não sabia quem era.

Sabe-se que a doença de Alzheimer tem relação genética. As pessoas com uma mutação no gene APOE4 são mais suscetíveis à doença. Em uma série da BBC-TV que eu apresentei, a câmera estava focada no meu rosto quando me perguntaram se eu faria um teste de APOE4 para ver se era geneticamente propenso a desenvolver a doença. O que eu diria se descobrisse que estava de fato condenado a morrer por Alzheimer? Eu pensei sobre isso e finalmente disse que faria o teste, porque há sempre maneiras melhores de se preparar para o futuro, não importando o que ele nos reserve. (Felizmente o teste deu negativo.)

Infelizmente a raiz do Alzheimer é desconhecida. A única forma de confirmar se alguém teve Alzheimer é por meio de autópsia. Os médicos frequentemente dizem que o cérebro de quem tem Alzheimer

IA E OS COMPUTADORES QUÂNTICOS

apresenta dois tipos de proteínas, as proteínas amiloides beta e tau. Porém, durante décadas, os profissionais questionaram se essas proteínas são a causa da doença de Alzheimer ou uma consequência dela. O problema é que as autópsias têm mostrado que algumas pessoas com grandes depósitos de amiloides no cérebro não apresentaram qualquer sintoma da doença. Assim, em muitos casos, não há uma relação direta de causa e consequência entre a doença de Alzheimer e as placas amiloides.

Uma pista sobre esse mistério foi encontrada recentemente. Cientistas na Alemanha descobriram uma correlação entre pessoas com proteínas disformes e aquelas com Alzheimer. Em 2019, eles divulgaram que pessoas com proteínas amiloides enoveladas de forma errada no sangue, mas que não exibiam os sintomas da doença, tinham suscetibilidade vinte e três vezes maior de desenvolver Alzheimer. Essa ligação pôde ser confirmada até mesmo catorze anos antes que um diagnóstico clínico fosse feito.

Isso significa que talvez, anos antes de desenvolvermos os sintomas da doença de Alzheimer, um simples exame de sangue poderia nos dizer as chances de desenvolvermos a doença e de perecermos dela, por meio da busca por proteínas amiloides disformes.

Stanley Prusiner, em uma pesquisa liderada por ele, revelou: "Eu acredito que isso demonstre, sem dúvidas, que as proteínas amiloides beta e tau são príons e que a doença de Alzheimer é uma desordem de príon duplo em que essas proteínas destroem o cérebro... precisamos mudar a pesquisa sobre a doença de Alzheimer."

Um dos autores do trabalho, Klaus Gerwert, enfatizou que essa descoberta poderia levar a novos tratamentos para a doença de Alzheimer em um cenário onde não há nenhum: "A contagem de proteínas amiloides beta dobradas erroneamente no sangue pode assim compor uma contribuição-chave na direção da descoberta de uma droga contra a doença de Alzheimer."

245

REVOLUÇÃO QUÂNTICA

Hermann Brenner, da Alemanha, outro autor do trabalho, complementou: "Todos estamos agora colocando nossas esperanças na abordagem de tratamentos durante os estágios sem sintomas da doença, para tomarmos medidas preventivas."

VERSÕES "BOAS" E "MÁS" DA PROTEÍNA AMILOIDE

Uma outra descoberta feita em 2021 pode nos dizer precisamente como ocorre esse processo. Cientistas da Universidade da Califórnia descobriram que versões boas e más da proteína amiloide podem ser identificadas ao se olhar para sua estrutura. E verificaram que as moléculas de proteína, por serem feitas de longas cadeias de aminoácidos que se enroscaram, em geral têm aglomerados de átomos que espiralam em uma ou outra direção, seja no sentido horário ou no anti-horário.

Em uma proteína amiloide normal, o formato é "anti-horário", isto é, as espirais da molécula obedecem a uma certa orientação. Entretanto, o formato da outra proteína amiloide associada à doença de Alzheimer é o horário. Se essa teoria realmente for comprovada, na qual um tipo de proteína amiloide disforme é a responsável pela doença de Alzheimer, isso pode representar um caminho inteiramente novo para a pesquisa sobre a doença.

Primeiro, precisaremos criar imagens 3D detalhadas desses dois tipos de proteína amiloide. Utilizando computadores quânticos, poderá ser possível enxergar, em nível atômico, precisamente como a molécula de Alzheimer disforme consegue se propagar ao "chocar-se" com moléculas saudáveis e por que isso causa tanto estrago no cérebro.

Em seguida, por meio do estudo da estrutura dessas proteínas, poderemos determinar como elas interferem nos neurônios em

246

IA E OS COMPUTADORES QUÂNTICOS

nosso sistema nervoso. Uma maneira é isolar os defeitos nessa proteína e usar a terapia gênica para criar uma versão corrigida do gene. Ou talvez algum medicamento possa ser desenvolvido para bloquear o crescimento das proteínas de sentido horário ou ajudar o corpo a se livrar delas mais rapidamente.

Por exemplo, sabe-se que essas moléculas disformes sobrevivem no cérebro apenas por 48 horas antes de serem expulsas naturalmente. Quando compreendermos a estrutura molecular da proteína de sentido horário, conseguiremos projetar outra molécula que capture a molécula atípica para então quebrá-la, ou neutralizá-la, a fim de que ela não seja mais perigosa, ou então se acoplar a ela de modo que seja expulsa do corpo mais rapidamente. Os computadores quânticos podem ser úteis na busca pelos pontos fracos moleculares.

Resumindo: os computadores quânticos poderão identificar muitas abordagens no nível molecular que consigam neutralizar ou eliminar o príon mau, o que não conseguimos alcançar por meio de tentativa e erro e com computadores digitais.

ELA

Um outro alvo para os computadores quânticos é a esclerose lateral amiotrófica (ELA), também conhecida como doença de Lou Gehrig, uma enfermidade fatal que reduz o corpo a uma massa de tecidos paralisada e aflige pelo menos 16.000 pessoas nos EUA. A mente de quem tem ELA permanece intacta, mas o corpo se deteriora. A doença ataca o sistema nervoso, desconectando o cérebro, de certa forma, dos músculos e por fim levando à morte.

A vítima mais famosa dessa doença foi o cosmólogo Stephen Hawking. Seu caso foi atípico, uma vez que ele sobreviveu até os

REVOLUÇÃO QUÂNTICA

76 anos, ao passo que a maioria das pessoas com ELA morre precocemente. As vítimas da doença em geral vivem apenas mais dois ou cinco anos depois do diagnóstico.

Hawking uma vez me convidou para dar um seminário na Universidade de Cambridge sobre teoria das cordas. Eu fiquei impressionado ao visitar sua casa. Era toda cheia de dispositivos que lhe permitiam viver, apesar da doença debilitante. Em um dispositivo mecânico, ele colocava uma revista de física. Ao pressionarmos um botão, o dispositivo virava a página automaticamente.

Durante o tempo que eu tive o prazer da companhia dele, fiquei profundamente impressionado com sua força de vontade e o desejo de ser produtivo e participar da comunidade física. Apesar de praticamente todo paralisado, ele estava determinado a continuar sua pesquisa e interagir com o público. Sua determinação em face dos obstáculos monumentais era um testemunho de coragem e força de vontade.

Profissionalmente, seu trabalho era voltado à aplicação da teoria quântica à teoria geral da relatividade de Einstein. Esperamos que a teoria quântica retribua a dedicação de Hawking e descubra uma maneira de os computadores quânticos curarem essa terrível doença. Hoje, pouco se sabe sobre a doença por ela ser rara. Mas, ao estudarmos a história familiar dos pacientes, vemos que uma série de genes estão envolvidos.

Até o momento, cerca de vinte genes estão associados à ELA, mas quatro deles são responsáveis pela maioria dos casos: C9orf72, SOD1, FUS e TARDBP. Quando esses genes estão defeituosos, eles acabam se associando à morte de neurônios motores no tronco cerebral e na medula espinhal.

Temos interesse principalmente no gene SOD1.

Acredita-se que o enovelamento errado causado pelo SOD1 esteja envolvido na ELA. O gene SOD1 produz uma enzima chamada

IA E OS COMPUTADORES QUÂNTICOS

superóxido dismutase (SOD), que catalisa os radicais superóxidos, que são potencialmente perigosos, em oxigênio. Mas, quando a SOD de alguma forma não elimina esses radicais superóxidos, as células nervosas podem acabar danificadas. Assim, o enovelamento errado da proteína criada pelo SOD1 poderia ser um dos mecanismos que causam a morte de neurônios.

Conhecer os caminhos moleculares percorridos por esses genes defeituosos pode ser a chave para a cura da doença, e os computadores quânticos desempenham um papel crucial nisso. Usando os genes como modelo, pode-se criar uma versão 3D da proteína defeituosa produzida por esse gene. Então, ao estudarmos a estrutura da proteína, conseguiremos determinar como ela interfere nos neurônios em nosso sistema nervoso. Se conseguirmos determinar como a proteína defeituosa opera em nível molecular, poderemos ser capazes de encontrar uma cura.

DOENÇA DE PARKINSON

Outra enfermidade debilitante que envolve proteínas que sofreram mutação é a doença de Parkinson, que acomete cerca de um milhão de pessoas nos EUA. O ator Michael J. Fox, que tem a doença, fez uso do status de celebridade para arrecadar 1 bilhão de dólares para combatê-la. Tipicamente, essa doença faz as extremidades do corpo tremerem de maneira descontrolada, mas há outros sintomas, como dificuldade de andar, perda do olfato e distúrbios do sono.

Já houve alguns progressos com a doença. Os cientistas descobriram, por exemplo, que, por meio de exames de imagens do cérebro, pode-se identificar precisamente o local onde os neurônios estão disparando excessivamente e talvez causando tremores nas mãos. Essa forma da doença de Parkinson pode então ser tratada

REVOLUÇÃO QUÂNTICA

parcialmente com a inserção de uma agulha no cérebro onde há a hiperatividade. Ao se neutralizarem os neurônios que disparam erraticamente, pode-se parar alguns dos tremores.

Infelizmente, ainda não há cura para a doença. Mas alguns dos genes associados a ela já foram isolados. É possível sintetizar as proteínas associadas a esses genes, cuja estrutura 3D poderia ser decifrada pelos computadores quânticos. Assim, se descobriria como as mutações naquele gene podem causar a doença de Parkinson. Seríamos capazes de clonar a versão correta da proteína que sofreu mutação e injetá-la de volta ao corpo.

Os computadores quânticos poderão dar origem a novas abordagens para essas doenças incuráveis que acometem os idosos. Talvez eles consigam atacar um dos maiores problemas médicos de todos os tempos: o processo de envelhecimento. Se conseguirmos entender esse processo, poderemos curar várias doenças associadas ao envelhecimento.

Se os computadores quânticos conseguirem encontrar a cura para os idosos, isso significa também que não iremos mais morrer?

CAPÍTULO 13

IMORTALIDADE

A busca mais antiga de todas, desde a pré-história, é a busca pela imortalidade. Não importa o poder de um rei ou de um imperador — eles jamais conseguirão se livrar das rugas que veem em seus reflexos, predizendo seu destino mortal.

Um dos contos antigos mais conhecidos, anterior a partes da Bíblia, é a Epopeia de Gilgamesh, o guerreiro mesopotâmico, que descreve seus feitos heroicos à medida que ele atravessava o mundo. Ele tomou parte em várias aventuras corajosas enquanto cavalgava por planícies e desertos, encontrando até um homem sábio que testemunhou o Dilúvio. Gilgamesh embarcou nessa jornada porque estava em uma missão maior: encontrar o segredo da vida eterna. Finalmente, ele encontrou a planta que era a fonte da imortalidade. Mas, antes que ele conseguisse comê-la, uma cobra roubou-a de suas mãos e a devorou. Os humanos não estavam destinados a se tornarem imortais.

Na Bíblia, Deus baniu Adão e Eva do Jardim do Éden porque eles desobedeceram às Suas ordens e comeram a maçã proibida.

REVOLUÇÃO QUÂNTICA

Mas o que seria tão perigoso em uma maçã inocente? A maçã era a fruta proibida do conhecimento.

Deus também temia que, ao comerem a maçã da árvore da vida, Adão e Eva passariam "a ser como nós... e viver para sempre" — eles se tornariam imortais.

O imperador Qin Shi Huang, o homem que uniu a China por volta do ano 200 AEC, era obcecado pela ideia de imortalidade. Em uma lenda famosa, ele enviou uma frota naval impressionante para encontrar a fabulosa Fonte da Juventude. Huang deu à frota uma ordem: se vocês não encontrarem a Fonte, não precisam voltar. Aparentemente, eles não descobriram a Fonte, mas, banidos da China, acabaram descobrindo a Coreia e o Japão.

De acordo com a mitologia grega, Eos, a deusa do amanhecer, uma vez se apaixonou por um mortal, Titono. Pelo fato de mortais morrerem, Eos pediu a Zeus que tornasse seu amado imortal. Zeus atendeu o pedido. Mas ela cometeu um erro crucial: esqueceu de pedir juventude eterna para o seu amado. Infelizmente, Titono envelheceria ano a ano, ficando cada vez mais decrépito, mas não conseguia morrer. Assim, se alguém pedir imortalidade aos deuses, não se esqueça de pedir juventude eterna também.

Atualmente, com os avanços da medicina moderna, talvez esteja chegando a hora de revisitar essa busca antiga por uma nova perspectiva. Pela análise de dados genéticos sobre envelhecimento e decompondo a base molecular da vida, poderíamos usar os computadores quânticos para resolver o problema do envelhecimento. Na verdade, esses computadores poderão criar dois tipos de imortalidade: a imortalidade biológica e a imortalidade digital. Assim, a Fonte da Juventude pode não ser uma fonte, mas o programa de um computador quântico.

IMORTALIDADE

SEGUNDA LEI DA TERMODINÂMICA

Armados com a física moderna, poderemos olhar para essa busca sob uma perspectiva moderna. A física do envelhecimento pode ser explicada pela Segunda Lei da Termodinâmica, isto é, uma das leis do calor. Há três leis da termodinâmica. A Primeira Lei diz simplesmente que a quantidade total de matéria e energia é uma constante. Não conseguimos obter algo do nada. A Segunda Lei afirma que, em um sistema fechado, o caos e a decadência só aumentam. A Terceira Lei mostra que jamais conseguimos alcançar o zero absoluto da temperatura.

É a Segunda Lei que domina nossa vida. É a lei da física que determina que todas as coisas vão acabar enferrujando, desintegrando-se e morrendo. Isso significa que a entropia, que é uma medida do caos, sempre aumenta. Parece que essa lei de ferro proíbe a imortalidade, porque, no fim, tudo acaba. A física parece ter uma sentença de morte para toda a vida na Terra.

Mas há um furo na Segunda Lei. O fato de que tudo deverá se decompor se aplica unicamente a sistemas fechados. Porém, em um sistema aberto, no qual a energia pode entrar vinda do mundo externo, o aumento do caos pode ser revertido.

Por exemplo, toda vez que uma nova vida como um bebê nasce, a entropia diminui. Uma nova vida representa uma vasta quantidade de dados que é montada de forma precisa até o nível molecular. A vida, portanto, parece contradizer a Segunda Lei. Mas a energia flui de fora para dentro em forma de luz solar. Assim, a energia solar é responsável pela criação de uma diversidade vasta de vida na Terra e na reversão da entropia local.

Então, a imortalidade não viola as leis da física. Não há nada na Segunda Lei que proíba alguma forma de vida de existir eternamente, desde que a energia flua vinda do lado de fora. Em nosso caso, essa energia é a luz solar.

O QUE É O ENVELHECIMENTO?

De acordo com a Segunda Lei, o envelhecimento é causado primariamente pelo acúmulo de erros nos níveis molecular, genético e celular. Em algum momento, a Segunda Lei nos alcança. Erros se acumulam em nossas células e no DNA. As células da pele perdem sua elasticidade e se enrugam. Os órgãos não funcionam apropriadamente e falham. Os neurônios funcionam de forma errada e então nos esquecemos das coisas. O câncer às vezes se desenvolve. Em suma, nós envelhecemos e, por fim, morremos.

Podemos ver isso acontecendo no reino animal, que nos dá pistas importantes sobre o envelhecimento. As borboletas vivem por apenas alguns dias. Os camundongos podem viver por dois anos. Mas os elefantes conseguem viver por 60 a 70 anos. E o tubarão da Groenlândia consegue viver por mais de 500 anos.

Qual é o denominador comum aqui? Animais pequenos perdem calor rapidamente em comparação com os animais grandes. Assim, a taxa metabólica de um camundongo correndo para evitar um predador é muito alta, comparada à de um elefante pesado que come sua refeição despreocupadamente. Mas uma alta taxa de metabolismo também implica uma alta taxa de oxidação, o que acumula erros em nossos órgãos.

Nossos carros são ótimos exemplos disso. Onde ocorre o envelhecimento em um carro? Na maioria das vezes, no motor, onde temos oxidação por conta da queima de combustível e também o desgaste e o atrito entre as engrenagens móveis. Mas onde fica o motor da célula?

A maior parte da energia da célula se origina na mitocôndria. Suspeita-se, portanto, de que a maior parte dos danos resultantes do envelhecimento seja acumulada na mitocôndria. É provável que o envelhecimento possa ser revertido se fugirmos da Segunda Lei

IMORTALIDADE

por meio da injeção de energia vinda de fora, na forma de um estilo de vida melhor e mais saudável e também da engenharia genética para reparar os genes defeituosos.

Agora, pense em um carro abastecido com combustível de alta octanagem. O carro roda maravilhosamente. Até um carro velho roda melhor com gasolina de alta qualidade. Isso, por sua vez, assemelha-se ao que hormônios como o estrogênio e a testosterona fazem ao corpo humano. De certa forma, eles agem como um elixir da vida, nos dando energia e vitalidade além da nossa idade. Alguns acreditam que o estrogênio seja o motivo de as mulheres viverem, em média, mais do que os homens. Mas há um preço a ser pago por essa quilometragem extra. O câncer. Desgaste e atrito extra também significam mais erros se acumulando, entre eles os genes do câncer. Assim, de certa forma, o câncer representa a Segunda Lei da Termodinâmica nos alcançando.

Esses erros em nosso DNA acontecem o tempo todo. Lesões no DNA em nível molecular, por exemplo, ocorrem 25 a 115 vezes por minuto no corpo, ou cerca de 36.000 a 160.000 por célula por dia. Também temos um mecanismo natural de reparo do DNA, mas o envelhecimento acelera quando esses mecanismos estão sobrecarregados pelo número desconcertante de erros no DNA. O envelhecimento surge quando o acúmulo de erros excede nossa habilidade de repará-los.

PREVENDO A DURAÇÃO DA NOSSA VIDA

Se o envelhecimento está relacionado a erros no DNA e nas células, pode ser possível obtermos um princípio numérico aproximado que preveja quanto tempo temos de vida.

Um estudo curioso foi feito pelo Wellcome Sanger Institute em Cambridge, na Inglaterra. Se o envelhecimento está relacionado a

255

REVOLUÇÃO QUÂNTICA

danos genéticos, então, quanto mais danos um animal sofrer, mais curta será a sua vida. E, de fato, os cientistas de Cambridge encontraram essa relação depois de analisar dezesseis espécies de animais: quanto maior o dano genético, menor a expectativa de vida.

Eles encontraram uma correlação impressionante entre animais bastante diferentes. O minúsculo rato-toupeira-pelado sofre 93 mutações por ano e consegue viver por 25 a 30 anos. Enquanto isso, a girafa gigante pode sofrer 99 mutações por ano ao longo de 24 anos de vida. Se multiplicarmos esses dois números, o resultado é aproximadamente 2.325 mutações para a toupeira e 2.376 para a girafa, o que é bem semelhante. Apesar de esses dois mamíferos serem muito diferentes, eles acumulam aproximadamente o mesmo número de mutações ao longo da vida.

Isso nos dá uma fórmula que pode prever de maneira aproximada a duração da vida dos humanos pela análise das informações de muitos animais. Ao analisar os camundongos, por exemplo, os cientistas descobriram que eles têm 793 mutações por ano, espalhadas por uma expectativa de vida de 3,7 anos, num total de 2.934,1 mutações.

Para humanos, esse número é um pouco mais complexo, pois eles variam entre diferentes culturas e locais. Acredita-se que os humanos sofram 47 mutações por ano. A maioria dos mamíferos tem, em média, 3.200 mutações ao longo da vida. Isso significa que, numa primeira estimativa, seres humanos têm uma expectativa de vida de cerca de setenta anos. (Com um conjunto de suposições diferentes, também conseguimos chegar ao número de oitenta anos.)

Os resultados desse cálculo simples são bastante impressionantes. Eles indicam a importância dos erros genéticos em nosso DNA e células como sendo um dos maiores propulsores do envelhecimento e da morte.

Até o momento, todos os resultados foram obtidos para animais selvagens em seu estado natural. Mas o que acontece quando

IMORTALIDADE

submetemos esses animais a condições externas diferentes? Será possível mudar sua expectativa de vida artificialmente?

A resposta parece ser sim.

RECONFIGURANDO O RELÓGIO BIOLÓGICO

Com a ajuda de intervenções médicas (por exemplo, engenharia genética, mudanças no estilo de vida), pode ser possível estender a expectativa de vida humana pela correção dos danos causados pela Segunda Lei da Termodinâmica.

Há várias possibilidades. Uma delas é reconfigurar o "relógio biológico". Quando uma célula se reproduz, os cromossomos ficam ligeiramente mais curtos. Para as células da pele, após cerca de sessenta reproduções, as células começam a envelhecer, no que é chamado de senescência, e morrem no fim. Esse número é conhecido como o limite de Hayflick. É uma das razões pelas quais as células morrem, porque elas têm um relógio embutido que as notifica quando isso vai acontecer.

Uma vez, entrevistei Leonard Hayflick sobre seu famoso limite. Ele estava temeroso, entretanto, de que algumas pessoas chegassem a variadas conclusões sobre esse relógio biológico. Estamos apenas começando a compreender o processo de envelhecimento, ele me disse. Hayflick lamentou o fato de que a chamada biogerontologia, a ciência do envelhecimento, teve de lidar com tanta desinformação ao público, principalmente as últimas dietas da moda.

O limite de Hayflick ocorre porque há uma terminação, o telômero, no fim de cada cromossomo, que fica mais curto a cada reprodução. Mas, assim como a ponta do cadarço de nossos sapatos, depois de tanta manipulação a terminação se desgasta e o cadarço começa a desfiar. Após sessenta ou mais reproduções, os

REVOLUÇÃO QUÂNTICA

telômeros se desgastam, os cromossomos desfiam, a célula entra em senescência e acaba morrendo.

Mas também é possível "parar o relógio". Há uma enzima chamada telomerase que consegue evitar que os telômeros fiquem menores. Em primeira análise, poderíamos pensar que isso significa a cura para o envelhecimento. Na verdade, os cientistas têm sido capazes de aplicar a telomerase em células humanas da pele, fazendo com que elas se dividam por centenas de vezes e não apenas sessenta. Essa pesquisa permitiu "imortalizar" ao menos uma forma de vida.

Porém há perigos envolvidos. Acontece que as células do câncer também usam a telomerase para conseguir a imortalidade. A presença de telomerase já foi detectada em 90 por cento dos tumores humanos. Devemos ser cautelosos ao manipularmos os telômeros no corpo para que não convertamos acidentalmente células saudáveis em células cancerosas.

Assim, se algum dia encontrarmos a Fonte da Juventude, a telomerase pode ser parte da solução, mas só se conseguirmos curar seus efeitos colaterais. Os computadores quânticos podem ser capazes de resolver o mistério de como a telomerase consegue fazer com que uma célula se torne imortal, mas não cancerosa. Uma vez que esse mecanismo molecular seja encontrado, poderemos modificar a célula de modo que ela tenha uma expectativa de vida estendida.

RESTRIÇÃO CALÓRICA

Apesar de todas as curas e terapias charlatães ao longo dos séculos para aumentar nossa expectativa de vida, um método sobreviveu ao teste do tempo e parece funcionar em todos os casos. A única forma verificada pela qual conseguimos estender a expectativa de

IMORTALIDADE

vida de um animal é por meio da restrição calórica. Em outras palavras, se ingerimos 30 por cento a menos de calorias, conseguiremos viver cerca de 30 por cento a mais, dependendo do tipo de animal sendo estudado. Essa regra geral já foi testada em longas listas de espécies, desde insetos, camundongos, cachorros e gatos, e até macacos. Animais que ingerem menos calorias vivem mais do que seus pares que se empanturraram. Eles têm menos doenças e sofrem menos frequentemente de problemas da idade avançada, como câncer e o endurecimento das artérias.

Apesar de isso já ter sido testado em várias espécies do reino animal, uma delas, entretanto, não foi analisada sistematicamente até o momento: *Homo sapiens*. (Isso talvez tenha acontecido porque temos uma boa expectativa de vida, e também reclamaríamos muito se tivéssemos de seguir uma dieta espartana.) Ninguém sabe ao certo porque isso funciona, mas uma teoria propõe que comer menos diminui a taxa de oxidação, desacelerando, assim, o processo de envelhecimento.

Um resultado experimental que parece justificar essa teoria pode ser encontrado em vermes como o *C. elegans*. Quando esses vermes são alterados geneticamente para reduzir sua taxa de oxidação, a expectativa de vida deles é consideravelmente estendida. Os cientistas até nomearam alguns desses genes de age-1 e age-2. Diminuir as taxas de oxidação parece ajudar as células a reparar danos. Assim, parece razoável que a restrição calórica funcione diminuindo a taxa de oxidação em nosso corpo, o que, por sua vez, reduz o acúmulo de erros.

Mas isso deixa uma pergunta sem resposta: por que alguns animais naturalmente fazem restrição calórica? Será que os animais conscientemente comem menos para viver mais? (Uma teoria diz que os animais, em seu estado natural, têm duas escolhas. Por um lado, eles podem reproduzir e ter filhotes. Mas isso requer um suprimento abundante e permanente de alimentos, o que é raro. O mais comum é que a maioria dos animais esteja sempre em um estado de fome, caçando constantemente e sempre em busca de alimentos. Assim, em tempos de escassez, que acontece mais frequentemente do que a abundância, os animais evoluíram de modo a comer menos instintivamente, poupando energia e vivendo mais, até que chegue a hora em que a comida seja abundante e eles consigam se reproduzir.)

Os cientistas que têm estudado a restrição calórica acreditam que ela funcione via resveratrol, que, por sua vez, é produzido pelo gene da sirtuína. O resveratrol é encontrado no vinho tinto. (Isso acabou criando uma tendência envolvendo resveratrol e vinho tinto, mas o veredito ainda não foi dado acerca da credibilidade do resveratrol no que diz respeito à extensão da expectativa de vida dos humanos.)

Em 2022, estudos feitos na Universidade Yale puderam finalmente decifrar parte da charada sobre o porquê de a restrição calórica realmente funcionar. Eles concentraram seus esforços na glândula timo, localizada entre os pulmões, que produz as células T, um componente importante dos nossos glóbulos brancos, que nos ajudam na defesa contra as doenças. Eles perceberam que as células T da glândula timo envelhecem mais rápido que as células T comuns. Quando chegamos aos 40 anos de idade, por exemplo, 70 por cento do timo está cheio de gordura e não é funcional. Vishwa Deep Dixit, principal autor do artigo, disse: "À medida que envelhecemos, começamos a sentir a ausência de novas células T, pois as que restam não são muito hábeis na luta contra novos patógenos. Esse é um dos motivos pelos quais pessoas idosas têm maior risco de contrair doenças." Se for verdadeiro, isso poderia explicar por que os idosos são mais propensos a envelhecer e morrer.

Por causa desse resultado, eles executaram outro experimento que envolvia colocar um grupo de pessoas em uma dieta de restrição

IMORTALIDADE

calórica durante dois anos. Eles ficaram surpresos ao descobrir que o grupo tinha menos gordura e mais células funcionais no timo. Esse foi um resultado impressionante.

Dixit continua: "O fato de esse órgão conseguir rejuvenescer é, do meu ponto de vista, impressionante, pois há muito pouca evidência disso acontecendo em humanos. Essa possibilidade é simplesmente muito animadora."

O grupo de Yale começou a perceber que eles estavam próximos a algo bastante importante. Em seguida, eles precisaram investigar a raiz do problema: como, em nível molecular, a restrição calórica impulsiona o sistema imunológico?

Eles conseguiram, então, concentrar a pesquisa na proteína PLA2G7, que está envolvida nos processos de inflamação do corpo, outro fenômeno associado ao envelhecimento. "Essas descobertas demonstram que a PLA2G7 é um dos propulsores dos efeitos da restrição calórica. Identificar esses propulsores nos ajuda a entender como o sistema metabólico e o sistema imunológico conversam entre si, o que pode nos direcionar para alvos em potencial que aprimorem a função imune, reduzam as inflamações e potencialmente até aumentem a expectativa de vida saudável", afirma Dixit.

O passo seguinte seria utilizar computadores quânticos para descobrir como, em nível molecular, essa proteína consegue reduzir inflamações e retardar o processo de envelhecimento. Quando esse processo for compreendido, talvez seja possível manipular a PLA2G7 e colher os benefícios da restrição calórica sem a necessidade de uma dieta rigorosa.

Dixit conclui dizendo que seu estudo sobre proteínas e genes relevantes poderia mudar a direção da pesquisa sobre o processo de envelhecimento. "Acho que isso dá muita esperança."

REVOLUÇÃO QUÂNTICA

A CHAVE DO ENVELHECIMENTO: O REPARO DO DNA

Mas isso levanta outra pergunta: como a restrição calórica repara os danos moleculares provocados pela oxidação? A restrição calórica pode funcionar ao diminuir o ritmo do processo de oxidação, permitindo que o corpo consiga reparar o dano causado naturalmente; mas como o corpo repara o DNA danificado?

Isso está sendo estudado na Universidade de Rochester, onde os cientistas estão investigando se o mecanismo de reparo do DNA consegue ser compreendido analisando-se o reino animal. Mais especificamente, será que os mecanismos de reparo do DNA conseguem explicar por que alguns animais vivem mais? Existe uma Fonte da Juventude genética?

Os pesquisadores analisaram a expectativa de vida de dezoito espécies de roedores e descobriram algo interessante. Os camundongos vivem por apenas dois ou três anos, mas os castores e os ratos-toupeira-pelados conseguem viver até cerca de incríveis vinte e cinco a trinta anos. A teoria deles é a de que roedores de vida longa possuem um mecanismo de reparo do DNA mais forte do que roedores de vida curta.

Para investigar isso, os pesquisadores se concentraram no gene da sirtuína-6, que está envolvido no reparo do DNA e que algumas vezes é chamado "gene da longevidade". Eles descobriram que nem todas as proteínas da sirtuína-6 são iguais. Há cinco tipos diferentes de proteínas criadas pela sirtuína-6 e cada uma delas apresenta níveis diversos de atividade. Eles também perceberam que os castores têm proteínas de sirtuína-6 mais potentes que as proteínas criadas pelos ratos, mas não pelos ratos-toupeira-pelados. Isso, eles afirmaram, pode ser a razão de os castores viverem tanto.

Para provar a teoria, eles injetaram proteínas da sirtuína-6 em diferentes animais para ver se elas afetam suas expectativas de vida.

IMORTALIDADE

As moscas que receberam proteínas da sirtuína-6 dos castores viveram mais do que as moscas que receberam as proteínas dos ratos.

Quando injetaram em células humanas, eles encontraram um efeito semelhante. As células que receberam proteínas da sirtuína-6 dos castores apresentaram menos defeitos de DNA que as células que receberam proteínas de ratos. Vera Gorbunova, uma das pesquisadoras, afirma que "se as doenças surgem por causa do DNA que fica desorganizado com a idade, podemos usar pesquisas como essa para alvejar intervenções que consigam retardar o câncer e outras doenças degenerativas".

Isso é importante porque reparar danos ao DNA que possam ser regulados por genes como a sirtuína-6 talvez seja chave para a reversão do processo de envelhecimento. Os computadores quânticos poderão então ser usados para determinar precisamente como a sirtuína-6 é capaz de aumentar os mecanismos de reparo do DNA no nível molecular.

Assim que esse processo for entendido, talvez seja possível encontrar formas de acelerá-lo ou de descobrir novos caminhos moleculares que estimulem os mecanismos de reparo do DNA. Portanto, se o dano ao DNA é um dos propulsores do processo de envelhecimento, será crucial compreender como ele pode ser revertido no nível molecular pelo uso dos computadores quânticos.

REPROGRAMANDO CÉLULAS PARA A JUVENTUDE

No entanto, o perigo é que há muito charlatanismo quando se trata de viver mais. Existe sempre uma modinha do mês: a última vitamina, erva ou "cura milagrosa". Mas há uma organização séria que tem conseguido bastante publicidade quando se trata do processo de envelhecimento.

O bilionário russo Yuri Milner, que fez fortuna no Facebook e na Mail.ru, conseguiu reunir um grupo de acadêmicos para se debruçar sobre o problema da reversão do envelhecimento. Ele é uma figura bastante conhecida do Vale do Silício, dando 3 milhões de dólares por ano com seu Prêmio para Descobertas destinado a físicos, biólogos e matemáticos excepcionais.

Atualmente, sua atenção está focada em um novo grupo chamado Altos Labs, que deseja usar a ciência da "reprogramação" para rejuvenescer células envelhecidas. Até Jeff Bezos, CEO da Amazon, está entre os ricos investidores que se alinharam para apoiar o grupo Altos. De acordo com um documento enviado pelo Altos, a companhia novata já tem 270 milhões de dólares alinhados.

De acordo com a publicação *Technology Review*, do MIT, a ideia por trás desse esforço é reprogramar o DNA das células envelhecidas de forma que elas consigam voltar ao seu estado anterior. Isso foi testado experimentalmente pelo japonês ganhador do Nobel Shinya Yamanaka, que irá chefiar o conselho científico do Altos.

Yamanaka é uma das autoridades mundiais em células-tronco, que são as mães de todas as células. Células-tronco embrionárias têm a impressionante propriedade de se transformarem em qualquer célula do corpo humano. O que Yamanaka descobriu foi uma forma de reprogramar células adultas de modo que elas voltem ao seu estágio embrionário para criar, em princípio, órgãos inteiramente novos.

A pergunta-chave é: será possível reprogramarmos uma célula envelhecida para que ela se torne jovem de novo? O que está impulsionando o interesse pelo Altos é que a resposta aparentemente é sim — sob certas circunstâncias, há quatro genes (agora chamados de fatores Yamanaka) que conseguem executar o processo de reprogramação.

De certa forma, reprogramar células envelhecidas é algo comum. Pense em como a Mãe Natureza consegue reprogramar

IMORTALIDADE

células de adultos para que se tornem as células-tronco de um embrião. Então, a reprogramação não é ficção científica: é um fato da vida. Esse processo de rejuvenescimento acontece em cada geração, quando um embrião é concebido.

Naturalmente, um grande número de startups, sempre em busca do próximo grande acontecimento, se jogou nesse movimento, entre elas Life Biosciences, Turn Biotechnologies, AgeX Therapeutics e Shift Bioscience. "Se você vir algo distante que se parece com uma grande pilha de ouro, então deve correr", diz Martin Borch Jensen, da Gordian Biotechnology. Na verdade, ele está doando 20 milhões de dólares para acelerar a pesquisa.

David Sinclair, professor de Harvard, disse: "Há centenas de milhões de dólares sendo arrecadados por investidores interessados na reprogramação especificamente destinada ao rejuvenescimento de partes ou de todo o corpo humano." Sinclair foi capaz de usar sua técnica de reprogramar células para restaurar a visão de camundongos. Ele complementa: "Em meu laboratório, estamos marcando os órgãos e tecidos principais, por exemplo, pele, músculo e cérebro, para ver quais conseguimos rejuvenescer."

Alejandro Ocampo, da Universidade de Lausanne, na Suíça, afirma que "você pode pegar a célula de uma pessoa de 80 anos e, *in vitro*, reverter sua idade para 40 anos. Não há qualquer outra tecnologia que consiga fazer isso".

Um grupo independente da Universidade de Wisconsin-Madison obteve amostras de líquido sinovial (que é um líquido espesso encontrado nas articulações do corpo) que contém certas células-tronco chamadas CTM (células-tronco mesenquimais). Sabia-se de antemão que é possível reprogramar as CTM de modo a torná-las mais jovens. Mas a maneira como acontece esse rejuvenescimento é desconhecida.

Eles conseguiram preencher muitas das lacunas. As CTM foram convertidas em células-tronco pluripotentes induzidas (iPSCs) e

REVOLUÇÃO QUÂNTICA

convertidas de volta a CTM. Depois dessa ida e volta, eles descobriram que as CTM reprocessadas estavam rejuvenescidas. Mais importante, eles foram capazes de identificar o caminho químico específico tomado pelas CTM nessa ida e volta. Envolvidos no processo estavam uma série de proteínas e genes chamados GATA6, SHH e FOXP.

Essas são descobertas impressionantes que outrora foram consideradas impossíveis. Os cientistas estão começando a compreender como as células envelhecidas podem se tornar jovens novamente.

Mas também temos de ser cautelosos. Vimos anteriormente que os métodos para retardar ou reverter o envelhecimento incluem efeitos colaterais como o câncer. O estrogênio consegue manter as mulheres férteis por vários anos até a menopausa, mas o câncer é um dos efeitos colaterais possíveis desse hormônio. De forma semelhante, a telomerase consegue parar o relógio do envelhecimento celular, mas também introduz o risco de câncer.

Assim, um dos perigos da reprogramação celular é o câncer. As pesquisas precisam prosseguir com cuidado para que efeitos colaterais perigosos não a invalidem. Os computadores quânticos poderão se mostrar úteis nesse esforço. Em primeiro lugar, eles podem ser capazes de desvendar o processo de rejuvenescimento no nível molecular e encontrar os segredos por trás das células-tronco embrionárias. Em segundo lugar, pode ser que consigamos controlar alguns dos efeitos colaterais, como o câncer.

OFICINA HUMANA

Outro experimento despertou interesse no rejuvenescimento celular.

Na abordagem original de Yamanaka, células da pele eram expostas aos quatro fatores Yamanaka durante cinquenta dias, de modo

IMORTALIDADE

que elas voltassem ao estado embrionário. Mas cientistas do Instituto Babraham, em Cambridge, na Inglaterra, expuseram essas células apenas por trinta dias e então as deixaram crescer normalmente.

As células da pele originais foram retiradas de uma mulher de 53 anos de idade. Os cientistas ficaram chocados ao descobrir que as células de pele rejuvenescidas pareciam e agiam como se fossem de uma pessoa com 23 anos de idade.

"Eu me lembro do dia em que recebi os resultados e não conseguia acreditar que algumas das células eram 30 anos mais jovens do que deveriam... foi muito animador", revelou Diljeet Gill, um dos cientistas que conduziram o estudo.

Os resultados foram sensacionais. Se verificados, o feito representará aparentemente o único momento na história da medicina em que os cientistas conseguiram rejuvenescer células envelhecidas com sucesso, de modo que elas se comportem como se fossem décadas mais jovens.

No entanto, os cientistas envolvidos no estudo foram cuidadosos ao mencionar os possíveis efeitos colaterais. Por causa das grandes mudanças genéticas envolvidas, o que é também verdade para tantos outros tratamentos promissores, o câncer continua sendo um subproduto possível. Portanto, essa abordagem precisa prosseguir com cuidado.

Mas há uma segunda maneira de criarmos organismos jovens, sem o perigo do câncer: engenharia de tecidos, com a qual cientistas constroem literalmente partes humanas do zero.

ENGENHARIA DE TECIDOS

Se uma célula adulta volta ao estado embrionário, ela de fato rejuvenesce, mas apenas em nível celular. Isso significa que não

REVOLUÇÃO QUÂNTICA

conseguimos rejuvenescer o corpo inteiro e viver para sempre. Apenas significa que alguns tipos de células se tornam imortais, de modo que órgãos específicos podem ser regenerados, mas não o corpo inteiro.

Uma razão para isso é que as células-tronco, se deixadas por conta própria, podem criar uma massa amorfa de tecido aleatório. Células-tronco frequentemente precisam de dicas vindas de células vizinhas para crescer corretamente e em sequência, a fim de criar o órgão final.

A solução para o problema pode ser a engenharia de tecidos, que significa colocar células-tronco em algum tipo de molde para que cresçam de forma ordenada.

Essa abordagem teve como pioneiro Anthony Atala, da Universidade Wake Forest, na Carolina do Norte, juntamente com outros. Eu tive a honra de entrevistar Atala para a BBC-TV. À medida que eu andava por seu laboratório, ficava cada vez mais impressionado em ver jarras enormes contendo órgãos humanos, como fígados, rins e corações. Eu quase me senti como se estivesse num filme de ficção científica.

Eu perguntei a ele como a pesquisa era realizada. Atala me disse que, primeiro, ele cria um molde especial feito a partir de fibras plásticas minúsculas no formato do órgão que precisa crescer. Então ele alimenta o molde com células daquele órgão, retiradas do paciente. Em seguida, Atala aplica um coquetel de fatores de crescimento para estimular as células. Elas começam a crescer dentro das fibras do molde. Em algum momento, o molde, que é biodegradável, desaparece e deixa uma cópia quase perfeita do órgão. Então o órgão artificial é colocado dentro do corpo do paciente, onde começa a funcionar. Como as células são feitas do tecido do próprio paciente, não há mecanismos de rejeição, que é um dos principais problemas do transplante de órgãos. Também

IMORTALIDADE

não há perigo de câncer, uma vez que ele não está manipulando a delicada genética no interior de uma célula.

Ele me disse que a maioria dos órgãos fabricados com sucesso é composta por apenas alguns poucos tipos de células. Isso inclui pele, ossos, cartilagem, vasos sanguíneos, bexigas, válvulas coronárias e traqueias. O fígado já é mais complicado, ele falou, porque é composto por células diversas. E os rins, pelo fato de ser composto por centenas de tubos e filtros minúsculos, ainda é um projeto em andamento.

A abordagem dele também pode ser combinada com células-tronco, de forma que consiga, algum dia, regenerar órgãos inteiros no corpo à medida que eles se desgastam. Por exemplo, como as doenças cardiovasculares são a principal causa das mortes nos EUA, talvez seja possível criar um coração inteiro em laboratório.

Outros grupos estão fazendo experiências com impressões 3D para criar órgãos humanos. Da mesma forma que uma impressora de computador consegue emitir gotas minúsculas de tinta para formar imagens, ela pode ser modificada para produzir células de um coração humano, a fim de criar um tecido coronário célula a célula. Se o rejuvenescimento celular consegue criar linhas celulares saudáveis, então a engenharia de tecidos pode ser capaz de fazer qualquer órgão do corpo, como o coração, crescer utilizando células-tronco.

Dessa forma, evitamos o problema encarado por Titono.

O PAPEL DOS COMPUTADORES QUÂNTICOS

Os computadores quânticos podem ter impacto direto nesses esforços. Em um futuro próximo, a maioria da população humana terá seu genoma sequenciado e incluído em um banco genético global gigantesco. Esse enorme depósito de informação genética pode sobrecarregar um computador digital convencional, mas analisar quantidades incríveis de dados é um trabalho para computadores quânticos. Isso pode permitir que os cientistas isolem os genes afetados pelo processo de envelhecimento.

Os cientistas já conseguem analisar os genes de pessoas jovens e de idosos e então compará-los, por exemplo. Assim, cerca de 100 genes, nos quais o envelhecimento parece estar concentrado, já foram identificados. Acontece que muitos desses genes estão envolvidos no processo de oxidação. No futuro, os computadores quânticos irão analisar uma massa ainda maior de informações genéticas. Isso vai nos ajudar a compreender onde a maioria dos erros genéticos e celulares se acumula, mas também quais genes podem de fato controlar os aspectos do processo de envelhecimento.

Os computadores quânticos podem não só isolar os genes nos quais o envelhecimento acontece majoritariamente, mas também fazem o oposto: isolar os genes encontrados em pessoas muito idosas, porém saudáveis. Os demógrafos sabem que há indivíduos superidosos que parecem desafiar os limites da idade e levam uma vida saudável por muito mais tempo do que o esperado. Assim, os computadores quânticos, após analisarem essa massa de dados brutos, poderão encontrar genes que identifiquem um sistema imunológico excepcionalmente saudável que permite que os idosos cheguem a uma idade avançada e madura evitando as doenças que podem levá-los ao declínio.

É claro que também há indivíduos que envelhecem tão rapidamente e morrem de idade avançada enquanto crianças. Doenças como a síndrome de Werner e a progéria são um pesadelo — as crianças envelhecem praticamente diante dos nossos olhos. Elas raramente sobrevivem além dos 20 ou 30 anos de idade. Estudos já mostraram que, entre outros problemas, tais pessoas possuem

IMORTALIDADE

telômeros encurtados, o que pode contribuir parcialmente para o envelhecimento acelerado. (Da mesma forma, estudos nos judeus asquenazes encontraram o oposto, que indivíduos com grande longevidade têm uma versão hiperativa da telomerase, o que pode explicar sua longevidade.)

Além disso, testes em pessoas com idade acima de 100 anos mostram que elas têm um nível significativamente mais elevado de proteínas de reparo do DNA chamadas poli (ADP-ribose) polimerase (PARP) do que indivíduos com menos idade, entre 20 e 70 anos. Isso indica que aqueles com grande longevidade apresentam mecanismos de reparo do DNA mais fortes e capazes de reverter danos genéticos, vivendo por maior tempo. Esses centenários também têm células que se parecem com as retiradas de pessoas muito mais jovens, apontando que seu envelhecimento ficou mais lento. Isso, por outro lado, pode explicar o fato curioso de que aqueles que conseguem alcançar 80 anos têm maior chance do que o normal de viverem até 90 anos ou além. Pode ser pelo fato de indivíduos com sistema imunológico fraco morrerem antes de chegarem aos 80 anos, de forma que quem sobrevive tem mecanismos de reparo do DNA mais fortes, prolongando a duração da vida até 90 anos ou mais.

Assim, computadores quânticos podem conseguir isolar genes importantes em diversas categorias:

- Idosos que são excepcionalmente saudáveis para a idade

- Indivíduos com sistema imune que consiga derrotar doenças comuns, prolongando assim a vida

- Indivíduos que acumulam erros em seus genes e que tiveram seu envelhecimento acelerado

REVOLUÇÃO QUÂNTICA

- Indivíduos fora da curva, como aqueles que envelheceram extraordinariamente rápido em consequência de doenças como a síndrome de Werner e a progéria

Assim que os genes associados ao envelhecimento forem isolados, talvez o CRISPR consiga consertar vários problemas. O objetivo é reparar genes nos quais o envelhecimento acontece majoritariamente, utilizando computadores quânticos para isolar os mecanismos moleculares precisos desse processo.

No futuro, talvez um coquetel de medicamentos e terapias diferentes seja desenvolvido para diminuir ou até reverter o envelhecimento. O efeito combinado de intervenções médicas diferentes atuando em conjunto pode ser capaz de voltar no tempo.

Fundamental é que os computadores quânticos serão capazes de atacar o processo de envelhecimento na mesma arena onde ele acontece: no nível molecular.

IMORTALIDADE DIGITAL

Somada à imortalidade biológica, há uma possibilidade real de que possamos alcançar uma imortalidade digital com a ajuda dos computadores quânticos.

A maioria dos nossos ancestrais viveu e morreu sem deixar qualquer traço de sua existência. Talvez haja alguma linha em algum registro de algum templo ou igreja, documentando quando nossos ancestrais nasceram, e talvez uma outra linha documentando quando eles morreram. Ou talvez haja alguma lápide quebrada em algum cemitério deserto com o nome dessas pessoas.

E nada mais.

IMORTALIDADE

Uma vida inteira de memórias e experiências preciosas foi reduzida a duas linhas em algum livro ou alguma pedra gravada. As pessoas que usam o DNA para rastrear sua linhagem frequentemente descobrem que o rastro desaparece muito rapidamente, em um século. Sua história familiar inteira é reduzida a pó depois de uma ou duas gerações.

Mas hoje temos pegadas digitais maravilhosas. Nossos cartões de crédito conseguem, sozinhos, fornecer um vislumbre razoável da nossa história e personalidade, do que gostamos e do que não gostamos. Cada compra, férias, evento esportivo ou presente é registrado em algum computador. Sem nem percebermos, nossa pegada digital cria uma imagem espelhada de quem somos. No futuro, essa massa de informação poderá recriar digitalmente nossa personalidade.

As pessoas já estão falando em ressuscitar figuras históricas ou indivíduos famosos por meio de um processo de digitalização que irá torná-las disponíveis ao público. Atualmente, você pode ir à biblioteca e procurar a biografia de Winston Churchill. No futuro, você poderá, em vez disso, falar com ele. Todas as suas cartas, memórias, biografias, entrevistas etc. serão digitalizadas e disponibilizadas. Você poderá conversar com uma imagem holográfica do ex-primeiro-ministro do Reino Unido e passar uma tarde agradável com o homem.

Pessoalmente, eu adoraria conversar com Einstein, perguntar-lhe sobre seus objetivos, suas conquistas e sua filosofia da ciência. Ver a reação dele ao perceber que suas teorias floresceram em disciplinas científicas gigantescas como o Big Bang, buracos negros, ondas gravitacionais, a teoria de campos unificada, entre outras. O que ele acharia do progresso da teoria quântica com o tempo? Ele deixou uma coleção extraordinariamente vasta de cartas e correspondências pessoais que revelam seu verdadeiro caráter e ideias.

REVOLUÇÃO QUÂNTICA

Em algum momento, a pessoa comum também poderá alcançar a imortalidade digital. Em 2021, William Shatner, estrela da série *Jornada nas estrelas*, alcançou uma forma de imortalidade digital. Ele foi colocado em frente a uma câmera e, durante quatro dias, foram feitas centenas de perguntas pessoais sobre sua vida, seus objetivos e sua filosofia. Um programa de computador analisou o material e organizou as informações cronologicamente, de acordo com assunto, local etc. No futuro, você poderá perguntar coisas pessoais diretamente ao Shatner digitalizado e ele responderá de forma coerente, racional, como se estivesse ali falando com você em sua sala de estar.

No futuro, não precisaremos nos colocar na frente de uma câmera de TV para sermos digitalizados. Inconscientemente, sem mesmo pensarmos sobre isso, fazemos uso da câmera do celular para gravar nossa vida diária. Na verdade, muitos adolescentes já criaram uma pegada digital gigantesca à medida que documentam suas brincadeiras, piadas e palhaçadas (algumas das quais viverão eternamente na internet).

Normalmente, imaginamos a vida como uma série de acidentes, coincidências e experiências aleatórias. Mas, com a IA aprimorada, conseguiremos editar esse tesouro de memórias e organizá-lo de forma ordenada. E os computadores quânticos irão ajudar a classificar esse material, utilizando ferramentas de busca para encontrar informações ausentes e editar a narrativa.

De certa forma, nosso eu digital jamais morrerá.

Então talvez nosso legado de memórias pessoais e conquistas preciosas não precisará se dissipar e se espalhar com as areias movediças do tempo após falecermos. Talvez os computadores quânticos consigam nos dar uma forma de imortalidade.

Em resumo, os cientistas estão começando a identificar alguns dos caminhos envolvidos no prolongamento da expectativa de vida

IMORTALIDADE

humana. Ainda é um mistério, entretanto, como esses caminhos funcionam de fato no nível molecular. Por exemplo, como certas proteínas aceleram o reparo molecular do DNA? Os computadores quânticos talvez desempenhem aqui um papel decisivo, porque só um computador quântico consegue explicar completamente outro sistema quântico como interações moleculares. Uma vez que os mecanismos precisos de coisas como o reparo do DNA sejam conhecidos, conseguiremos aprimorar ou retardar ou até interromper o processo de envelhecimento.

Os computadores quânticos poderão nos dar a capacidade de viver digitalmente para sempre. Com a IA, seremos capazes de criar uma cópia de nós mesmos que reflita, de fato, quem somos. Alguns passos já estão sendo dados para aperfeiçoar o processo.

Mas a próxima fronteira para os computadores quânticos não é apenas a aplicação da mecânica quântica no ritmo interno do corpo, mas usar os computadores quânticos no mundo externo, resolvendo problemas urgentes como o aquecimento global, o armazenamento da energia do sol e decifrando os mistérios do mundo ao redor. O próximo objetivo será usar os computadores quânticos para compreender o universo.

PARTE IV

MODELANDO O MUNDO E O UNIVERSO

PARTE IV

PROCEDENDO O MUNDO E O UNIVERSO

CAPÍTULO 14

AQUECIMENTO GLOBAL

Uma vez, eu dei uma aula na Universidade de Reykjavik, capital da Islândia.

À medida que o avião se aproximava do aeroporto, olhei para fora em direção à estéril paisagem vulcânica onde praticamente não havia vegetação. Parecia como uma viagem de volta no tempo. A área próxima ao aeroporto era tão desolada que era o cenário perfeito para testemunhar milhões de anos no passado.

Mais tarde, fui levado para um tour pelo campus e fiquei ansioso para ver a pesquisa deles sobre núcleos de gelo, que são capazes de registrar o clima ao longo de milhares de anos.

O laboratório era uma sala enorme parecida com um freezer gigante e estava tão gelado quanto um. Percebi que havia várias longas hastes de metal dispostas sobre uma mesa. Elas tinham cerca de 4 centímetros de diâmetro e dezenas de centímetros de comprimento, e cada uma continha uma amostra retirada das profundidades do gelo.

Algumas hastes estavam abertas e podíamos ver que elas continham longos cilindros de gelo. Eu estremeci quando percebi que olhava para o gelo que caiu no Ártico milhares de anos atrás. Eu estava na presença de uma cápsula do tempo datada de muito antes da história escrita.

Olhando mais atentamente, consegui identificar uma série de faixas amarronzadas horizontais bem finas ao longo do gelo. Os cientistas me disseram que cada uma daquelas faixas havia sido criada pela fuligem e por cinzas liberadas por erupções vulcânicas antigas.

Ao medir o espaçamento entre as várias faixas, conseguíamos determinar suas idades por meio da comparação com erupções vulcânicas conhecidas.

Eles também me disseram que dentro dos núcleos de gelo há também bolhas microscópicas de ar que são como fotografias da atmosfera há milhares de anos. Pela determinação de sua composição química, conseguimos quantificar a quantidade de CO_2 existente naquela época.

(Calcular a temperatura quando os núcleos de gelo se formaram é mais difícil e é feito de forma indireta. A água é composta de hidrogênio e oxigênio em forma de H_2O. Mas há uma versão pesada da água, na qual os átomos de O-16 e H-1 são substituídos por isótopos com nêutrons a mais em seus núcleos, criando O-18 e H-2. Essa versão mais pesada de H_2O evapora com maior rapidez quando está relativamente morna. Assim, com as medições da razão entre as moléculas da água pesada e a molécula normal, conseguimos calcular a temperatura de quando o gelo se formou primeiro. Quanto mais água pesada houver, mais frio fazia quando a neve caiu pela primeira vez.)

Por fim, eu vi os resultados de seu trabalho diligente e revelador. Em um gráfico, a temperatura e a quantidade de CO_2 ao longo dos séculos pareciam um par de montanhas-russas, subindo

AQUECIMENTO GLOBAL

e descendo em uníssono. Claramente havia uma correlação importante entre a temperatura do planeta e a quantidade de CO_2 no ar. (Hoje, esses núcleos de gelo vão ainda mais longe. Em 2017, os cientistas conseguiram extrair núcleos de gelo com 2,7 milhões de anos na Antártica, dando aos cientistas uma história antes desconhecida do nosso planeta.)

Várias coisas me impressionaram quando analisei aquele gráfico. Em primeiro lugar, são perceptíveis as mudanças bruscas na temperatura. Imaginamos a Terra como algo bastante estável. Mas, vez ou outra, somos lembrados de que ela é um objeto dinâmico, com grandes oscilações de temperatura e clima.

Em segundo lugar, percebe-se que a última era do gelo terminou cerca de 10.000 anos atrás, quando a maior parte da América do Norte estava enterrada debaixo de quase um quilômetro de gelo sólido. Desde então, houve um aquecimento gradual da atmosfera, o que tornou possível a ascensão da civilização humana. Como teremos provavelmente outra era do gelo daqui a aproximadamente 10.000 anos, isso significa que a civilização humana prosperou acidentalmente, porque entramos em um período interglacial. Sem esse descongelamento, ainda estaríamos vivendo em pequenos bandos nômades de caçadores-coletores, perambulando pelo gelo e procurando desesperadamente restos de comida.

Mas o que mais chamou minha atenção foi que há um aumento lento da temperatura desde que a última era do gelo terminou, há 10.000 anos, mas um aumento brusco da temperatura nos últimos 100 anos, coincidindo com a chegada da revolução industrial e a queima de combustíveis fósseis.

Ao analisar a temperatura ao redor do planeta, os cientistas concluíram que 2016 e 2020 foram os anos mais quentes de toda a história registrada. De fato, o período entre 1983 e 2012 compreendeu os trinta anos mais quentes dos últimos 1.400 anos. Assim, esse aquecimento recente da Terra não é subproduto do aquecimento por causa do período interglacial, mas algo claramente antinatural. O principal suspeito, entre vários fatores, para esse aumento foi o surgimento da civilização humana.

O futuro pode depender da nossa capacidade de prever padrões climáticos e traçar ações realistas. Estamos no limite do que os computadores convencionais conseguem fazer, então iremos precisar nos voltar aos computadores quânticos para obter uma avaliação acurada do aquecimento global e "relatórios climáticos virtuais" de futuros possíveis, permitindo a variação de alguns parâmetros para ver como eles irão afetar o clima.

Um desses relatórios climáticos virtuais pode conter a chave para o futuro da civilização humana.

Como Ali El Kaafarani escreveu na revista *Forbes*, "os computadores quânticos também têm um potencial imenso na perspectiva ambiental, e os especialistas preveem que, por meio de simulações quânticas, eles serão fundamentais para que os países consigam atingir as Metas de Desenvolvimento Sustentável das Nações Unidas".

CO_2 E O AQUECIMENTO GLOBAL

Acima de tudo, precisamos de avaliações rigorosas do efeito estufa e de como a atividade humana está contribuindo para seu aumento.

A luz vinda do Sol consegue penetrar facilmente a atmosfera da Terra. Mas, quando refletida pela superfície do planeta, ela perde energia e se torna radiação térmica infravermelha. Porém, como a radiação infravermelha não atravessa o CO_2 muito bem, o calor fica preso na Terra, aquecendo-a. Oitenta por cento da energia mundial em 2018 veio da queima de combustíveis fósseis, que geram

AQUECIMENTO GLOBAL

CO_2 como subproduto. Assim, o aumento brusco na temperatura observado no último século provavelmente foi causado por uma série de fatores, principalmente o aumento do CO_2 resultante da Revolução Industrial.

O rápido aquecimento da Terra nos últimos 100 anos também foi confirmado por uma fonte completamente diferente, não aquela vinda do espaço interior do gelo subterrâneo, mas do espaço sideral. Daquele ponto de vista, os efeitos do aquecimento global são visualmente dramáticos.

Os satélites climáticos da NASA conseguem calcular a quantidade total de energia que a Terra recebe do Sol. Esses satélites também conseguem determinar a quantidade total de energia que a Terra envia de volta ao espaço. Se a Terra estivesse em equilíbrio, teríamos quantidades aproximadamente iguais de entrada e saída de energia. Quando todos os fatores são considerados cuidadosamente, encontramos que a Terra absorve mais energia do que irradia de volta para o espaço, fazendo com que se aqueça. Se compararmos a quantidade líquida de energia capturada pela Terra, obteremos praticamente a mesma quantidade de energia gerada pela atividade humana. Assim, o maior causador do aumento recente no aquecimento do planeta parece ser mesmo a atividade humana.

Fotos de satélite revelam as consequências do aquecimento. Essas fotos podem ser comparadas com fotos de décadas anteriores, mostrando as mudanças marcantes na geologia do planeta. Vemos que todas as principais geleiras retrocederam ao longo das décadas.

Os submarinos têm visitado o Polo Norte desde os anos 1950. Eles permitiram verificar que o gelo durante os meses de inverno tem ficado 50 por cento mais fino nos últimos cinquenta anos, diminuindo sua espessura cerca de 1 por cento a cada ano. (As crianças do futuro podem se perguntar por que seus pais dizem que o Papai Noel mora no Polo Norte se lá quase não tem nenhum gelo

REVOLUÇÃO QUÂNTICA

polar.) De acordo com cientistas da NASA, em meados deste século, o oceano Ártico ficará completamente sem gelo durante o verão.

A atividade dos furacões também poderá mudar. Eles começam como um vento tropical moderado nas imediações da costa da África e depois migram pelo oceano Atlântico. Quando atingem o Caribe, eles já são como bolas de boliche. Se se aproximam em determinado ângulo, entram nas águas quentes do Golfo do México e sua intensidade aumenta até se tornarem tempestades monstruosas. A intensidade, a frequência e a duração dos furacões que atingem a Costa Leste dos EUA têm aumentado desde os anos 1980, provavelmente por causa da elevação da temperatura da água. Por isso, provavelmente veremos maior poder dos furacões e suas devastações no futuro.

PREVISÕES PARA O FUTURO

As projeções para o futuro do clima na Terra feitas pelos computadores são bastante sombrias. Os níveis globais do mar têm aumentado cerca de vinte centímetros desde 1880. (Isso se deve ao aumento da temperatura dos oceanos, o que faz com que o volume total de água se expanda.) Muito provavelmente, esse nível vai aumentar de meio a dois metros e meio em 2100. Os mapas-múndi em 2050 e 2100 mostrarão uma mudança impressionante nas áreas costeiras.

"O aumento do nível do mar causado pela mudança climática global é um risco claro e presente para os Estados Unidos hoje e para as próximas décadas e séculos", afirma um relatório da NASA e da Administração Oceânica e Atmosférica Nacional (NOAA, na sigla em inglês).

Mas, para cada dois centímetros e meio que perdemos verticalmente, as áreas costeiras perdem dois metros e meio horizon-

AQUECIMENTO GLOBAL

talmente em termos de litoral utilizável. O próprio mapa da Terra está, portanto, se modificando aos poucos. Além do mais, os níveis do mar vão continuar aumentando ao longo do século XXII por causa da quantidade enorme de calor que já está em circulação na atmosfera. No mínimo, isso significa que as áreas costeiras irão sofrer com inundações em larga escala à medida que as ondas oceânicas começarem a ultrapassar barragens e barreiras.

Bill Nelson, administrador da NASA, comentou a respeito dos relatórios recentes produzidos pela NASA/NOAA sobre o clima: "Este relatório comprova estudos anteriores e confirma o que já sabemos de longa data: os níveis dos mares estão subindo continuamente a uma taxa alarmante, colocando comunidades em perigo ao redor do mundo... Ações urgentes são necessárias a fim de mitigar uma crise climática que está bem encaminhada."

Cidades costeiras ao redor do mundo terão de lidar com o aumento das águas. Veneza já fica submersa durante alguns períodos do ano. Partes de Nova Orleans já estão abaixo do nível do mar. Todas as cidades costeiras precisarão ter planos para acomodar a subida do nível do mar esperada para as próximas décadas, como eclusas, diques, zonas de evacuação, sistemas de alerta para furacões e assim por diante.

METANO COMO UM GÁS ESTUFA

O metano é mais de trinta vezes mais potente que o dióxido de carbono como gás estufa. O perigo é que as regiões árticas próximas ao Canadá e à Rússia, que contêm vastas extensões de tundra, podem estar descongelando e liberando gás metano.

Certa vez, dei uma aula em Krasnoiarsk, na Sibéria. Os residentes de lá me disseram que não se importavam com o aquecimento

285

global, pois isso significava que suas casas não ficariam constantemente congeladas. Eles também me contaram um fato curioso: as
enormes carcaças de mamutes que morreram dezenas de milhares
de anos antes estão emergindo do gelo à medida que a temperatura
aumenta.

Apesar de os habitantes que vivem na Sibéria não se importarem
com um clima mais ameno, o perigo real é para o restante do globo,
pois a emissão do gás metano pode causar um efeito cascata descontrolado. Quanto mais a Terra aquece, mais a tundra descongela
e libera gás metano. O metano, por sua vez, aquece a Terra ainda
mais e o ciclo recomeça. Assim, quanto mais tundra derreter, mais
nosso planeta vai aquecer. Como o metano é um potente gás estufa,
isso significa que muitas das projeções feitas por computador para
o futuro podem subestimar a magnitude do aquecimento global.

IMPLICAÇÕES MILITARES

Vemos os efeitos do aquecimento global por todo lugar. Os fazendeiros, por exemplo, em sintonia com os ciclos do clima, estão
percebendo que os verões têm duração de até uma semana a mais
em média do que costumavam ter. Isso afeta o momento da planta-
ção de sementes e quais plantas eles poderão cultivar naquele ano.

Insetos, como os mosquitos, também estão migrando para o
norte, talvez levando doenças tropicais junto, como o vírus do
Nilo Ocidental.

Como a energia que circula no clima está aumentando, isso
significa que haverá oscilações climáticas mais severas e não apenas
um aumento constante na temperatura. Assim, podemos esperar
incêndios florestais, secas e enchentes cada vez mais comuns. A
expressão "inundação de 100 anos" descreve eventos climáticos

AQUECIMENTO GLOBAL

violentos com um por cento de chance de serem igualados; agora, porém, eles parecem ocorrer com mais frequência. Em 2022, a Europa e os EUA foram atingidos por temperaturas especialmente altas que quebraram recordes por todo o planeta, gerando incêndios florestais em massa, lagos que desapareceram e mortes por desidratação, entre outras consequências graves.

Os polos, que exercem enorme influência sobre o clima, têm aquecido mais rapidamente do que outras regiões do planeta. O tamanho do derretimento na Groenlândia, apenas nos últimos vinte anos, já criou volume suficiente para cobrir os EUA inteiros com 45 centímetros de água.

Enquanto isso, o manto de gelo da Antártica desenvolveu rios subterrâneos com a neve recém-derretida. Parece agora claro que os polos não são tão estáveis como imaginamos.

Um relatório recente da NASA/NOAA focou o colapso possível da geleira Thwaites na Antártica, que foi apelidada de "a geleira do juízo final". "A plataforma de gelo oriental deverá se despedaçar em centenas de icebergs. A coisa toda pode colapsar a qualquer momento", disse Erin Pettit, glaciologista da Oregon State University.

Isso também tem consequências militares e geopolíticas. O Pentágono uma vez esboçou o pior cenário possível se o aquecimento global sair do controle. E identificou como um dos lugares mais mortais a fronteira entre Bangladesh e Índia. Por causa do aumento do nível do mar e das fortes enchentes, o aquecimento global poderá um dia forçar a migração de milhões de pessoas de Bangladesh para a fronteira com a Índia. Essa massa de pessoas desesperadas iria sobrecarregar os guardas da fronteira. Então haveria pressão cada vez maior sobre as forças armadas da Índia para conter a onda de refugiados tentando escapar das inundações. Como última medida, as forças armadas da Índia poderiam ter de proteger suas fronteiras por meio do uso de armas nucleares.

REVOLUÇÃO QUÂNTICA

Esse foi o pior cenário possível, mas ele ilustra o que poderia acontecer se os problemas se agravassem descontroladamente.

VÓRTICE POLAR

Algumas pessoas citam as nevascas monstruosas que engolfaram enormes porções dos EUA e afirmam que a ameaça do aquecimento global é exagerada.

Mas precisamos olhar para o motivo dessa instabilidade no clima do inverno. Onde quer que haja uma tempestade gelada, os registros climáticos fornecem detalhes do movimento das correntes de jato à medida que descem do Alasca e do Canadá, trazendo o frio.

A corrente de jato, por sua vez, resulta de oscilações do vórtice polar, um cilindro estreito e girante de ar supergelado localizado no Polo Norte. Recentemente, fotografias de satélite do vórtice polar mostraram que ele está se tornando mais instável, então ele migra, enviando correntes de jato mais para o sul e criando essas anomalias de inverno.

Alguns meteorologistas chamaram a atenção para a instabilidade do vórtice poder ser explicada pelo aquecimento global. Em geral, o vórtice polar é relativamente estável e não migra muito. Isso ocorre porque a diferença de temperatura entre o vórtice polar e as latitudes inferiores é relativamente grande, o que aumenta a força do vórtice polar e o deixa mais estável. Mas, se a temperatura das regiões polares aumenta mais rapidamente do que em climas mais temperados, a diferença de temperatura diminui, o que reduz a força do vórtice. Isso, por sua vez, empurra a corrente de jato mais para o sul, criando padrões climáticos anormais até o Texas e o México.

AQUECIMENTO GLOBAL

Ironicamente, o aquecimento global pode ser o responsável por alguns dos climas congelantes no Sul dos EUA.

O QUE FAZER?

Então o que fazer a respeito?

Podemos esperar que a energia renovável e medidas de conservação venham a tirar gradativamente a dependência da civilização nos combustíveis fósseis. Talvez uma superbactéria ajude a inaugurar a chegada da Era Solar com carros elétricos eficientes. Talvez os países levem a sério o combate ao problema. E, talvez, em meados deste século, a fusão esteja disponível.

Mas, se tudo der errado, um plano alternativo é tentar resolver o problema com a geoengenharia. As soluções a seguir devem ser utilizadas no pior cenário possível.

1. Sequestro do carbono

A abordagem mais conservadora é o sequestro do carbono, ou a separação do CO_2 nas refinarias de petróleo e então enterrá-lo no solo. Isso na verdade já foi tentado em pequena escala. Outra ideia é separar o CO_2 e descartá-lo misturando-o com o basalto encontrado em rochas vulcânicas. Essa é uma ideia importante, mas limitada por razões econômicas. O sequestro do carbono custa caro, e as empresas precisam justificar tal ação. Assim, várias organizações ainda estão "esperando pra ver" quando se trata de sequestro do carbono. O processo ainda está em deliberação se vai funcionar ou se será viável economicamente.

289

REVOLUÇÃO QUÂNTICA

2. Modificação do clima

Quando o Monte Santa Helena entrou em erupção em 1980, os cientistas conseguiram calcular o quanto de cinzas vulcânicas foi jogado no ambiente e qual foi o efeito subsequente na temperatura. Aparentemente, o escurecimento da atmosfera por causa da erupção refletiu mais luz solar de volta para o espaço, causando um efeito de resfriamento.

Podemos calcular o quanto de material particulado pode ser necessário para uma redução da temperatura global.

Há, entretanto, perigos associados a isso. Dada a escala da operação, seria muito difícil testarmos essa ideia. E, mesmo se as erupções vulcânicas diminuírem a temperatura temporariamente em alguns graus, esse é um evento demasiadamente pequeno para evitar uma catástrofe climática.

3. Proliferação das algas

Outra possibilidade é semear os oceanos, o que irá absorver o CO_2. As algas, por exemplo, conseguem se desenvolver com o ferro. Elas também, por sua vez, absorvem o CO_2. Semeando os oceanos com ferro, podemos utilizar as algas para controlar o CO_2. O problema aqui é que estamos brincando com formas de vida que não conseguimos controlar. As algas não são estáticas, e conseguem se reproduzir de forma imprevisível. E não podemos fazer o recall de uma forma de vida, da mesma forma que fazemos com automóveis defeituosos.

4. Nuvens de chuva

Outros sugeriram modificar o clima utilizando uma técnica antiga: cristais de iodeto de prata. Enquanto povos

AQUECIMENTO GLOBAL

antigos tentavam fazer chover por meio de danças e encantamentos, vários países e as forças armadas têm tentado o feito injetando substâncias químicas na atmosfera. Cristais de iodeto de prata, por exemplo, aceleram a condensação do vapor d'água, talvez induzindo nuvens de chuva a criar tempestades. Acredita-se que o método tenha sido investigado pela CIA durante a guerra do Vietnã como forma de atacar tropas inimigas durante a temporada das monções, expulsando-as de seus santuários.

Outra variação da técnica é o chamado clareamento de nuvens ou estímulo à criação de nuvens para que elas reflitam mais energia da luz solar de volta ao espaço.

Infelizmente, as mudanças climáticas são muito localizadas, influenciando apenas uma área minúscula, ao passo que a superfície terrestre é muito grande. E o histórico desse método não é nada bom. É algo altamente imprevisível.

5. Plantar árvores

Pode ser possível alterarmos geneticamente as plantas para que absorvam mais CO_2 do que o normal. Isso talvez seja a abordagem mais segura e razoável, mas não temos certeza de que CO_2 suficiente seja removido de forma a reverter o aquecimento do planeta inteiro. E, como a maior parte das áreas florestais no planeta é controlada por uma colcha de retalhos de países, cada um com a própria agenda, seria preciso muita vontade política por parte dos países, trabalhando em conjunto, para que embarquem nesse plano ambicioso.

6. Calculando o clima virtual

Levando-se em conta tudo o que está em jogo, espera-se que os computadores quânticos sejam capazes

COMPUTADORES QUÂNTICOS E AS SIMULAÇÕES CLIMÁTICAS

de calcular a melhor opção. A tarefa mais importante é compilar todos os dados para fazer previsões tão acuradas quanto o possível.

Todos os modelos climáticos de computador começam dividindo a superfície da Terra em pequenos quadrados ou células. Na década de 1990, esses modelos começaram com uma malha quadrada com cerca de 500 quilômetros de cada lado. À medida que a potência de processamento dos computadores aumentou, esse tamanho foi ficando menor. (Para o Relatório da Quarta Avaliação do IPCC, Painel Intergovernamental sobre Mudanças Climáticas, de 2007, o tamanho da malha era de cerca de 100 quilômetros.)

Em seguida, as malhas quadradas são estendidas para uma modelagem tridimensional de forma que descrevam as várias camadas da atmosfera. Tipicamente, a atmosfera é dividida em dez placas verticais.

Uma vez que toda a superfície e atmosfera da Terra tenham sido divididas nesse conjunto de placas discretizadas, o computador analisa os parâmetros dentro de cada placa (umidade, luz solar, temperatura, pressão atmosférica etc.). Depois, utilizando as equações conhecidas da termodinâmica para atmosfera e energia, ele então calcula como a temperatura e a umidade variam nas células vizinhas, até que a Terra inteira tenha sido coberta.

Dessa forma, os cientistas conseguem obter uma estimativa aproximada do clima futuro. Para verificar os resultados, eles podem ser "testados" com uma espécie de retrospectiva (*hindcasting*). O programa de computador pode ser rodado de trás para a frente: partindo do comportamento atual do clima, vemos se ele

AQUECIMENTO GLOBAL

consegue "prever" o clima no passado, quando as condições eram bem conhecidas.

O *hindcasting* demonstrou que esses modelos computacionais, apesar de não serem perfeitos, conseguiram reproduzir corretamente o padrão climático dominante nos últimos cinquenta anos. Mas a quantidade de dados é muito grande, levando os computadores comuns ao limite. Com a complexidade crescente dessa tarefa, o que precisamos é de uma transição para os computadores quânticos.

INCERTEZAS

Não importa o quão poderoso nosso programa de computador seja, há sempre o desconhecido, fatores inesperados que são difíceis de modelar. Talvez a maior incerteza seja a presença de nuvens, que refletem a luz solar de volta para o espaço, reduzindo um pouco o efeito estufa. Como até 70 por cento da superfície da Terra, em média, é coberta por nuvens, esse é um fator importante.

O problema é que as formações das nuvens mudam minuto a minuto, fazendo com que as previsões de longo termo sejam incertas. As nuvens são afetadas imediatamente por variações de temperatura, umidade, pressão do ar, correntes de vento e outros fatores. Os meteorologistas compensam isso com estimativas aproximadas de como eles acham que será a atividade das nuvens, a partir das informações do passado.

Outra fonte de incerteza são as correntes de jato previamente mencionadas. Quando olhamos para os dados do clima, várias fotos de satélite próximas ao Ártico mostram uma massa de ar fria migrando pelo globo, tipicamente confinada ao norte, mas que às vezes vai mais para o sul chegando até o México. Como o caminho exato a ser percorrido pelas correntes de jato é difícil de ser previsto, os meteorologistas fazem uma estimativa média das variações de temperatura causadas por essas correntes.

A questão é que há um limite para o que um computador digital consegue fazer em face das incertezas. Os computadores quânticos, entretanto, podem ser capazes de corrigir a maior parte delas. Em primeiro lugar, eles conseguem calcular o que acontece se reduzirmos o tamanho da placa para que nossas previsões fiquem mais acuradas. O clima pode mudar rapidamente sobre a distância de pouco mais de um quilômetro, mas ainda assim essas placas têm vários quilômetros de comprimento e isso introduz erros. Mas um computador quântico conseguirá trabalhar com placas muito menores.

Em segundo lugar, esses modelos estimam fatores como a corrente de jatos e as nuvens em níveis fixos. Os computadores quânticos terão a habilidade de incluir quantidades variáveis para esses parâmetros, de forma que consigamos simplesmente girar um botão e modificá-los. Assim, os computadores quânticos vão produzir relatórios virtuais do clima com parâmetros variáveis cruciais.

Percebemos claramente o limite do que se consegue fazer com os computadores convencionais quando vemos na TV o caminho previsto para um furacão. As estimativas, feitas por modelos computacionais diferentes, são colocadas na tela e vemos o quanto elas variam. Previsões importantes feitas por programas de computador diferentes, como onde e quando o furacão irá atingir a costa e o quanto ele irá percorrer por terra, frequentemente diferem por centenas de quilômetros.

Mas essas incertezas, que frequentemente custam milhões de dólares e a vida de inocentes, serão reduzidas quando fizermos a transição para os computadores quânticos.

AQUECIMENTO GLOBAL

Relatórios climáticos mais acurados gerados pelos computadores quânticos nos darão projeções melhores, que vão nos ajudar a nos preparar para os cenários possíveis.

Mas, como a queima de combustíveis fósseis é um dos fatores mais importantes a impulsionar o aquecimento global, é preciso investigar fontes de energia alternativas. Uma fonte importante de energia barata no futuro poderá ser a energia de fusão, isto é, cultivar o poder do Sol na Terra. E a chave para essa energia pode estar nos computadores quânticos.

CAPÍTULO 15

O SOL DENTRO DE UMA GARRAFA

Desde a antiguidade, as pessoas veneram o Sol como fonte de vida, esperança e prosperidade. Os gregos acreditavam que Hélio, deus do Sol, passeava orgulhosamente pelo céu em sua carruagem brilhante iluminando o mundo e proporcionando calor e conforto aos mortais abaixo.

Porém, mais recentemente, os cientistas tentaram capturar o segredo do Sol e trazer sua energia ilimitada para a Terra. O principal candidato para isso é a chamada fusão, que alguns dizem ser como engarrafar o Sol. No papel, parece a solução ideal para todos os nossos problemas de energia. Isso iria gerar energia ilimitada para sempre, sem muitos dos problemas associados aos combustíveis fósseis e à energia nuclear. E, como a fusão é um mecanismo neutro em carbono, poderia também nos salvar do aquecimento global.

Parece mais um sonho.

Infelizmente, os físicos exageraram. O engraçado é que, a cada vinte anos, os físicos afirmam que a energia de fusão está a apenas vinte anos no futuro. Hoje, os principais países industrializados afirmam que a energia de fusão está finalmente ao seu alcance e que eles irão cumprir a promessa de fornecer energia ilimitada quase completamente de graça.

Atualmente, os reatores de fusão ainda são tão caros e complexos que a comercialização dessa tecnologia provavelmente ainda está a algumas décadas no futuro. Entretanto, com a chegada dos computadores quânticos, os cientistas esperam que algumas das falhas recorrentes que impedem a produção da energia de fusão possam ser resolvidas, tornando os reatores de fusão uma realidade prática e econômica. Esses computadores poderão se revelar uma tecnologia fundamental que vai ajudar a inaugurar a energia de fusão em nossas casas e cidades.

A esperança é que essa energia venha a ser comercializada antes de o aquecimento global se tornar irreversível e esquentar todo o planeta.

POR QUE O SOL BRILHA?

As pessoas sempre tiveram curiosidade de saber de onde vem o poder do Sol. Sua energia parece ilimitada e até mesmo divina. Alguns especulavam que o Sol fosse como uma fornalha gigante no céu. Mas um cálculo simples mostra que a queima de combustível duraria apenas alguns séculos ou milênios, sem contar o fato de que, no vácuo do espaço, qualquer chama seria apagada instantaneamente.

Então por que o Sol brilha?

O segredo do Sol foi revelado pela famosa equação de Einstein $E = mc^2$. Os físicos perceberam que o Sol, composto principalmente de hidrogênio, obtém sua energia pela fusão dos núcleos de hidrogênio para formar hélio. Quando o peso do hidrogênio

O SOL DENTRO DE UMA GARRAFA

original foi comparado com o peso do hélio, havia uma quantidade minúscula de massa faltando. Uma fração pequena da massa original é perdida durante o processo de fusão. Esse déficit de massa, na fórmula de Einstein, se torna a energia maciça que ilumina o sistema solar inteiro.

As pessoas testemunharam o enorme poder aprisionado dentro do átomo de hidrogênio quando ele foi liberado pela detonação da bomba de hidrogênio. Um pedaço do sol, de certa forma, foi trazido à Terra, com grandes implicações.

VANTAGENS DA FUSÃO

Há duas formas de liberarmos esse fogo nuclear. Podemos fundir hidrogênio para formar hélio via fusão ou podemos fracionar átomos de urânio ou plutônio para liberar energia nuclear via fissão. Em cada processo, quando comparamos o peso dos ingredientes com o peso do produto final, uma quantidade mínima de massa terá desaparecido, que pode então ser encontrada na forma de energia nuclear.

Apesar de todas as usinas nucleares comerciais obterem suas fontes de energia a partir da fissão de urânio, a fusão possui vantagens impressionantes.

Em primeiro lugar, diferentemente das usinas de fissão, a fusão não produz quantidades abundantes de lixo nuclear mortal. Em reatores de fissão, o núcleo de urânio é fracionado, liberando energia, mas também criando uma cascata de centenas de produtos radioativos da fissão, como estrôncio-90, iodo-131, césio-137 e outros. Alguns desses subprodutos radioativos vão permanecer radioativos por milhões de anos, fazendo com que lixões nucleares gigantescos precisem ser bem guardados até um futuro distante.

Uma única usina de fissão comercial, por exemplo, pode criar trinta toneladas de lixo nuclear de alto nível em apenas um ano. Os lixões nucleares são como mausoléus gigantes. Em todo o mundo, há cerca de 370.000 toneladas de produtos mortais de fissão que precisam ser monitorados cuidadosamente.

As usinas de fusão, pelo contrário, geram gás hélio como subproduto, que tem valor comercial. Talvez um pouco do aço irradiado de uma usina de fusão possa vir a se tornar radioativo após décadas de uso, mas isso pode ser facilmente descartado e enterrado.

Em segundo lugar, diferentemente das usinas de fissão, as usinas de fusão não correm risco de derretimento. Em uma usina de fissão, os produtos residuais continuam a gerar grandes quantidades de calor mesmo que o reator seja desligado. Quando a água usada para o resfriamento é perdida em algum acidente nas usinas nucleares de fissão, a temperatura pode disparar até que o reator atinja 2.800 °C e comece a derreter, criando explosões desastrosas. Em 1986, em Chernobyl, por exemplo, explosões de vapor e de gás hidrogênio arrancaram o teto do reator, liberando cerca de 25 por cento dos materiais radioativos contidos no núcleo do reator para a atmosfera e sobre a Europa. Foi o pior acidente nuclear comercial da história.

Em contrapartida, se acontecer um acidente numa usina de fusão, o processo de fusão simplesmente para. Não haverá mais geração de calor e o acidente estará controlado.

Em terceiro lugar, o combustível para as usinas de fusão é ilimitado. O suprimento de urânio, por outro lado, é limitado e exige um ciclo completo de mineração, fresagem e enriquecimento para produzir combustível de urânio utilizável. O hidrogênio, por outro lado, pode ser extraído a partir da simples água do mar.

Em quarto lugar, a fusão é bastante eficiente na liberação da energia dos átomos. Um grama de hidrogênio pesado pode produzir até

O SOL DENTRO DE UMA GARRAFA

90.000 kilowatts de energia elétrica, ou o equivalente ao produzido por onze toneladas de carvão.

Por último, nem as usinas de fissão nem as de fusão criam dióxido de carbono e, portanto, não contribuem para o aquecimento global.

CONSTRUINDO UM REATOR DE FUSÃO

Há dois ingredientes básicos numa máquina de fusão. Primeiro, precisamos de uma fonte de hidrogênio aquecida em vários milhões de graus, na verdade mais quente até que o Sol, para transformá-lo em um plasma que é o quarto estado da matéria (depois dos estados sólido, líquido e gasoso). O plasma é um gás tão quente que alguns dos seus elétrons acabam sendo arrancados. É a forma de matéria mais comum no universo, formando estrelas, gás interestelar e até mesmo relâmpagos.

Em segundo lugar, precisamos de um jeito de conter esse plasma à medida que ele é aquecido. Nas estrelas, a gravidade comprime o gás. Mas, na Terra, a gravidade é tão fraca para isso que precisamos usar campos elétricos e magnéticos.

O projeto de reator de fusão mais popular é o chamado tokamak, um projeto russo. Comece com um cilindro e então o enrole completamente com fios de bobinas. Pegue as duas extremidades do cilindro e conecte-as, formando um anel. Injete gás hidrogênio no anel e então faça passar uma corrente elétrica através do cilindro, que irá aquecer o gás até altíssimas temperaturas. Para conter esse plasma quente, quantidades enormes de energia elétrica são alimentadas às bobinas que rodeiam o anel, contendo o plasma com um campo magnético poderoso e evitando que ele aqueça as paredes do reator.

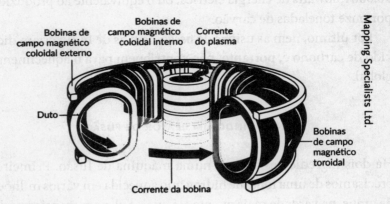

Figura 11: Tokamak
Em um reator de fusão, bobinas de fios são enroladas ao redor de uma câmara em formato de anel, criando um campo magnético poderoso que confina um plasma superaquecido. A chave para o tokamak é aquecer o gás de forma que a fusão libere vastas quantidades de energia. No futuro, os computadores quânticos poderão ser usados para alterar ou até melhorar as configurações precisas do campo magnético, possibilitando, assim, um aumento na potência e na eficiência, e ao mesmo tempo reduzindo custos.

Finalmente, uma vez que a fusão comece, os núcleos de hidrogênio se combinam para formar hélio, liberando grandes quantidades de energia. Em um projeto, dois isótopos isolados do hidrogênio, o deutério e o trítio, são fundidos criando energia, hélio e um nêutron. Esse nêutron, por sua vez, carrega a energia da fusão para fora do reator, onde ele atinge uma camada de material que está envolvendo o tokamak.

Essa camada, usualmente feita de berílio, cobre e aço, aquece até que canos com água ali posicionados comecem a ferver. O vapor criado consegue fazer mover as lâminas de uma turbina, o que, por sua vez, faz girar ímãs enormes. Esse campo magnético, então, empurra os elétrons da turbina, gerando eletricidade que no fim será levada até nossos lares.

O SOL DENTRO DE UMA GARRAFA

POR QUE A DEMORA?

Com todas essas vantagens à espera, o que está causando tanto atraso no desenvolvimento da energia de fusão? Já faz cerca de setenta anos desde que as primeiras usinas de fusão foram construídas, então por que está demorando tanto? Não é um problema de física, mas um problema de engenharia.

O gás hidrogênio precisa ser aquecido a vários milhões de graus, temperatura mais quente até que o Sol, para que os núcleos de hidrogênio possam se combinar para formar hélio e energia. Mas aquecer um gás a temperaturas muito altas é difícil. Frequentemente, o gás é instável, e as reações de fusão são interrompidas. Os físicos já passaram décadas tentando conter o hidrogênio de forma que consigamos aquecê-lo a temperaturas estelares.

Retrospectivamente, os físicos conseguem enxergar como pode ser fácil para a natureza liberar a energia de fusão contida no coração de uma estrela. As estrelas nascem como uma bola de gás hidrogênio que é simetricamente comprimida pela gravidade. À medida que essa bola fica menor e menor, as temperaturas começam a aumentar, até que ela atinja vários milhões de graus e o hidrogênio comece a fundir causando a ignição da estrela.

Observe que esse processo ocorre naturalmente; como a gravidade é monopolar, isto é, começamos com um polo (não dois) de modo que a bola de gás original colapsa sobre si mesma por causa da gravidade. Como resultado, é relativamente fácil para as estrelas se formarem e é exatamente por isso que vemos bilhões delas pelo telescópio.

No entanto, a eletricidade e o magnetismo são diferentes. Eles são bipolares. Um ímã, por exemplo, tem sempre um polo norte e um polo sul. Não conseguimos usar um martelo para isolar o polo norte. Se quebrarmos um ímã em dois pedaços, acabaremos com dois ímãs menores, cada um com seu par de polos norte e sul.

REVOLUÇÃO QUÂNTICA

Então aqui está o problema. É extremamente difícil criar um campo magnético poderoso que consiga comprimir gás de hidrogênio superaquecido na forma de um anel grande o suficiente para criar a fusão. Para ver como isso é tão difícil, imagine um balão bem longo, do tipo que se usa em festas infantis com formato de animais. Em seguida una as extremidades do balão de modo que ele fique em forma de anel. Depois tente espremê-lo homogeneamente. Não importando onde se esprema, o ar encontra um jeito de empurrar algum outro lugar do balão. É extremamente difícil espremer e comprimir o ar dentro do balão de forma homogênea.

ITER

Com o término da Guerra Fria e com a percepção de que a construção de um reator de fusão era proibitivamente cara, o mundo começou a reunir seus conhecimentos e recursos para o uso pacífico da energia atômica. Em 1979, a busca por reatores de fusão internacionais cresceu. Os presidentes Ronald Reagan e Mikhail Gorbachev se encontraram e ajudaram a selar um acordo.

O ITER (Reator Experimental Termonuclear Internacional, na sigla em inglês) é um exemplo de cooperação internacional. Há trinta e cinco países envolvidos no financiamento desse projeto ambicioso, incluindo União Europeia, EUA, Japão e Coreia.

Para medirmos a eficiência de um reator de fusão, os físicos introduziram uma quantidade chamada Q, que é a energia gerada pelo reator dividida pela energia que ele consome. Quando $Q = 1$, temos um empate, quando o reator produz tanta energia quanto consome. No momento, o recorde mundial para uma usina de fusão está em torno de $Q = 0,7$. Mas o ITER foi projetado

O SOL DENTRO DE UMA GARRAFA

para atingir, algum dia, $Q = 10$, gerando muito mais energia do que consome.

O ITER é uma máquina monstruosa, que pesa mais de 5.000 toneladas, tornando-o um dos instrumentos científicos mais sofisticados de todos os tempos, junto com a Estação Espacial Internacional e o Grande Colisor de Hádrons. Comparado com os reatores de fusão anteriores, o ITER é duas vezes maior e dezesseis vezes mais pesado. Seu toro é gigante, com vinte metros de diâmetro e onze metros de altura. Para confinar todo o plasma, seus ímãs geram um campo magnético que é 280.000 vezes mais forte do que o campo magnético da Terra.

O ITER é o projeto de fusão mais ambicioso do mundo. Ele foi projetado para produzir uma quantidade líquida de 450 milhões de watts de energia, mas não estará conectado a nenhuma rede elétrica. Acredita-se que o ITER inicie suas operações em 2034. Se for um sucesso, vai preparar o caminho para o reator de fusão de próxima geração, chamado DEMO, cuja conclusão está prevista para 2050. O DEMO foi projetado para atingir $Q = 25$ e produzir até 2 gigawatts de energia.

Portanto, o objetivo é conseguir a energia de fusão comercial antes da metade do século. Mas os analistas enfatizam que a energia de fusão sozinha não vai resolver a crise do aquecimento global tão cedo. "A fusão não é uma solução para chegarmos a 2050 com um balanço zero. Ela é uma solução para alimentar a sociedade na segunda metade deste século", diz Jonathan Amos, correspondente científico da BBC News.

A chave para o ITER são os campos magnéticos enormes, que podem ser produzidos por algo chamado supercondutividade, que é o ponto no qual toda a resistência elétrica se anula a temperaturas superbaixas, tornando assim possível a obtenção dos campos magnéticos mais potentes. Baixar a temperatura até próximo ao zero absoluto reduz a resistência da eletricidade, elimina calor residual e aumenta a eficiência do campo magnético.

Essa foi uma descobe:ta de 1911, quando o mercúrio foi resfriado abaixo dos 4,2 K, próximo ao zero absoluto. À época, acreditava-se que os movimentos atômicos aleatórios praticamente cessavam próximo ao zero absoluto, de modo que os elétrons conseguissem viajar livremente quase sem resistência. Assim, foi considerado algo estranho o fato de várias substâncias se tornarem supercondutoras a temperaturas ainda mais altas. Isso era um mistério.

Mas foi preciso vários anos até que, em 1957, John Bardeen, Leon Cooper e John Schrieffer criaram uma teoria quântica da supercondutividade. Eles descobriram que, sob certas circunstâncias, os elétrons formavam os chamados pares de Cooper e então percorriam a superfície de um supercondutor quase sem resistência. A teoria limitava o valor máximo da temperatura para um supercondutor em 40 K.

Mesmo antes que os ímãs do ITER sejam ligados, versões menores, porém similares, do reator já mostraram que o projeto básico do tokamak está correto. O projeto do ITER ganhou um impulso enorme em 2022 quando foi anunciado que duas versões menores, uma localizada perto de Oxford, na Inglaterra, e outra na China, foram capazes de alcançar um novo recorde.

O reator de fusão de Oxford, chamado de JET (Toro Europeu Conjunto, na sigla em inglês), alcançou $Q = 0,33$ por cinco segundos, estabelecendo um novo recorde que esse mesmo reator havia conseguido 24 anos antes. Isso equivale a aproximadamente 11 megawatts de potência, ou a potência para aquecer até seis chaleiras de água.

"Os experimentos do JET nos colocam a um passo mais perto da energia de fusão", afirma Joe Milnes, um dos diretores do laboratório. "Nós demonstramos que conseguimos criar uma miniestrela

O SOL DENTRO DE UMA GARRAFA

dentro da nossa máquina e mantê-la por cinco segundos, obtendo alta performance, o que realmente nos coloca em outro mundo."

Arthur Turrell, uma autoridade em energia por fusão, diz: "É um marco porque eles conseguiram obter a maior saída de energia das reações de fusão do que qualquer outro dispositivo na história."

No entanto, os chineses fizeram seu anúncio poucos meses depois, afirmando que conseguiram sustentar a fusão por dezessete minutos após terem aquecido o plasma até 158 milhões de graus Celsius. Seu reator de fusão, chamado EAST (Supercondutor Tokamak Avançado Experimental, na sigla em inglês), assim como seu primo britânico, baseia-se no projeto tokamak original, o que indica que o ITER provavelmente está no caminho certo.

PROJETOS CONCORRENTES

Por conta de tudo o que está em jogo, e pelo fato de que grandes campos magnéticos sejam tão difíceis de serem manipulados, várias novas ideias têm sido propostas para conter o plasma. Mais de vinte e cinco grupos iniciantes estão lançando as próprias versões de um reator de fusão.

No geral, todos os projetos tokamak usam supercondutores, criados pelo resfriamento de bobinas até próximo do zero absoluto, quando a resistência elétrica praticamente se anula. Mas, em 1986, uma nova classe de supercondutores foi descoberta por tentativa e erro, o que foi sensacional. Ela conseguiu alcançar a fase supercondutora a uma temperatura amena de 77 K. (Essa nova classe de supercondutores, chamada de supercondutores de alta temperatura, baseia-se no resfriamento de cerâmicas como o óxido de ítrio, bário e cobre.) Esse foi um anúncio esplêndido, porque significava que uma nova teoria quântica da supercondutividade havia sido

REVOLUÇÃO QUÂNTICA

descoberta, e que cerâmicas poderiam se tornar supercondutoras com nitrogênio líquido comum. Isso foi importante porque o nitrogênio custa o mesmo que o leite, reduzindo significativamente os custos de um supermagneto. (Gelo seco ou dióxido de carbono solidificado custa 2 dólares por quilo. O nitrogênio líquido custa cerca de 8 dólares por quilo. O hélio líquido, utilizado como agente de resfriamento da maioria dos supercondutores, custa cerca de 200 dólares por quilo.)

Isso pode não parecer um grande avanço para as pessoas, mas para um físico abre uma mina de ouro de oportunidades. Como os componentes mais complexos de um reator de fusão são os ímãs, essa tecnologia muda completamente os aspectos econômicos e as suas possibilidades.

Apesar de a descoberta dos supercondutores cerâmicos de alta temperatura ter sido incorporada tarde demais no ITER, ela abriu possibilidades de utilização para a próxima geração de reatores de fusão.

Um projeto promissor que utiliza esse novo método é o reator SPARC, que foi anunciado em 2018 e atraiu rapidamente a atenção (e os bolsos) de bilionários como Bill Gates e Richard Branson, permitindo ao SPARC arrecadar mais de 250 milhões de dólares em um curto intervalo de tempo. (Mas, comparado aos 21 bilhões de dólares já gastos no ITER, isso é quase nada.)

Ele atingiu um grande marco em 2021 ao testar com sucesso seus ímãs supercondutores de alta temperatura, que conseguem gerar campos magnéticos 40.000 vezes mais potentes do que o campo magnético da Terra.

"Esse ímã vai mudar o curso das ciências da fusão e da energia, e acreditamos que irá mudar em algum momento a paisagem energética mundial", diz Dennis Whyte do MIT. "É algo grandioso. Não é uma moda, é uma realidade", afirma Andrew Holland, CEO da Associação da Indústria da Fusão. O SPARC pode ter um ponto de

O SOL DENTRO DE UMA GARRAFA

equilíbrio Q maior do que dois, superando o ITER, mas com uma fração do tempo e do custo desse último.

O SPARC sozinho não vai gerar energia elétrica comercial. Mas seu sucessor, o reator ARC, poderá. Se for um sucesso, ele deverá deslocar o centro de gravidade da pesquisa em fusão, forçando a próxima geração de reatores a se adaptarem às tecnologias mais recentes, como os supercondutores de alta temperatura e os computadores quânticos, o que seria necessário para aumentar a estabilidade crucial dos campos magnéticos de forma que eles contenham o plasma.

No entanto, a ciência dos supercomputadores ficou muito confusa com o anúncio de que um supercondutor de temperatura ambiente havia sido produzido. Normalmente, a criação de um supercondutor desse tipo seria como o Santo Graal da física de baixas temperaturas, o produto de décadas de trabalho incessante. Mas essa descoberta continha um grande problema. Os físicos finalmente conseguiram criar um supercondutor em temperatura ambiente, mas só se o comprimirmos a pressões 2,6 milhões de vezes maiores do que a pressão atmosférica. Fabricar o equipamento mais simples que suporte essas pressões requer uma maquinaria altamente especializada, que nem todos possuem. Assim, os físicos estão adotando uma abordagem "esperar pra ver", enquanto as pressões não sejam reduzidas de forma que os supercondutores em temperatura ambiente também se tornem uma alternativa viável.

FUSÃO A LASER

Uma abordagem completamente diferente da fusão foi feita pelo Departamento de Energia dos EUA, usando feixes de laser gigantes no lugar de ímãs potentes para aquecer o hidrogênio. Quando

REVOLUÇÃO QUÂNTICA

apresentei um programa de TV para a BBC-TV, visitei o NIF (Instalação Nacional de Ignição, na sigla em inglês), uma instalação gigantesca no Laboratório Nacional Livermore, na Califórnia, que custou 3,5 bilhões de dólares.

Por ser uma instalação militar onde ogivas nucleares são projetadas, eu tive de passar por diversos pontos de segurança antes do meu tour de reconhecimento. Por fim, passei por guardas armados e fui levado até a sala de controle do NIF. Mesmo se você já viu algum dia os projetos do NIF em papel, ficará impressionado quando realmente testemunhar o tamanho colossal dessa máquina. É verdadeiramente gigantesca, do tamanho de três campos de futebol, com uma altura de dez andares, apequenando qualquer pessoa.

De longe, eu conseguia ver o caminho utilizado pelos 192 feixes de laser de alta potência, entre os mais poderosos do planeta. Quando esses feixes de laser são acionados mesmo que por um bilionésimo de segundo, eles atingem 192 espelhos. Cada espelho está cuidadosamente posicionado para refletir o feixe em um alvo, que é uma bolinha do tamanho de uma ervilha contendo deutereto de lítio, que é rico em hidrogênio.

Isso faz com que a superfície da bolinha se evapore e colapse, o que eleva a temperatura a dezenas de milhões de graus. Quando aquecida e comprimida de tal forma, a fusão ocorre e nêutrons reveladores são emitidos.

O objetivo final é gerar energia comercial via fusão a laser. Quando o alvo é evaporado, nêutrons serão emitidos, que vão, por sua vez, ser enviados por um cobertor. Assim como no projeto tokamak, a esperança é que esses nêutrons altamente energéticos consigam transferir sua energia para o cobertor, que aquece e ferve água que então irá alimentar a turbina e produzir energia comercial.

Em 2021, o NIF atingiu um marco. Foi capaz de produzir 10 quatrilhões de watts de potência em 100 trilionésimos de segundo, a

O SOL DENTRO DE UMA GARRAFA

100 milhões de K, quebrando seu recorde anterior. Ele comprimiu a bolinha combustível 350 bilhões de vezes a pressão atmosférica.

Finalmente, em dezembro de 2022, o NIF foi manchete em todo o mundo com o anúncio sensacional de que havia, pela primeira vez na história, conseguido um Q maior que 1, ou seja, ele gerou mais energia do que consumiu. Este foi verdadeiramente um evento histórico, indicando que a fusão é de fato um objetivo que pode ser alcançado. Mas os físicos também alertaram que esse foi apenas o primeiro passo. O segundo passo seria aumentar a escala do reator de modo que ele consiga alimentar uma cidade inteira. Então, depois, ele terá de ser reproduzido de forma lucrativa e espalhado por todo o mundo. Ainda resta saber se o NIF poderá ser comercializado de forma a produzir quantidades práticas de energia. Por enquanto, o projeto tokamak ainda é o mais avançado e o mais comum.

OS PROBLEMAS COM A FUSÃO

Apesar de a energia de fusão ter capacidade de mudar a forma pela qual consumimos energia na Terra, problemas recorrentes têm levado a falsas esperanças e sonhos desfeitos.

Muitos esforços anteriores para desenvolver a energia de fusão foram decepcionantes. Desde os anos 1950, já houve mais de 100 reatores de fusão, mas nenhum foi capaz de produzir mais energia do que a consumida. Muitos foram abandonados. Um problema fundamental é a configuração toroidal (formato de anel) do projeto tokamak. Ela resolveu um problema (a capacidade de conter o plasma em alta temperatura), mas levou a outro (instabilidade).

Por causa da natureza toroidal dos campos magnéticos, é difícil manter um processo de fusão estável por tempo suficiente para satisfazer o critério de Lawson, que requer uma certa temperatura, densidade e duração de modo a criar a reação de fusão.

Se houver irregularidades minúsculas nos campos magnéticos do tokamak, o plasma pode se tornar instável.

O problema fica pior pelas interações entre o plasma e o campo magnético. Até mesmo se o campo magnético externo conseguir inicialmente conter o plasma, este possui o próprio campo magnético, que então interage com o campo magnético mais forte do reator e se torna instável.

O fato de as equações para o plasma e para o campo magnético serem fortemente acopladas cria efeitos em cascata. Se houver uma leve irregularidade nas linhas de campo magnético dentro do anel, este, por sua vez, pode causar irregularidades no plasma dentro do anel. Mas, como o plasma tem o próprio campo magnético, ele consegue aumentar a irregularidade original. Assim, isso pode levar a um efeito descontrolado, com a irregularidade se tornando maior e maior cada vez que os dois campos magnéticos reforçarem um ao outro. Essas irregularidades às vezes ficam tão intensas que elas conseguem encostar nas paredes do reator e de fato fazer um buraco nelas. Então esse é o motivo fundamental pelo qual tem sido tão difícil satisfazer o critério de Lawson e manter o processo de fusão estável tempo suficiente para criar um reator autossustentável.

FUSÃO QUÂNTICA

É aqui que entram os computadores quânticos. As equações para os campos magnéticos e para o plasma são conhecidas. O problema é que as duas equações estão acopladas uma à outra, e interagem de forma complexa. Pequenas oscilações imprevisíveis de repente podem ser amplificadas. Mas, enquanto os computadores digitais

O SOL DENTRO DE UMA GARRAFA

têm problemas em processar essa situação, os computadores quânticos farão o processamento com esse arranjo complexo.

Hoje, se um reator de fusão tiver o projeto errado, será muito difícil começar tudo do zero e reprojetá-lo. No entanto, se todas as equações estiverem dentro de um computador quântico, isso vai simplificar enormemente o problema, e os computadores quânticos podem calcular se o projeto é ótimo ou se há projetos mais estáveis ou eficientes.

Mudar os parâmetros em um computador quântico é muito mais barato do que reprojetar o ímã de um reator de fusão inteiramente novo que custa bilhões de dólares.

Como um reator pode custar entre 10 e 20 bilhões de dólares, isso pode significar economias astronômicas. Novos projetos podem ser criados e testados virtualmente porque o computador quântico conseguirá calcular suas propriedades. Além do mais, um computador quântico poderia facilmente brincar com uma série de novos designs virtuais para ver se eles melhoram a performance do reator.

O poder dos computadores quânticos pode também ser ampliado com a inteligência artificial. Sistemas de IA podem variar a força dos vários ímãs de um reator de fusão. Então os computadores quânticos poderão analisar o fluxo de dados oriundos desse procedimento de forma a aumentar o fator Q. Por exemplo, o programa de IA chamado DeepMind já foi usado para modificar o reator de fusão operado pelo Instituto Federal de Tecnologia Suíço em Lausanne, na Suíça.

"Eu acredito que a IA irá desempenhar um papel fundamental no controle futuro do tokamak e da ciência da fusão em geral", diz Federico Felici, do Instituto Suíço. "Há um potencial enorme para ser liberado pela IA de modo a controlar e descobrir como operar melhor esses dispositivos de forma mais eficiente", completa ele.

REVOLUÇÃO QUÂNTICA

Portanto, a IA e os computadores quânticos poderão trabalhar de mãos dadas para aumentar a eficiência dos reatores de fusão, que, por sua vez, poderão energizar o futuro e ajudar a reduzir o aquecimento global.

Outra aplicação dos computadores quânticos será decifrar como os supercondutores cerâmicos de alta temperatura funcionam. Como mencionado previamente, no momento ninguém sabe ao certo como eles mantêm suas propriedades mágicas. Essas cerâmicas supercondutoras já estão na praça por mais de quarenta anos e ainda não há consenso. Modelos teóricos já foram propostos, mas eles são apenas isto: teóricos.

Um computador quântico, entretanto, poderia mudar isso. Ele poderia ser capaz de calcular as distribuições de elétrons dentro das camadas bidimensionais no interior das cerâmicas supercondutoras e então determinar qual teoria é a correta.

Além disso, já vimos que a criação dos supercondutores ainda se baseia na tentativa e erro. Por acidente, novos supercondutores podem ser descobertos. Mas isso significa que experimentos inteiramente novos precisam ser feitos cada vez que um novo material é testado. Não há uma forma sistemática de descobrirmos novos supercondutores. Entretanto, um computador quântico poderá ser capaz de criar um laboratório virtual no qual poderemos testar novas propostas para supercondutores. Poderemos testar dezenas de substâncias interessantes em apenas uma tarde, em vez de levar anos e gastar milhões para examinar cada uma delas.

Assim, os computadores quânticos podem conter a chave para um futuro energético sem poluição, barato e confiável.

Mas, se conseguirmos resolver o problema das equações da fusão em um computador quântico, talvez consigamos também resolver a equação de fusão que está no coração das estrelas, de forma a revelar o segredo das fornalhas nucleares internas espalha-

O SOL DENTRO DE UMA GARRAFA

das por todo o céu noturno, como essas estrelas explodem em uma supernova e como se transformam nos objetos mais misteriosos do universo, os buracos negros.

CAPÍTULO 16

SIMULANDO O UNIVERSO

Em 1609, Galileu Galilei olhou através de um telescópio que ele mesmo havia construído e viu maravilhas que ninguém jamais tinha observado antes. Pela primeira vez na história, a verdadeira glória e majestade do universo estavam sendo reveladas.

Galileu ficou maravilhado com as coisas que viu. Ele ficou atordoado com o novo cenário estonteante do universo, que se revelava a cada noite. Galileu foi o primeiro a ver que a Lua tinha crateras profundas, que o Sol tinha alguns pontos pretos, que Saturno tinha um tipo de "orelhas" (agora conhecidas como anéis), que Júpiter tinha quatro luas próprias e que Vênus tinha fases, assim como a Lua, o que mostrava que a Terra girava em torno do Sol e não vice-versa.

Galileu até organizou festas noturnas para observação do céu, nas quais a elite de Veneza podia ver, com os próprios olhos, o verdadeiro esplendor do universo. Mas essa imagem gloriosa não se encaixava bem com a imagem pintada pelas instituições religiosas, de modo que havia um preço muito alto cobrado por essas

317

revelações cósmicas. A igreja ensinava que o céu era formado por esferas perfeitas, eternas e celestiais, um testamento à glória de Deus, enquanto a Terra era afligida pelas tentações carnais e pelo pecado. Ainda assim, Galileu conseguia enxergar que o universo era rico, variado, dinâmico e sempre em mutação.

Na verdade, os historiadores acreditam que o telescópio talvez lidere o ranking dos instrumentos mais sediciosos jamais introduzidos na história da ciência, pois ele desafiava os poderes constituídos, alterando para sempre nossa relação com o mundo ao redor.

Galileu, com seu telescópio, estava revirando tudo o que se conhecia sobre o Sol, a Lua e os planetas. No fim, Galileu foi preso, levado a julgamento e lembrado abertamente que o ex-monge Giordano Bruno fora queimado vivo nas ruas de Roma, apenas trinta anos antes, por afirmar que poderia haver outros sistemas solares no espaço, talvez até com vida neles.

A revolução que foi deflagrada pelo telescópio de Galileu mudou para sempre a forma pela qual vemos as glórias do universo. Os astrônomos não são mais queimados na fogueira. Ao contrário, lançam satélites espaciais gigantes, como os telescópios espaciais Hubble e James Webb, para revelar os mistérios do universo. (E há até uma estátua de Giordano Bruno na Planície das Flores em Roma, exatamente no local onde ele foi queimado vivo. A cada dia, Bruno tem sua vingança à medida que novos planetas são descobertos rodeando estrelas distantes no céu.)

Atualmente, os satélites em órbita da Terra têm uma visão inigualável do céu. Esses instrumentos, como o telescópio espacial Webb, que está a um milhão e meio de quilômetros da Terra, abriram novos horizontes para a astronomia a partir de seu ponto de vista privilegiado.

A ciência teve tanto êxito que os cientistas estão se afogando em oceanos de dados, e os computadores quânticos podem ser

SIMULANDO O UNIVERSO

necessários para organizar e analisar esse dilúvio de informação. Os astrônomos não tremem mais solitários no clima congelante, observando as noites solitárias através de seus telescópios gelados, narrando os movimentos dos planetas. Agora, eles programam telescópios robóticos gigantes que varrem automaticamente todo o céu.

As crianças com frequência fazem uma pergunta bem simples: quantas estrelas há no céu? Essa é uma pergunta bastante difícil de se responder, mas na Via Láctea existem cerca de 100 bilhões de estrelas. O telescópio Hubble consegue, em princípio, detectar 100 bilhões de galáxias. Assim, estima-se que haja cerca de 100 bilhões vezes 100 bilhões = 10^{22} de estrelas no universo conhecido.

Isso, por sua vez, significa que uma enciclopédia que contenha todos os planetas e que catalogasse suas posições, tamanhos, temperaturas etc. iria exaurir a memória de um supercomputador. Assim, os computadores quânticos podem ser necessários para conseguirmos ter uma medida realista do universo.

Os computadores quânticos podem conseguir peneirar essa torre astronômica de informações e selecionar características cruciais sobre os objetos celestes. Eles serão capazes de ir diretamente a peças-chave de dados e extrair conclusões vitais a partir da massa caótica com um simples apertar de um botão.

Além do mais, ao calcularem a fusão no interior de uma estrela, os computadores quânticos conseguirão prever quando será a próxima grande explosão solar que poderá paralisar toda a rede elétrica. Os computadores quânticos também serão capazes de resolver as equações que descrevem os asteroides renegados, estrelas em explosão, o universo em expansão e o que há no interior dos buracos negros.

ASTEROIDES ASSASSINOS

Há um motivo prático para analisar esses corpos celestes que passam bem próximos à Terra. Alguns deles podem ser de fato perigosos, capazes de destruir nosso planeta. Sessenta e seis milhões de anos atrás, um objeto de aproximadamente dez quilômetros de diâmetro caiu na península de Yucatán, no México. A explosão liberou tanta energia que criou uma cratera com quase 350 quilômetros de diâmetro, gerando um tsunami com quase dois quilômetros de altura e que inundou o Golfo do México. Uma tempestade de meteoros em chamas deflagrou infernos flamejantes por toda a área. Uma camada espessa de nuvens bloqueou completamente a luz solar e lançou a Terra em uma escuridão, com temperaturas despencando até que os dinossauros pesados não conseguissem mais caçar ou comer. Talvez 75 por cento de toda a vida pereceu com o impacto desse asteroide.

Os dinossauros, infelizmente, não possuem um programa espacial e por isso não estão por aqui para discutir o problema. Mas nós estamos e algum dia iremos precisar disso se algum objeto extraterrestre estiver em rota de colisão com a Terra.

Até o momento, 27.000 asteroides já foram identificados pelo governo e pelas forças armadas. Eles são chamados objetos próximos à Terra (NEOs, na sigla em inglês), que cruzam o caminho do nosso planeta e representam uma ameaça de longa duração a ele. A maioria vai do tamanho de um campo de futebol até vários quilômetros de diâmetro. Mas o que mais preocupa são as dezenas de milhões de asteroides menores do que um campo de futebol e que não estão sendo contabilizados. Eles podem se aproximar sem ser detectados e causar danos consideráveis ao atingirem a Terra. Outro perigo são os cometas de longos períodos, cujas localizações, além de Plutão, não são conhecidas e que algum dia poderão se

SIMULANDO O UNIVERSO

aproximar da Terra sem serem anunciados ou detectados. Assim, infelizmente, apenas uma fração dos objetos potencialmente perigosos são de fato rastreados pelos pesquisadores.

Uma vez entrevistei o astrônomo Carl Sagan, famoso por seus programas de TV que popularizavam a ciência. Eu lhe perguntei sobre o futuro da humanidade. Ele respondeu que a Terra fica bem no meio de um "estande de tiro cósmico", de modo que é apenas uma questão de tempo até que algum dia sejamos confrontados com um asteroide gigante que pode destruir a Terra. É por isso que precisamos nos tornar uma "espécie biplanetária", ele me disse. Esse é o nosso destino. Precisamos explorar o espaço, disse ele, não apenas para descobrir novos mundos, mas para encontrar outro refúgio seguro nos céus.

Um asteroide que está sendo examinado é o Apófis, que tem aproximadamente 500 metros de diâmetro e vai passar raspando pela atmosfera da Terra em 2029.

Ele vai se aproximar cerca de 10 por cento da distância entre a Terra e a Lua.

Na verdade, ele vai chegar tão perto da Terra que será visível a olho nu, passando por baixo de alguns de nossos satélites.

Como vai raspar nossa atmosfera, ele encontrará condições imprevisíveis, de modo que é impossível dizer ao certo como será sua trajetória em 2036, quando ele irá passar novamente perto da Terra. Ele provavelmente não vai acertar a Terra em 2036, mas isso é apenas um chute.

O ponto aqui é que os computadores quânticos podem ser necessários para rastrear e fazer aproximações melhores da trajetória de asteroides potencialmente perigosos. Algum dia, um asteroide irá passar perto da Terra, criar pânico nas massas enquanto os cientistas tentam determinar se ele irá atingir nosso planeta ou passar direto. É aí que os computadores quânticos podem fazer a diferença.

REVOLUÇÃO QUÂNTICA

No pior cenário, um cometa distante vindo do espaço profundo pode começar uma longa viagem até o interior do nosso sistema solar. Sem uma cauda, ele será invisível para os nossos telescópios. Ao passar por trás do Sol, a luz solar irá aquecer o gelo do cometa e formar uma cauda. E, ao emergir repentinamente por detrás do Sol, nossos telescópios finalmente vão detectar a cauda do cometa e nos dar um aviso antes do impacto catastrófico. Mas, com quanta antecedência nossos telescópios poderiam nos alertar? Talvez algumas semanas.

Infelizmente, não podemos esperar que Bruce Willis venha ao nosso resgate num ônibus espacial. Em primeiro lugar, o programa espacial antigo foi cancelado e o substituto dos ônibus espaciais não consegue chegar ao espaço profundo. Mas, ainda que conseguisse, não seríamos capazes de interceptar um asteroide e desviá-lo a tempo.

Em 2021, a NASA enviou a sonda DART (teste de redirecionamento de asteroide duplo) para o espaço profundo com a finalidade de interceptar um asteroide. Pela primeira vez na história, um objeto fabricado pelo homem teve êxito em alterar fisicamente a trajetória de um asteroide. Espera-se que o impacto venha a responder várias perguntas. Será que um asteroide é uma coleção frágil de rochas, que facilmente se desprendem? Ou será uma massa sólida, dura que permanecerá intacta? Se tiver êxito, outras missões DART irão atingir asteroides distantes como um ensaio para o que pode acontecer algum dia.

No fim, ficará a cargo dos computadores quânticos detectar asteroides perigosos, assassinos de planetas, e traçar sua trajetória precisa, porque existem potencialmente milhões deles que podem infligir um dano importante à Terra, muitos não detectados.

SIMULANDO O UNIVERSO

Também precisamos dos computadores quânticos para modelar o impacto propriamente dito, de modo que consigamos obter uma estimativa do quão perigoso um objeto pode ser ao de fato atingir a Terra. Um asteroide pode vir a acertar nosso planeta com uma velocidade de cerca de 250.000 quilômetros por hora, e pouco se sabe acerca de como se calcular a devastação que um impacto a velocidades supersônicas como essa poderia causar. Os computadores quânticos poderão ajudar a preencher essa lacuna de modo a sabermos o que esperar se um asteroide assassino de planetas, que fomos incapazes de defletir ou destruir, cruzar o caminho da Terra.

EXOPLANETAS

Olhando além do nosso sistema solar, outro motivo para usar os computadores quânticos é catalogar todos os planetas que orbitam outras estrelas. O telescópio espacial Kepler e outros satélites e telescópios terrestres já detectaram cerca de 5.000 exoplanetas no nosso quintal, a Via Láctea. Isso significa que, em média, cada estrela que vemos à noite possui um planeta que orbita ao seu redor. Talvez cerca de 20 por cento de todos os exoplanetas sejam como a Terra, de forma que a Via Láctea talvez tenha bilhões de planetas como a Terra além daqueles que já identificamos.

Quando eu estava no ensino fundamental, me lembro vividamente de que um dos meus primeiros livros científicos era sobre o nosso sistema solar. Após um tour maravilhoso por Marte, Saturno, Plutão e além, o livro disse que provavelmente há outros sistemas solares na galáxia e que o nosso talvez seja apenas um mediano. Provavelmente todos os sistemas solares apresentam planetas rochosos próximos ao Sol e gigantes gasosos mais distantes,

REVOLUÇÃO QUÂNTICA

como Júpiter, todos orbitando seus sóis em trajetórias aproximadamente circulares.

Agora percebemos como estavam erradas todas essas suposições.
Sabemos que os sistemas solares vêm em todos os tamanhos e formatos. Nosso sistema solar é, na verdade, o diferente. Vemos sistemas
solares com planetas em órbitas extremamente elípticas. Encontramos gigantes gasosos maiores que Júpiter circulando próximos à sua
estrela. Encontramos sistemas solares com múltiplos sóis.

Assim, algum dia, quando tivermos uma enciclopédia dos planetas na nossa galáxia, ficaremos perplexos com sua rica variedade.
Se conseguirmos imaginar um planeta estranho, ele provavelmente
existirá lá fora em algum lugar.

Precisamos de um computador quântico para rastrear todos
os caminhos que descrevem evoluções planetárias. À medida que
lançamos mais e mais telescópios ao espaço, essa enciclopédia de
planetas vai explodir em tamanho, necessitando de uma potência
computacional imensa para analisar atmosferas, composições
químicas, temperaturas, geologia, padrões de ventos e outras características que irão gerar montanhas de dados.

ET NO ESPAÇO?

Um objetivo dos computadores quânticos será se concentrar na
busca por outras formas de vida inteligentes. Uma pergunta desconcertante surge: como reconhecer uma inteligência que seja
completamente alienígena para nós? Podemos precisar dos computadores quânticos para reconhecer padrões que sejam imperceptíveis aos computadores convencionais.

O astrônomo Frank Drake, em 1950, inventou uma equação
capaz de estimar quantas civilizações avançadas poderiam existir

SIMULANDO O UNIVERSO

na galáxia. Começamos com 100 bilhões de estrelas na galáxia e reduzimos esse número de acordo com uma série de suposições razoáveis. Começamos a reduzi-lo pela fração de estrelas com planetas, a fração dos planetas com atmosferas, a fração que tem planetas com atmosferas e oceanos, a fração com planetas com vida microbiana etc. Não importando a quantidade de suposições que façamos sobre os planetas, o número final ainda estará na casa dos milhares.

Ainda assim, o projeto SETI (busca por inteligência extraterrestre) não encontrou qualquer evidência de algum tipo de sinal de rádio vindo do espaço profundo. Nenhum mesmo. Seus radiotelescópios poderosos em Hat Creek, nos arredores de São Francisco, registraram apenas um silêncio mortal ou estática. Assim, somos deixados com o paradoxo de Fermi: se a probabilidade de vida inteligente no universo é tão grande, onde ela está?

Computadores quânticos poderão nos ajudar a responder essa pergunta. Como eles são mestres em se debruçar sobre quantidades enormes de dados e pistas escondidas e como a inteligência artificial é mestre em aprender a identificar coisas novas por reconhecimento de padrões, combinados eles poderão aprender a peneirar essa grande quantidade de dados para encontrar o que pode estar se escondendo ali, ainda que seja bizarro ou totalmente inesperado.

Eu senti o gostinho disso quando apresentei um programa para o Science Channel sobre inteligência alienígena, quando analisamos a inteligência dos não humanos, como os golfinhos. Fui colocado em uma piscina com vários deles. O objetivo era fazer com que eles se comunicassem uns com os outros para ver se conseguíamos medir sua inteligência. Na água, havia sensores que gravavam seus assobios e cliques.

Como um computador pode conseguir encontrar sinais de inteligência nessa massa que parece mais um bando de ruídos e barulhos? Fitas gravadas podem ser analisadas por programas de computador projetados para procurar padrões específicos. Por exemplo, a letra do alfabeto mais usada em inglês é a "e". Ao se examinar a escrita de alguém, é possível enumerar cada letra pela frequência que é usada. Essa lista de letras do alfabeto, baseada em quão frequentemente você as usa, é uma característica específica sua. Duas pessoas diferentes produzem um ranking de letras ligeiramente diferente. Isso pode, na verdade, ser usado para encontrar falsificações. Por exemplo, ao analisarmos as obras de Shakespeare por esse programa pode-se dizer se alguma de suas peças foi escrita por outra pessoa.

Quando as gravações dos golfinhos foram analisadas pelo computador, inicialmente tudo o que se ouvia era uma confusão aleatória de sons. Mas o programa foi projetado especificamente para encontrar a frequência com a qual certos sons eram emitidos e ouvidos. O computador acabou concluindo que havia lógica por trás de todos os assobios e cliques.

Outros animais têm sido testados da mesma forma e há uma queda na inteligência à medida que vamos para organismos mais primitivos. Na verdade, quando chega a hora de analisarmos os insetos, os sinais de inteligência caem para zero.

Os computadores quânticos conseguem encontrar sinais interessantes e os sistemas de IA podem ser treinados para buscar padrões inesperados. Em outras palavras, a IA e os computadores quânticos, trabalhando juntos, podem ser capazes de encontrar evidência de vida inteligente mesmo em uma confusão caótica de sinais vindos do espaço.

EVOLUÇÃO ESTELAR

Outra aplicação imediata dos computadores quânticos é preencher as lacunas de nossa compreensão da evolução estelar e o ciclo de vida das estrelas, desde o nascimento até a morte.

SIMULANDO O UNIVERSO

Quando eu estava terminando meu doutorado em física teórica na Universidade da Califórnia, em Berkeley, meu colega de quarto estava terminando seu doutorado em astronomia. Todos os dias, ele dava tchau e dizia que iria assar uma estrela no forno. Eu achava que ele estava brincando. Não se consegue assar estrelas. Muitas são maiores que o Sol. Então um dia eu finalmente perguntei o que ele queria dizer com assar uma estrela. Ele pensou e então me disse que as equações que descrevem a evolução estelar não são completas, mas são boas o suficiente para que consigam simular o ciclo de vida de uma estrela desde o nascimento até a morte.

Pela manhã, ele introduzia os parâmetros de uma nuvem de poeira de gás hidrogênio no computador (como o tamanho, a quantidade de gás e a temperatura do gás). Depois seu computador calculava como a nuvem de gás iria evoluir. Por volta da hora do almoço, a nuvem colapsava sob sua própria gravidade, aquecia e acendia como uma estrela. Lá pela tarde, ela brilhava de longe por bilhões de anos e agia como um forno cósmico, fundindo ou "cozinhando" hidrogênio e então criando elementos cada vez mais pesados, com hélio, lítio e boro.

Aprendemos muito a partir de simulações como essa. No caso do Sol, após 5 bilhões de anos, ele terá exaurido quase toda a sua reserva de hidrogênio e a estrela irá começar a queimar hélio. Nesse momento, ela vai começar a se expandir enormemente, se tornando uma gigante vermelha tão grande que preencherá o céu e se estenderá por todo o horizonte. Ela irá engolfar planetas até a órbita de Marte. O céu irá pegar fogo. Os oceanos irão ferver, as montanhas irão derreter e tudo irá de volta para o Sol. Do pó das estrelas viemos e ao pó das estrelas voltaremos.

Como o poeta Robert Frost uma vez disse:[3]

Alguns dizem que o mundo acabará em fogo;
Alguns dizem gelo.
Mas do que já experimentei, do desejo, o jogo
Concordo com aqueles que dizem fogo.
Mas se eu tivesse que de novo fazê-lo.
Acho que conheço o ódio suficiente
Para dizer que a destruição pelo gelo
Também é excelente
E teria o seu apelo.

Em algum momento, o Sol irá exaurir seu hélio e encolher até o tamanho de uma estrela anã branca, que é apenas do tamanho da Terra, mas pesa quase tanto quanto o Sol original. À medida que ele resfriar, irá se tornar uma estrela anã negra, morta. Esse é, portanto, o futuro de nosso Sol, morrer no gelo, ao invés de fogo.

Entretanto, para estrelas verdadeiramente massivas durante sua fase de gigante vermelha, elas irão continuar a fundir elementos mais e mais pesados, até que em algum momento elas irão atingir o elemento ferro, que tem tantos prótons que eles se repelem uns aos outros e assim o processo de fusão é interrompido. E sem fusão a estrela colapsa sob sua própria gravidade e as temperaturas podem atingir trilhões de graus. Nesse momento a estrela explode em uma supernova, um dos maiores cataclismas da natureza.

Assim, uma estrela gigante pode morrer em fogo, não em gelo.

Infelizmente, ainda há muitas lacunas no cálculo do ciclo de vida das estrelas, desde as nuvens de gás até as supernovas. Mas,

---

[3]N.T. Tradução do poema *Fire and Ice* feita por Alexandre Cherman, https://planetaria.zenite.nu/traducoes/

SIMULANDO O UNIVERSO

com os computadores quânticos modelando o processo de fusão, talvez muitas dessas lacunas possam ser preenchidas.

Essa pode ser uma peça crucial de evidência ao encararmos outra ameaça sinistra: uma explosão solar monstruosa que poderia jogar toda a civilização humana para cem anos no passado. Para prever a ocorrência de uma explosão solar mortal, precisamos conhecer a dinâmica dentro da estrela, o que está muito além das capacidades dos computadores convencionais.

O EVENTO CARRINGTON

Sabemos muito pouco sobre o interior do Sol e, portanto, estamos vulneráveis às explosões catastróficas de energia solar que enviam quantidades enormes de plasma superaquecido pelo espaço. Fomos lembrados do quão pouco sabemos sobre o Sol em fevereiro de 2022, quando uma explosão de radiação solar gigante atingiu a atmosfera da Terra e apagou quarenta e nove satélites de comunicação colocados em órbita pela Space X, do Elon Musk. Esse foi o maior desastre solar da história moderna e é bem provável que aconteça novamente, uma vez que temos ainda muito o que aprender sobre essas descargas de massa coronal.

A maior explosão solar da história escrita, conhecida como o evento Carrington, aconteceu em 1859. Naquela época, a explosão solar monstruosa fez com que os fios dos telégrafos pegassem fogo pela maior parte da Europa e da América do Norte. Ela gerou distúrbios atmosféricos por todo o planeta, com uma aurora boreal cobrindo o céu noturno de Cuba, México, Havaí, Japão e China. Podíamos até ler o jornal sob o céu noturno no Caribe com a luz da aurora. Em Baltimore, a aurora foi mais brilhante do que a Lua. Um minerador de ouro, C. F. Herbert, escreveu esse testemunho sobre o evento:

Uma cena de beleza quase indescritível se apresentou. ... Luzes de todas as cores imagináveis emanavam dos céus do sul, uma cor desaparecendo e dando lugar a outra, mais bonita que a anterior, se isso fosse possível. ... Era uma visão para nunca ser esquecida, e foi considerada na época como a maior aurora já registrada. ... Os racionalistas e panteístas viram a natureza em suas vestes mais requintadas. ... Os supersticiosos e os fanáticos tiveram maus pressentimentos e consideraram isso um prenúncio do Armagedom e da destruição final.

O evento Carrington aconteceu quando a era da eletricidade ainda estava em sua infância. Desde então, houve várias tentativas de reconstrução dos dados para se estimar o que aconteceria se outro evento Carrington ocorresse nos tempos modernos. Em 2013, os pesquisadores da seguradora Lloyd's of London e da Pesquisa Atmosférica e Ambiental (Atmospheric and Environmental Research, AER) nos EUA concluíram que outro evento Carrington causaria prejuízos de cerca de 2,6 trilhões de dólares.

A civilização moderna sofreria uma parada brusca. O evento derrubaria nossos satélites e a internet, causaria curtos-circuitos em linhas de força, paralisaria todas as comunicações financeiras e causaria blecautes globais. Seríamos lançados talvez de volta a 150 anos no passado. As equipes de resgate não conseguiriam atender a população, porque também estariam presas no mesmo blecaute. Com as comidas perecíveis apodrecendo, isso acabaria conduzindo a rebeliões por comida e uma desintegração da ordem social, e até mesmo dos governos, à medida que as pessoas buscariam desesperadamente por restos de comida.

O evento pode acontecer de novo? Sim. Quando? Ninguém sabe. Uma pista pode vir da análise do evento Carrington anterior. Foram feitos estudos pela análise da concentração de carbono-14 e de berílio-10 nos núcleos gelados, esperando encontrar evidências de explosões solares pré-históricas. Os estudos descobriram algumas possíveis em 774-75 EC e 993-94 EC. Na verdade, os dados dos núcleos de gelo do evento de 774-75 EC indicam que esse tenha sido até dez vezes mais forte do que o evento Carrington. (E a erupção solar de 993-94 EC foi tão intensa que deixou marcas nas madeiras antigas, que os historiadores têm usado para estimar o período dos assentamentos Viking nas Américas.) Mas, nessa época, antes do advento da eletricidade, a civilização quase não percebeu tais eventos.

A maior explosão solar da história recente aconteceu em 2001. Uma enorme quantidade de massa coronal foi ejetada do sol e arremessada a 7,5 milhões de quilômetros por hora no espaço. Felizmente, a explosão solar não atingiu a Terra. Se tivesse atingido, teria infligido danos generalizados ao planeta, comparáveis com o do evento Carrington.

Os cientistas já sinalizaram que talvez seja possível nos preparar para o próximo evento Carrington se reservarmos recursos financeiros para reforçar satélites, blindar partes eletrônicas delicadas e construir estações de força redundantes. Isso seria um pequeno preço para prevenir a perda catastrófica de nossos sistemas elétricos. Mas normalmente esses avisos são ignorados.

Os físicos sabem que as descargas de massa coronal ocorrem quando as linhas magnéticas de força na superfície do Sol cruzam-se umas com as outras, lançando quantidades enormes de energia no espaço. Mas o que acontece no interior do Sol para criar essas condições não se sabe. As equações básicas para plasmas, termodinâmica, fusão, convecção, magnetismo e assim por diante são conhecidas, mas resolvê-las como elas ocorrem no interior do Sol ultrapassa a capacidade dos computadores modernos.

Assim, um dia, os computadores quânticos poderão desvendar as equações complexas dentro do Sol e ajudar a prever quando

REVOLUÇÃO QUÂNTICA

acontecerá a próxima explosão solar que poderá ameaçar a civilização. Sabemos que deve haver grandes correntes de convecção de plasma superaquecido se contorcendo no interior do Sol, mas não temos ideia de quando a próxima explosão solar poderá entrar em erupção ou se irá atingir a Terra. Se um computador quântico conseguir "assar" estrelas na sua memória, poderemos nos preparar para o próximo evento Carrington.

Mas os computadores quânticos conseguem ir além e resolver um dos maiores cataclismas do universo. O evento Carrington conseguiu paralisar um continente, mas uma explosão de raios gama poderia fazer muito pior, incinerando um sistema solar inteiro.

EXPLOSÃO DE RAIOS GAMA

Em 1967, um mistério aconteceu no espaço sideral. O satélite Vela, que foi lançado pelos EUA para detectar detonações de bombas nucleares não autorizadas, captou uma radiação estranha oriunda de uma fonte colossal de raios gama. A explosão gigante veio de uma fonte desconhecida, deflagrando um perigoso jogo mortal de adivinhação. Será que foram os russos testando alguma arma com poder de fogo sem igual? Será que foi algum país emergente testando alguma arma nova? Será que isso foi uma falha colossal da inteligência dos EUA?

Os alarmes soaram no Pentágono. Imediatamente, cientistas renomados foram convocados a identificar a anomalia e determinar de onde ela veio. Logo em seguida, outras explosões de raios gama foram detectadas. Os estrategistas do Pentágono respiraram aliviados quando a origem das explosões finalmente foi identificada. Elas não estavam vindo da União Soviética, mas de galáxias

SIMULANDO O UNIVERSO

distantes. Os cientistas ficaram impressionados ao descobrir que as explosões duravam apenas alguns segundos, mas liberavam mais radiação que uma galáxia inteira. Na verdade, elas liberavam mais energia do que o nosso Sol irá gerar em toda a sua história de 10 bilhões de anos. Aquelas eram as maiores explosões do universo inteiro, ficando atrás apenas do Big Bang.

Como as explosões de raios gama duram apenas alguns segundos e então desaparecem, isso significa que um sistema de alarme preventivo seria difícil de se criar. Mas, em algum momento, uma rede de satélites foi projetada para detectar esses eventos assim que ocorressem e avisar os detectores na Terra para que focassem a origem em tempo real.

Há várias lacunas em nossa compreensão das explosões dos raios gama, porém a teoria mais aceita é a de que elas sejam ou colisões entre estrelas de nêutrons e buracos negros ou estrelas que colapsam para formar buracos negros. Elas representariam os estágios finais da vida das estrelas. Assim, os computadores quânticos poderiam ser necessários para explicar por que tanta energia é liberada pelas estrelas à medida que alcançam o ponto final de seu ciclo de vida.

Alguns dos perigos potenciais das estrelas que explodem não estão distantes da Terra. Alguns átomos do nosso corpo já podem ter sido "cozinhados" em alguma supernova bilhões de anos atrás. Como mencionamos anteriormente, estrelas como o Sol não têm, por si sós, calor suficiente para criar elementos mais pesados que o ferro, como zinco, cobre, ouro, mercúrio e cobalto. Esses elementos foram criados no calor de uma explosão de supernova que aconteceu há bilhões de anos, antes mesmo do nascimento do Sol. Portanto, a própria presença desses elementos em nosso corpo é uma evidência de que uma supernova ocorreu em nossa vizinhança galáctica. Na verdade, alguns cientistas já especularam que a extinção do período ordoviciano que aconteceu há 500 milhões de anos, tendo aniquilado 85 por cento de toda a vida aquática na Terra, foi desencadeada por uma explosão de raios gama próxima.

Mais próximo ainda de nós, a estrela gigante Betelgeuse, que está a 500-600 anos-luz da Terra, está instável e irá, em algum momento, passar por uma explosão de supernova. É a segunda estrela mais brilhante da constelação de Órion. Ela está tão próxima da Terra que, quando finalmente explodir, irá brilhar mais do que a Lua à noite e até criar uma sombra. Recentemente, foram detectadas mudanças em seu brilho e forma, causando especulação sobre estar à beira de uma explosão, mas isso ainda é assunto para intenso debate.

O ponto, entretanto, é que há muito mais coisas que não compreendemos sobre uma supernova, e as lacunas poderão ser preenchidas pelos computadores quânticos. Algum dia eles serão capazes de explicar a história de vida inteira das estrelas, incluindo o Sol e também outras estrelas potencialmente perigosas em nossa vizinhança.

Mas é o subproduto de uma supernova que tem gerado tanto interesse: os buracos negros.

BURACOS NEGROS

Simular buracos negros pode exaurir o poder de processamento de um computador digital. Para uma estrela grande, talvez de dez a quinze vezes maior que o Sol, há a possibilidade de que ela exploda como uma supernova, vire uma estrela de nêutrons e talvez colapse em um buraco negro. Ninguém sabe ao certo o que acontece

SIMULANDO O UNIVERSO

quando uma estrela maciça colapsa gravitacionalmente, porque as leis de Einstein e a teoria quântica começam a falhar e uma física nova certamente será necessária.

Por exemplo, se simplesmente seguirmos a matemática de Einstein, o buraco negro irá colapsar por detrás de uma esfera escura e misteriosa denominada horizonte de eventos. Isso foi fotografado em 2021 após integrarmos a radiação captada por uma série de radiotelescópios ao redor da Terra, criando um radiotelescópio do tamanho do planeta inteiro. Ela revelou que o horizonte de eventos no coração da galáxia M87, cerca de 53 milhões de anos-luz distante da Terra, era uma esfera escura circundada por gases luminosos e superaquecidos.

O que será que existe dentro do horizonte de eventos? Ninguém sabe. Pensava-se que um buraco negro poderia colapsar em uma singularidade, um ponto supercompacto de densidade inimaginável. Mas essa visão mudou, uma vez que vemos buracos negros girando a velocidades tremendas. Ao contrário de em um só ponto, os físicos agora acreditam que os buracos negros podem colapsar em um anel girante de nêutrons, onde os conceitos usuais de espaço e tempo são virados de cabeça para baixo. A matemática diz que, se cairmos através de um anel, não necessariamente iremos morrer, mas entraremos em um universo paralelo. Assim, o anel girante seria um buraco de minhoca, um portal para outra região do universo além do buraco negro.

O anel girante seria exatamente como o espelho de Alice. De um lado, temos a simpática vida no campo de Oxford. Mas, se atravessarmos o espelho, entraremos no universo paralelo das Maravilhas.

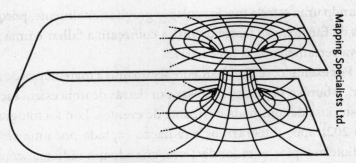

Figura 12: Computadores quânticos e buracos negros
De acordo com a relatividade, um buraco negro girante pode colapsar em um anel de nêutrons, que consegue conectar duas regiões diferentes do espaço, criando um buraco de minhoca ou um portal entre dois pontos no universo. Mas um computador quântico pode ser necessário para determinar quão estável são esses anéis, sob correções quânticas.

Infelizmente, a matemática dos buracos negros não é confiável, porque efeitos quânticos precisam também ser incluídos. Os computadores quânticos poderão nos dar simulações da teoria de Einstein e da teoria quântica quando o espaço e o tempo estão torcidos no centro de um buraco negro. Nessas condições, as equações ficam altamente acopladas. Primeiro, temos a energia por causa da gravidade e da curvatura do espaço-tempo. Então temos as energias das várias partículas subatômicas. Mas essas partículas, por sua vez, têm seus próprios campos gravitacionais, que se misturam ao campo original de forma complexa. Assim, há um emaranhado de equações, cada uma afetando as outras, em uma mistura altamente intrincada que está além da capacidade dos computadores convencionais, mas talvez não dos computadores quânticos.

Mas os computadores quânticos também podem nos ajudar a responder a uma outra pergunta constrangedora antiga. Do que é feito o universo?

SIMULANDO O UNIVERSO

MATÉRIA ESCURA

Após 2.000 anos de especulações e experimentos incontáveis, ainda não conseguimos responder a uma simples pergunta feita pelos gregos: do que é feito o mundo?

A maioria dos livros escolares afirma que o universo é feito, principalmente, de átomos. Mas sabe-se atualmente que essa afirmação está errada. O universo é feito principalmente das misteriosas matéria e energia escuras. A maior parte do universo é escura, além da capacidade de nossos telescópios para estudá-la e dos nossos sensores de detectá-la.

A matéria escura foi proposta teoricamente primeiro por Lord Kelvin em 1884. Ele percebeu que a quantidade de massa necessária para explicar a rotação das galáxias era muito maior do que a massa das estrelas. Ele concluiu que a maioria das estrelas era na verdade escura, que elas não eram luminosas. Mais recentemente, astrônomos como Fritz Zwicky e Vera Rubin confirmaram essa estranha observação ao perceberem que as galáxias e os aglomerados estelares estariam girando rápido demais e que, de acordo com nossas equações, elas então deveriam estar se despedaçando. Nossa galáxia gira cerca de dez vezes mais rápido do que o esperado. Porém, por causa da fé inabalável dos astrônomos na teoria da gravitação de Newton, esse fato foi amplamente ignorado.

Ao longo das décadas, percebeu-se que não só a Via Láctea mas todas as galáxias exibiam esse fenômeno curioso. Os astrônomos começaram a perceber que as galáxias continham matéria escura invisível que as mantinha unidas. Esse halo era muito mais maciço que a própria galáxia. A maior parte do universo, ao que parece, é feita dessa matéria escura misteriosa.

(Ainda mais misteriosa é a energia escura, que é uma forma estranha de energia que preenche o vácuo do espaço e até mesmo

REVOLUÇÃO QUÂNTICA

faz com que o universo se expanda. Apesar de a energia escura compor 68 por cento do conteúdo de matéria/energia no universo, não se sabe quase nada a seu respeito.)

Esta tabela resume os últimos dados que os cientistas imaginam de que o mundo seja feito:

Energia escura	68 por cento
Matéria escura	27 por cento
H e He	5 por cento
Elementos mais pesados	0,1 por cento

Percebemos agora que muitos dos elementos que compõem nosso corpo representam apenas 0,1 por cento de todo o universo. Somos verdadeiras anomalias. Mas a coisa da qual a maior parte do universo é composta apresenta propriedades estranhas. Como a matéria escura interage com a matéria ordinária apenas gravitacionalmente, se a segurássemos pelas mãos ela iria escorrer através dos nossos dedos e cair no chão. Mas não pararia aí; ela continuaria a cair através da poeira e do concreto, como se a Terra não estivesse ali. Ela iria continuar caindo através da crosta terrestre e ir até a China. Lá, iria reverter gradualmente sua direção por conta da força gravitacional da Terra e então viajaria de volta pelo mesmo caminho da ida, até que finalmente chegasse às nossas mãos. Assim, ela oscilaria para a frente e para trás através do planeta.

Hoje, temos mapas dessa matéria invisível. A maneira como determinamos a presença de matéria escura invisível é a mesma do vidro em nossos óculos. O vidro distorce a luz e por isso conseguimos observar seus efeitos. A matéria escura também distorce a luz de forma parecida. Assim, ao corrigirmos o desvio da luz através da matéria escura, podemos criar mapas 3D dela.

338

SIMULANDO O UNIVERSO

Certamente, descobrimos que essa matéria está concentrada ao redor das galáxias, mantendo-as coesas.

Mas não sabemos do que a matéria escura é feita. Ela parece ser feita de alguma substância que jamais vimos, algo que está fora do Modelo Padrão da física de partículas subatômicas.

Assim, a chave para o mistério da matéria escura pode ser a compreensão do que mora além do Modelo Padrão de partículas.

MODELO PADRÃO DE PARTÍCULAS

Os computadores quânticos, como já vimos, exploram as leis contraintuitivas da mecânica quântica para realizar seus cálculos. Mas a mecânica quântica propriamente dita não ficou ociosa. Ela evoluiu à medida que maiores aceleradores de partículas esmagaram mais prótons uns contra os outros para encontrar quais são os constituintes da matéria. No momento, o acelerador de partículas mais poderoso do mundo é o Grande Colisor de Hádrons (LHC), nos arredores de Genebra, na Suíça, a maior máquina científica jamais construída. Ele é um tubo de 27 quilômetros de perímetro com ímãs tão poderosos que conseguem arremessar prótons a até 14 trilhões de elétron-volts.

Quando apresentei um programa da BBC, visitei o LHC e até toquei o tubo no coração do acelerador quando ele ainda estava em construção. Foi uma experiência de tirar o fôlego, saber que, em apenas poucos anos, prótons estariam sendo arremessados uns contra os outros no interior daquele tubo a energias surpreendentes.

Após décadas de intenso trabalho com o LHC, os físicos finalmente convergiram no que é chamado atualmente de Modelo Padrão, ou a Teoria de Quase Tudo. A antiga equação de Schrödinger, como vimos, conseguia explicar as interações dos elétrons com a força eletromagnética. O Modelo Padrão, no entanto, poderia unificar a força eletromagnética com as forças nucleares fracas e fortes.

Assim, o Modelo Padrão representa a versão de uma teoria quântica mais avançada. Ela é o ápice do trabalho de dezenas de ganhadores do Prêmio Nobel e o produto de bilhões de dólares investidos em esmagadores atômicos gigantes. Por direito, ele deveria ser um marco da conquista mais nobre do espírito humano.

Infelizmente, ele é uma bagunça.

Em vez de ser o produto mais valioso da inspiração divina, o Modelo Padrão é uma mistura bruta de partículas. Ele consiste em uma mistura desconcertante de partículas subatômicas que não parecem ter muita lógica. Ele contém trinta e seis quarks e antiquarks, mais de dezenove parâmetros livres que podem ser ajustados como quisermos, três gerações de partículas idênticas e um punhado de partículas exóticas chamadas de glúons, bósons W e bósons Z, bóson de Higgs e partículas de Yang-Mills, entre outras.

É uma teoria que só uma mãe consegue amar. É como amarrar um tamanduá a um ornitorrinco e a uma baleia e dizer que essa é uma obra-prima da natureza, produto de milhões de anos de evolução.

Pior, a teoria não faz qualquer menção à gravidade e não consegue explicar a matéria escura nem a energia escura, que compõem a maior parte do universo conhecido.

Há apenas um motivo pelo qual os físicos estudam essa teoria esquisita: ela funciona. Ela descreve inegavelmente o mundo de baixas energias das partículas subatômicas como mésons, neutrinos, bósons W e assim por diante. O Modelo Padrão é tão estranho e feio que a maioria dos físicos acha que ele seja apenas a aproximação de baixas energias para uma teoria mais elegante que exista em energias mais altas. (Para parafrasear Einstein, se você vir o rabo

SIMULANDO O UNIVERSO

de um leão, você pode suspeitar de que cedo ou tarde um leão vai aparecer.)

Mas, por cerca de cinquenta anos, os físicos não viram qualquer desvio do Modelo Padrão.

Até agora.

ALÉM DO MODELO PADRÃO

A primeira suspeita de rachadura no Modelo Padrão veio do FERMILAB, o Laboratório do Acelerador Nacional Fermi, nos arredores de Chicago, em 2021. O detector de partículas enorme encontrou um leve desvio nas propriedades magnéticas dos mésons mu (encontrados comumente nos raios cósmicos). Uma enorme quantidade de dados teve de ser analisada para encontrar esse pequeno desvio, mas, se ele se mantiver, poderá sinalizar a presença de novas forças e interações além do Modelo Padrão.

Isso poderia significar que estamos vislumbrando um mundo além do Modelo Padrão, onde uma física nova poderá surgir, talvez a teoria das cordas.

Os computadores quânticos se destacam como máquinas de busca, encontrando aquela agulha teimosa no palheiro. Muitos físicos acreditam que nossos aceleradores de partículas irão captar uma evidência conclusiva das partículas além do Modelo Padrão, que então revelarão a simplicidade e a beleza verdadeiras do universo.

Os computadores quânticos já estão sendo usados pelos físicos para compreender a dinâmica misteriosa das interações entre partículas. No LHC, dois feixes de prótons de alta energia são esmagados um contra o outro a uma energia de 14 trilhões de elétron-volts, criando energias que não são vistas desde o princípio do universo.

REVOLUÇÃO QUÂNTICA

Essa colisão titânica cria cascatas de destroços subatômicos. São impressionantes trilhões de bytes por segundo de dados criados por essas colisões colossais, que são analisados por um computador quântico.

Além disso, os físicos já estão esboçando planos para um substituto do Grande Colisor de Hádrons, chamado Colisor Circular do Futuro, a ser construído no CERN, na Suíça. Tendo cem quilômetros de circunferência, ele vai apequenar os 27 quilômetros do LHC. Seu custo será de 2,3 bilhões de dólares e ele vai alcançar a energia astronômica de 100 trilhões de elétron-volts. Será de longe a maior máquina científica do planeta.

Se for construído, ele vai recriar as condições de quando o universo nasceu. Isso poderá nos levar o mais próximo humanamente possível da teoria final, a Teoria de Tudo, que Einstein buscou durante os últimos trinta anos de vida. A inundação de dados emergindo dessa máquina irá sobrecarregar qualquer computador convencional. Em outras palavras, talvez o segredo da criação seja revelado por um computador quântico.

TEORIA DAS CORDAS

Até o momento, a candidata mais promissora (e a única) para uma teoria quântica que vá além do Modelo Padrão é a teoria das cordas. Todas as teorias concorrentes já foram descartadas por serem divergentes, anômalas, inconsistentes ou por faltar aspectos cruciais da natureza. Qualquer um desses defeitos seria fatal para uma teoria física.

(Eu recebo muitos e-mails de pessoas que afirmam que finalmente encontraram a Teoria de Tudo. Eu digo a elas que há três critérios aos quais sua teoria deverá obedecer:

SIMULANDO O UNIVERSO

1. Ela precisa conter a teoria da gravitação de Einstein

2. Ela precisa conter todo o Modelo Padrão de partículas, com todos os quarks, glúons, neutrinos etc.

3. Ela precisa ser finita e sem anomalias

Até o momento, a única teoria que conseguiu satisfazer os três critérios foi a teoria das cordas.)

A teoria das cordas diz que todas as partículas elementares são nada mais do que notas musicais em pequeninas cordas vibrantes. Como um elástico que pode oscilar em frequências diferentes, a teoria das cordas diz que cada vibração do elástico corresponde a uma partícula, de modo que o elétron, o quark, o neutrino e todos os outros elementos presentes no Modelo Padrão são notas musicais diferentes. A física então corresponde à harmonia que se consegue tocar nessas cordas. A química corresponde às melodias criadas a partir da vibração das cordas. O universo pode ser comparado a uma sinfonia de cordas. E, por fim, a "mente de Deus" sobre a qual Einstein escreveu corresponderia à música cósmica ressoando através do universo.

De forma impressionante, ao calcularmos a natureza dessas vibrações, conseguimos encontrar gravidade, que é a força ausente no Modelo Padrão. Assim, a teoria das cordas nos dá uma razão crível para acreditar que ela possa ser a Teoria de Tudo. (Na verdade, se Einstein jamais tivesse nascido, a relatividade geral teria sido descoberta como um subproduto da teoria das cordas, como nada mais do que uma das notas mais baixas da corda vibrante.)

Mas, se essa teoria consegue unificar a gravidade assim como as forças subatômicas, por que vemos ganhadores do Prêmio Nobel com opiniões tão divergentes, com alguns dizendo que a teoria é um beco sem saída, enquanto outros afirmam que ela pode ser a teoria que iludiu Einstein? O problema é o seu poder de predição. Ela não apenas contém o Modelo Padrão, mas inclui muito mais. Na verdade, ela pode ter um número infinito de soluções, uma vergonha sem tamanho. Se for assim, qual a solução descreve o nosso universo?

Por um lado, percebemos que todas as grandes equações apresentam um número infinito de soluções. A teoria das cordas não é exceção. Até mesmo a teoria de Newton consegue explicar um número infinito de coisas, como bolas de beisebol, foguetes, arranha-céus, aviões etc. Precisamos especificar de antemão o que estamos investigando, isto é, precisamos especificar as condições iniciais.

Mas a teoria das cordas é uma teoria para o universo inteiro. Assim, temos de especificar as condições iniciais do Big Bang. Mas ninguém sabe as condições que deram origem à explosão cósmica que criou o universo.

Esse é o chamado problema da paisagem (ou cenário), em que parece haver um número infinito de soluções para a teoria das cordas, criando uma paisagem enorme de possibilidades. Cada ponto nessa paisagem corresponde a um universo inteiro. Um desses pontos pode explicar as características do universo.

Mas qual deles é o nosso? Será que a teoria das cordas é a teoria de tudo ou a teoria de qualquer coisa?

No momento, não há consenso para a solução desse problema. Uma solução talvez seja criar uma geração de aceleradores de partículas, como o Colisor Circular do Futuro mencionado anteriormente, o Colisor Circular de Elétrons e Pósitrons, que a China propôs, ou o Colisor Linear Internacional do Japão. Mas não há garantias de que esses projetos resolvam esse importante problema.

SIMULANDO O UNIVERSO

COMPUTADORES QUÂNTICOS PODEM SER A SOLUÇÃO

O meu ponto de vista é de que talvez os computadores quânticos possam ter a resposta final para essa pergunta. Vimos anteriormente como na fotossíntese a natureza usa a teoria quântica para avaliar uma coleção vasta de caminhos através do princípio da ação mínima. Um dia, poderá ser possível colocar a teoria das cordas em um computador quântico para selecionar o caminho correto. Talvez vários dos caminhos encontrados na paisagem sejam instáveis e decaiam rapidamente, deixando apenas uma solução correta. Talvez o nosso universo emerja como o único estável.

Assim, os computadores quânticos podem ser a etapa final na busca pela Teoria de Tudo.

Isso já teve precedentes. A teoria que melhor descreve a teoria da força nuclear forte é chamada cromodinâmica quântica (QCD). É uma teoria de partículas subatômicas que prendem os quarks para criar o nêutron e o próton. Originalmente, acreditava-se que os físicos eram inteligentes o suficiente para resolver a QCD usando matemática pura. Foi demonstrado que isso era uma ilusão.

Atualmente, os físicos já desistiram de tentar resolver a QCD na mão e, em vez disso, eles recorrem a supercomputadores gigantes para resolver essas equações. Isso é o que se chama QCD na rede, que divide o espaço e o tempo em bilhões de cubos minúsculos, formando uma rede. Resolvem-se as equações para um desses cubos minúsculos, usa-se a solução para o cubo vizinho e o processo se repete para todos os que seguem. Assim, em algum momento o computador resolve todos os cubos vizinhos, um após o outro.

De forma similar, pode ser que precisemos lançar mão dos computadores quânticos para resolver em algum momento as equações

345

REVOLUÇÃO QUÂNTICA

da teoria das cordas. Uma esperança é a de que a teoria verdadeira do universo possa surgir desse processo. Assim, os computadores quânticos podem ter a chave para a criação propriamente dita.

CAPÍTULO 17

UM DIA NO ANO 2050

Janeiro de 2050, 6 horas.

Seu despertador está tocando e você acorda com uma dor de cabeça de rachar.

Molly, sua assistente robô pessoal, aparece no telão da parede e anuncia alegremente:

— Agora são seis da manhã. Lembre-se, você me pediu que o acordasse.

— Ai, minha cabeça dói. O que eu fiz ontem à noite para me sentir assim?

— Você estava na festa comemorando o lançamento do novo reator de fusão. Você deve ter bebido um pouco além da conta.

Lentamente, tudo começa a voltar. Você se lembra de que é engenheiro da Tecnologias Quânticas, uma das maiores empresas do país. Os computadores quânticos parecem estar por todo lado nos dias de hoje, e a festa foi a celebração do lançamento do mais

347

recente reator de fusão, um evento marcante que só se tornou possível graças aos computadores quânticos.

Você se lembrou da pergunta feita por um repórter na festa.

— Por que tanta euforia? Que sensação toda é essa por causa de gás aquecido?

— Os computadores quânticos finalmente determinaram como estabilizar o gás aquecido dentro de um reator de fusão, de forma que uma quantidade quase ilimitada de energia poderá ser extraída a partir da fusão do hidrogênio para formar hélio. Essa poderá ser a solução da crise energética — respondeu você.

Isso significa que haverá dezenas de reatores de fusão sendo inaugurados ao redor do mundo e muito mais festas para ir. Uma nova era de energia renovável acessível está se abrindo, por causa dos computadores quânticos.

Mas agora é o momento de se atualizar com as notícias. Você pede à Molly: "Por favor, me mostre as notícias da manhã que se referem aos desenvolvimentos na ciência."

O telão na parede é ligado. Toda vez que escuta as últimas notícias, você gosta de fazer uma brincadeira. Depois de ouvir cada história, você identifica quais delas, se alguma, se tornaram possíveis *sem* os computadores quânticos.

O apresentador anuncia: "Uma nova frota de jatos supersônicos foi aprovada pelo governo, reduzindo drasticamente a duração da travessia dos oceanos Atlântico e Pacífico."

Você percebe que foram os computadores quânticos que, pela utilização de túneis de vento virtuais, desenvolveram o projeto aerodinâmico perfeito que eliminou o ruído das explosões sônicas, ajudando a possibilitar essa enxurrada de companhias aéreas supersônicas.

Em seguida, o apresentador anuncia: "Nossos astronautas em Marte conseguiram construir com êxito um enorme painel solar e

UM DIA NO ANO 2050

um banco de superbaterias para armazenar energia para as colônias no planeta vermelho."

Você sabe que tudo isso só foi possível graças aos computadores quânticos, que criaram as superbaterias que estão abastecendo o posto avançado em Marte. Essa tecnologia também reduziu nossa dependência do carvão e das refinarias de petróleo na Terra.

"Médicos ao redor do mundo estão anunciando a descoberta de uma nova droga para o Alzheimer, que consegue evitar o acúmulo de proteínas amiloides que causam a doença. Esse resultado pode afetar positivamente a vida de milhões de pessoas", continua o apresentador.

Você está orgulhoso! A sua empresa foi pioneira na utilização de computadores quânticos para isolar o tipo específico de proteína amiloide responsável pela doença de Alzheimer.

Ao ouvir o noticiário sobre ciência, você sorri para si mesmo, porque, mais uma vez, todas as histórias só se tornaram possíveis, direta ou indiretamente, por causa dos computadores quânticos.

Você então vai para o banheiro, toma um banho e escova os dentes. Enquanto observa a água descer pelo ralo, você lembra que ela está sendo enviada discretamente para um biolaboratório, onde será analisada em busca de células cancerosas. Milhões de pessoas não têm ideia de que estão recebendo um check-up médico completo várias vezes ao dia com um computador quântico silenciosamente conectado ao seu banheiro.

Como os computadores quânticos agora conseguem identificar células cancerosas antes que um tumor se forme, o câncer já foi reduzido a algo como um resfriado. Se o câncer é comum na sua família, você pensa, *ainda bem que ele não é mais o assassino que costumava ser.*

Finalmente, enquanto você se veste, o telão na parede se ilumina novamente. Dessa vez, surge a imagem do seu médico de IA.

349

— Então, o que foi dessa vez, doutor? Boas notícias, espero — pergunta você.

O doutor-robô, seu médico robô pessoal, responde:

— Bem, eu tenho uma notícia boa e outra ruim. Primeiro, a notícia ruim. Analisando as células na sua água usada da semana passada descobrimos que você tem câncer.

— Uau, se essas são as notícias ruins, quais são as boas? — pergunta você.

— A boa notícia é que nós localizamos a fonte do problema e encontramos apenas algumas centenas de células crescendo no seu pulmão. Nada com o que se preocupar. Nós analisamos a genética das células cancerosas e daremos a você uma injeção para estimular seu sistema imunológico a derrotar o câncer. Acabamos de receber o último pacote de células imunológicas geneticamente modificadas que foram criadas pelos computadores quânticos da sua empresa para atacar esse tipo de câncer em particular.

Você está aliviado. Então faz outra pergunta.

— Seja honesto comigo. Se seus computadores quânticos não tivessem detectado as células cancerosas nos meus líquidos corporais, o que poderia ter acontecido, digamos, dez anos atrás?

— Algumas décadas atrás, antes de os computadores quânticos se tornarem comuns, você já teria bilhões de células crescendo em um tumor no corpo e morreria em cerca de cinco anos — responde ele.

Você engole em seco. E se sente orgulhoso por trabalhar na Tecnologias Quânticas.

De repente, Molly interrompe o doutor-robô.

— Esta mensagem acabou de chegar. Há uma reunião urgente no escritório central. Sua presença está sendo requisitada imediatamente.

— Cancele todos os meus compromissos e me envie um carro, Molly.

UM DIA NO ANO 2050

Seu carro autônomo chega poucos minutos depois e o leva diretamente ao escritório. O trânsito não está tão ruim, porque milhões de sensores embutidos na estrada estão conectados a computadores quânticos que ajustam todos os sinais, segundo a segundo, para evitar engarrafamentos.

Quando você chega, desce do carro e diz: "Vá estacionar. E esteja pronto para me buscar a qualquer momento." Seu carro se conecta aos computadores quânticos gerindo todo o tráfego da cidade e encontra a vaga mais próxima.

Você entra na sala de reuniões e consegue ver em suas lentes de contato a biografia das pessoas sentadas à mesa. Todos os figurões da empresa estão lá. Deve ser uma reunião importante.

O presidente está se dirigindo ao grupo distinto de executivos.

"Estou surpreso em anunciar que esta semana nossos computadores quânticos detectaram um vírus que jamais foi visto. Nossa rede internacional de sensores em sistemas de esgoto é nossa primeira linha de defesa contra vírus mortais e ela detectou um novo microorganismo próximo à fronteira com a Tailândia. Esse vírus nos pegou de surpresa. Ele é altamente letal e contagioso, provavelmente oriundo de algum tipo de ave. Eu não preciso lembrá-los de que a última pandemia que tivemos tirou mais de um milhão de vidas nos EUA e quase afundou a economia mundial. Eu selecionei cuidadosamente um grupo das pessoas mais destacadas para voar logo para a Ásia e analisar a ameaça. Nosso transporte supersônico já está pronto para decolar. Alguma pergunta?"

Mãos foram levantadas. Muitas das perguntas eram em língua estrangeira, mas nossas lentes de contato as traduziam para o inglês.

Você estava na esperança de ter um fim de semana sossegado. Todos os seus planos ruíram. Dessa vez, um carro voador irá levá-lo ao aeroporto, onde um transporte supersônico o espera. Você tomará seu café da manhã em Nova York, vai almoçar no Alasca e jantar em Tóquio, seguido de uma reunião noturna. *Os jatos supersônicos são um grande avanço em relação aos jatos convencionais, com suas viagens cansativas de treze horas entre Nova York e Tóquio*, você pensa.

Então você se lembra de que enquanto estava no ensino fundamental leu histórias sobre o pesadelo causado pela pandemia de 2020, quando o mundo estava completamente despreparado para lidar com um vírus desconhecido. Na verdade, ele matou alguns de seus parentes. Mas, dessa vez, todas as peças estavam em seus lugares.

No dia seguinte, você recebe uma atualização. Seu gerente informa: "Felizmente, os computadores quânticos conseguiram identificar a genética do vírus, localizar seus pontos moleculares fracos e produzir planos para uma vacina que será eficiente contra a doença. Tudo isso foi feito em tempo recorde graças aos computadores quânticos, que também conseguiram analisar os registros dos aviões e dos trens para ver como o vírus poderia ter se espalhado internacionalmente. Sensores em todos os principais aeroportos e estações de trem já foram calibrados para identificar o cheiro peculiar do novo vírus."

Depois de uma semana rodando pelos laboratórios da empresa, você voa de volta para Nova York, confiante de que sua equipe tem o novo vírus sob controle. Você se orgulha do fato de que seus esforços podem ter salvado a vida de milhões de pessoas e prevenido o colapso da economia moderna.

De volta ao lar, você pergunta à Molly quais são seus compromissos mais recentes. "Desta vez temos o pedido de uma entrevista com você vinda de uma das maiores revistas do planeta. Eles estão fazendo uma matéria específica sobre computadores quânticos. Devo marcar?"

UM DIA NO ANO 2050

Você fica agradavelmente surpreso quando a jornalista chega a seu escritório. Sarah é preparada, está por dentro do assunto e é muito profissional.

— Ouvi dizer que os computadores quânticos estão por todo canto. Os antigos computadores digitais, comparados aos dinossauros, estão sendo jogados no lixo. A todo lugar que vou, parece que os computadores quânticos estão substituindo as antigas gerações de computadores de silício. Sempre que uso meu telefone celular, escuto que na verdade estou falando com um computador quântico em algum lugar na nuvem. Mas me diga, com todo esse progresso, isso vai ajudar a resolver nossos problemas sociais mais urgentes? Digo, sejamos realistas. Por exemplo, isso vai ajudar a alimentar os pobres? — indaga Sarah.

Você devolve instantaneamente.

— Bem, na verdade, a resposta é sim. Os computadores quânticos já desvendaram os segredos da retirada do nitrogênio do ar que respiramos e da conversão em ingredientes para fertilizantes. Isso está criando uma segunda Revolução Verde. Os negacionistas costumavam dizer que, com a explosão populacional, haveria fome, guerras, migração em massa, protestos por comida e assim por diante. Nada disso aconteceu, graças aos computadores quânticos.

— Mas, espere um minuto —, interrompe Sarah. — E todos os problemas com o aquecimento global. Basta piscar e a internet nas lentes de contato mostra imagens de incêndios florestais enormes, secas, furacões, enchentes... O clima parece ter enlouquecido.

— Sim, a indústria vomitou quantidades maciças de CO_2 na atmosfera por mais de um século e estamos pagando o preço. Todas as previsões se tornaram realidade. Mas estamos reagindo. A Tecnologias Quânticas está na liderança pela criação de uma superbateria que poderá armazenar quantidades vastas de energia elétrica, diminuindo enormemente os custos energéticos e ajudando a acelerar

REVOLUÇÃO QUÂNTICA

a tão esperada Era Solar. Temos agora energia mesmo quando o sol não brilha e os ventos não sopram. A energia das tecnologias renováveis, incluindo as das usinas de fusão que atualmente estão sendo inauguradas em todo o mundo, está mais barata do que a dos combustíveis fósseis, pela primeira vez na história. Estamos nos recuperando do aquecimento global. Vamos torcer para que ainda haja tempo.

— Agora deixe-me perguntar algo pessoal. Como os computadores quânticos afetaram sua família e seus entes queridos?

Você responde, triste.

— Minha família sofre muito da doença de Alzheimer. Eu vivenciei isso com a minha mãe. No início, ela esquecia coisas que tinham acabado de acontecer. Então, gradualmente, se tornou delirante, falando coisas que jamais aconteceram. Em seguida, ela se esqueceu dos nomes das pessoas da família. Por fim, se esqueceu de quem era. Mas eu fico feliz em dizer que os computadores quânticos estão tentando resolver o problema. No nível molecular, os computadores quânticos isolaram o problema existente em uma proteína amiloide que afeta o cérebro. A cura do Alzheimer está próxima.

Então ela pergunta:

— Vai aqui uma pergunta puramente hipotética. Tem muita conversa por aí dizendo que os computadores quânticos estão próximos de encontrar uma maneira de diminuir ou interromper o processo de envelhecimento. Então me diga, os rumores são verdadeiros? Vocês estão prestes a encontrar a Fonte da Juventude?

— Bem, ainda não temos todos os detalhes, mas é verdade: nossos laboratórios foram capazes de usar terapia genética, CRISPR e os computadores quânticos para reparar os erros causados pelo envelhecimento. Sabemos que o envelhecimento é o acúmulo de erros em nossos genes e células. E agora encontramos um método de corrigir isso, de modo a diminuir ou talvez reverter o processo de envelhecimento.

UM DIA NO ANO 2050

— Isso me leva à última pergunta. Se você pudesse ter outra vida, o que gostaria de ser? Por exemplo, como jornalista, eu adoraria passar outra vida como escritora. E você?

— Bem, viver várias vidas não é mais uma possibilidade impensável. Mas, se eu pudesse escolher, adoraria usar os computadores quânticos para responder às perguntas mais fundamentais sobre o universo. Digo, de onde viemos? Por que houve um Big Bang? O que havia antes dele? Nós humanos somos tão primitivos para resolver essas questões fantásticas, mas aposto que algum dia os computadores quânticos irão encontrar a resposta.

— Encontrar o significado do universo? Uau, isso é meio difícil, não? Mas você não tem medo do que os computadores quânticos possam encontrar? — pergunta ela.

— Você se lembra do que aconteceu no fim de *O guia do mochileiro das galáxias*? Após tanta expectativa e excitação, um supercomputador finalmente calcula o significado do universo. Mas a resposta acabou sendo o número quarenta e dois. Tudo bem que isso era ficção científica. Mas agora acho que podemos ser capazes de usar computadores quânticos para realmente resolver o problema.

Após a entrevista, você aperta a mão da Sarah e agradece pela ótima conversa. E então você a convida discretamente para jantar. O artigo teve um grande sucesso, informando milhões de pessoas sobre como os computadores quânticos mudaram a economia, a medicina e nosso estilo de vida. Outro bônus foi que você conseguiu conhecer Sarah um pouco melhor.

Você adorou saber que tem muitas coisas em comum com ela: ambos são bastante motivados e bem informados. Em outra ocasião, você a convida para conhecer o novo salão de videogame da Tecnologias Quânticas, onde os computadores mais poderosos criam os games virtuais mais realistas possíveis. Vocês dois se divertem com jogos bobos, que criam cenas fantásticas e exóticas por meio de poderosas simulações. Em um, você está explorando o espaço sideral. Em outro, uma praia num resort próximo ao oceano. Em seguida, no topo da montanha mais alta. Você está impressionado como os jogos são realistas até os mínimos detalhes. Mas sua viagem favorita é ver a Lua cheia nascendo ao longe em montanhas distantes. Vendo o brilho da Lua iluminar a floresta, você se sente próximo à natureza.

— Sabe de uma coisa, Sara, foi vendo o programa lunar, com os astronautas começando a explorar o universo, que eu me interessei por ciência.

— Eu também, mas, para mim, a adrenalina era que algum dia eu veria mulheres na Lua.

Com o tempo, à medida que vocês ficaram próximos, você finalmente a pediu em casamento. E ficou maravilhado quando ela disse sim.

Mas para onde vocês vão na lua de mel?

Com as notícias sobre a queda nos custos das viagens espaciais e com os consumidores voando para o espaço, ela pede à revista para fazer outra matéria.

— Eu sei exatamente o lugar para a nossa lua de mel — diz Sarah. — Eu quero minha lua de mel na Lua!

EPÍLOGO

ENIGMAS QUÂNTICOS

O cosmólogo Stephen Hawking disse uma vez que os físicos são os únicos cientistas que conseguem dizer a palavra "Deus" e não corarem.

No entanto, se você quiser realmente ver os físicos corarem, basta fazer-lhes perguntas filosóficas profundas para as quais não há respostas definitivas.

Aqui vai uma pequena lista de perguntas que irá deixar atordoada a maioria dos físicos por estarem na fronteira entre a filosofia e a física. Todas afetam a existência dos computadores quânticos e iremos considerá-las uma de cada vez.

1. Deus teve escolha ao fazer o universo?

   Einstein considerava essa uma das perguntas mais profundas e reveladoras que alguém poderia fazer. Será que Deus poderia ter criado o universo de alguma outra forma?

REVOLUÇÃO QUÂNTICA

2. O universo é uma simulação?

Será que somos seres autômatos vivendo em um videogame? Será que tudo o que vemos é produto de uma simulação de computador?

3. Os computadores quânticos realizam cálculos em universos paralelos?

Será que conseguimos solucionar o problema das medições para os computadores quânticos por meio da introdução de universos múltiplos?

4. O universo é um computador quântico?

Será que tudo o que vemos ao nosso redor, desde partículas subatômicas até aglomerados de galáxias, é evidência de que o próprio universo é um computador quântico?

DEUS TEVE ESCOLHA?

Einstein passou grande parte da vida se perguntando se as leis do universo são únicas ou se são apenas uma entre várias possibilidades. Quando ouvimos falar sobre computadores quânticos pela primeira vez, seu funcionamento interno parece maluco e bizarro. Parece inacreditável que, em um nível fundamental, os elétrons possam apresentar tal comportamento irreconhecível, como estar em dois lugares ao mesmo tempo, tunelando através de barreiras sólidas, transmitindo informação mais rapidamente que a velocidade da luz e analisando de forma instantânea um número infinito de caminhos entre dois pontos. Você pode se perguntar, será que o universo precisa ser assim tão estranho? Se tivéssemos escolha, não poderíamos rearranjar as leis da física para serem mais lógicas e fazerem mais sentido?

ENIGMAS QUÂNTICOS

Quando Einstein ficava empacado em algum problema, ele frequentemente dizia: "Deus é sutil, mas não é malicioso." Mas, quando tinha de encarar os paradoxos da mecânica quântica, às vezes ele pensava: *No fim das contas, talvez Deus seja, sim, malicioso.*

Ao longo da história, os físicos têm contemplado universos imaginários que obedecem a um conjunto diferente de leis fundamentais, para ver se as leis da natureza são únicas e para ver se é possível criar um universo melhor a partir do zero.

Até mesmo os filósofos lutaram com essa pergunta cósmica. Alfonso, o Sábio, uma vez disse: "Estivesse eu presente durante a criação, teria dado algumas dicas úteis para uma melhoria na ordem do universo."

O juiz e crítico escocês Lord Jeffrey reclamava de todas as imperfeições do nosso universo. Ele dizia: "Maldito sistema solar. Iluminação ruim, planetas muito distantes, infestado de cometas; mecanismo fraco; eu poderia ter feito um [universo] melhor."

Entretanto, os cientistas, não importa o quanto tenham tentado, ainda não conseguiram melhorar as leis da física quântica. Normalmente, os físicos descobrem que as alternativas à mecânica quântica produzem universos que são instáveis ou sofrem de algum problema fatal escondido.

Para responder a essas questões filosóficas que fascinaram Einstein, os físicos começam listando as qualidades que eles desejariam que um universo tivesse.

Primeiramente, queremos que nosso universo seja estável. Não queremos que ele se despedace nas nossas mãos, nos deixando sem nada.

Mas esse é um critério extremamente difícil de se alcançar. O ponto de partida mais simples pode ser supor que vivemos em um mundo newtoniano do senso comum. Esse é o mundo com o qual

REVOLUÇÃO QUÂNTICA

estamos familiarizados. Suponha que esse mundo seja feito de átomos minúsculos que são como sistemas solares em miniatura, nos quais os elétrons fazem voltas ao redor do núcleo, obedecendo às leis de Newton. Esse sistema solar seria estável se os elétrons se movessem em círculos perfeitos.

No entanto, se você perturbar ligeiramente um dos elétrons, ele pode começar a oscilar e apresentar trajetórias imperfeitas. Isso significa que em algum momento esses elétrons irão colidir uns com os outros ou então cair no núcleo. Rapidamente, o átomo colapsa e os elétrons voam para todos os lados. Em outras palavras, um modelo newtoniano do átomo é inerentemente instável.

Considere o que aconteceria com moléculas. Em um mundo governado apenas pela mecânica clássica, uma órbita que evolui ao redor do núcleo é altamente instável e irá rapidamente se destrambelhar por qualquer perturbação. Assim, as moléculas não podem existir em um mundo newtoniano, onde não haveria qualquer substância química complexa. Esse universo, sem átomos e moléculas estáveis, por fim se torna uma névoa amorfa de partículas subatômicas.

A teoria quântica resolve esse problema, no entanto, porque os elétrons são descritos por ondas, e apenas ressonâncias discretas dessas ondas conseguem oscilar ao redor do núcleo. Ondas em que os elétrons colidem e voam para todos os lados não são permitidas pela equação de Schrödinger, de modo que o átomo é estável. Em um mundo quântico, as moléculas também são estáveis porque são formadas quando as ondas dos elétrons são compartilhadas entre dois átomos diferentes, e uma ressonância estável se forma que une dois átomos. Isso fornece a "cola" que mantém unida a molécula.

Assim, de certa forma, há um "propósito" ou "motivo" para a mecânica quântica e suas características estranhas. Por que o mundo quântico é tão bizarro? Aparentemente, para manter a matéria estável e coesa. De outra forma, nosso universo desintegraria.

ENIGMAS QUÂNTICOS

Isso, por sua vez, tem consequências importantes para os computadores quânticos. Se tentarmos modificar a equação de Schrödinger, que é a base dos computadores quânticos, podemos esperar que o computador quântico modificado forneça resultados sem sentido, como matéria instável. Em outras palavras, o único jeito de os computadores quânticos criarem universos estáveis é começar com a equação de Schrödinger. Um computador quântico é único. Pode haver muitas maneiras pelas quais a matéria pode ser reunida para se criar um computador quântico (por exemplo, com diferentes tipos de átomos), mas há apenas uma maneira na qual um computador quântico consegue realizar seus cálculos e ainda descrever a matéria estável.

Assim, se quisermos que um computador quântico manipule elétrons, luz e átomos, nos restará apenas uma única arquitetura para ele.

O UNIVERSO COMO UMA SIMULAÇÃO

Qualquer um que já tenha visto o filme *Matrix* sabe que Neo é o Escolhido. Ele tem superpoderes. Consegue voar pelos céus. Consegue desviar de balas de revólver ou fazê-las parar no meio do caminho. Ele consegue aprender caratê com o pressionar de um botão. E consegue caminhar através de espelhos.

Tudo isso é possível porque Neo vive, de fato, em uma simulação fictícia gerada por computador. Como em um videogame, a "realidade" é, na verdade, um mundo imaginário.

Mas isso levanta a questão: com o aumento exponencial da potência de processamento, será possível que nosso mundo seja na verdade uma simulação e que a "realidade" que conhecemos seja um videogame jogado por outras pessoas? Somos apenas linhas de código até que alguém decida apertar o botão de deletar e acabar com a charada? E, se um computador clássico não é poderoso o suficiente para simular a realidade, será que um computador quântico consegue fazer isso?

Vamos fazer primeiro uma pergunta mais simples: será que um universo clássico como o nosso pode ser descrito por meio de uma simulação newtoniana?

Consideremos, por um momento, um recipiente de vidro vazio. O ar dentro dele pode conter mais de 10^{23} átomos. Para modelar isso exatamente com um computador clássico, precisaríamos manipular 10^{23} bits de informação, o que está muito além do que um computador clássico consegue fazer. Para criar uma simulação perfeita dos átomos dentro do recipiente, precisaríamos saber as posições e velocidades de todos os átomos. Agora imaginemos tentar simular o clima na Terra. Precisaríamos conhecer a umidade, a pressão do ar, a temperatura e a velocidade dos ventos ao redor de todo o planeta. Rapidamente, iríamos exaurir a capacidade de memória de qualquer computador comum conhecido.

Em outras palavras, a menor entidade que conseguiria simular o clima é o próprio clima.

Uma outra forma de enxergarmos o problema é considerar o que é conhecido como o efeito borboleta. Se uma borboleta bate as asas, ela pode criar uma onda de ar que, por sua vez, se as condições forem adequadas, cria um efeito cascata que por fim se converte em um vento poderoso. Isso, por sua vez, pode vir a atingir o ponto de inflexão de uma nuvem, causando uma tempestade. Esse é o resultado da teoria do caos, que diz que, apesar de as moléculas de ar obedecerem às leis newtonianas, o efeito combinado de trilhões de moléculas de ar é caótico e imprevisível. Assim, prever a probabilidade exata de que uma tempestade venha a se formar

ENIGMAS QUÂNTICOS

é praticamente impossível. Apesar de o caminho de uma única molécula poder ser determinado, o movimento coletivo de trilhões de moléculas de ar está além do alcance de qualquer computador digital. Uma simulação é, novamente, impossível.

Mas e quanto aos computadores quânticos?

A situação piora bastante se tentarmos modelar o clima com um computador quântico. Se tivermos um computador quântico com 300 qubits, teremos 2^{300} estados no computador quântico, que é um número maior até que os estados do universo. Certamente, um computador quântico terá memória suficiente para codificar toda a "realidade" como a conhecemos.

Não necessariamente. Imagine uma molécula de proteína complexa, que pode conter milhares de átomos. Para que um computador quântico consiga simular apenas uma molécula de proteína sem qualquer tipo de aproximação, ele precisará ter muito mais estados do que os existentes em todo o universo. Mas nosso corpo pode conter bilhões dessas moléculas de proteína. Assim, para simular verdadeiramente todas as moléculas de proteína encontradas em nosso corpo, precisaríamos de bilhões de computadores quânticos. Mais uma vez, a menor entidade que pode simular o universo é o próprio universo. É simplesmente impraticável reunir bilhões e bilhões de computadores quânticos para simular algum fenômeno quântico complexo.

A única "realidade" que pode de fato ser simulada é aquela que não é perfeita, mas que apresenta várias lacunas e imperfeições. Isso poderia reduzir o número de estados que precisariam ser simulados. Se a simulação não for perfeita, ela poderia de fato existir. Por exemplo, a simulação pode apresentar regiões que são incompletas. O "céu" que vemos acima de nossa cabeça pode ter rasgos e fendas, como um cenário antigo de filmes. Ou, se estivermos mergulhando no fundo do mar, poderíamos imaginar que nosso mundo fosse o oceano inteiro, até encontrarmos uma parede de vidro e percebermos que o mundo é apenas a simulação de um oceano. Assim, um universo com imperfeições como essas é certamente possível.

UNIVERSOS PARALELOS

Antigamente, Hollywood e as revistas em quadrinhos conseguiam criar universos imaginários emocionantes levando seus personagens para o espaço. Mas, como já estamos enviando foguetes ao espaço por mais de cinquenta anos, isso já está um pouco ultrapassado. Assim, os escritores de ficção científica precisam de um novo playground de ponta para suas tramas fantásticas, que atualmente é o multiverso. Muitos sucessos de bilheteria recentes acontecem em universos paralelos, onde algum supervilão ou super-herói existe em realidades múltiplas.

No passado, toda vez que eu ia assistir a algum filme de ficção científica, costumava contar quantas leis físicas tinham sido violadas. Eu parei de fazer isso quando lembrei das palavras de Arthur Clarke: "Qualquer tecnologia suficientemente avançada é indistinguível da magia." Assim, se um filme aparentemente violar leis conhecidas da física, talvez seja demonstrado, algum dia, que essa lei da física está incorreta ou incompleta.

Mas agora, com os filmes entrando no multiverso, eu preciso pensar duas vezes para ver se algumas leis físicas estão sendo violadas. Nesse caso, os filmes estão de fato seguindo a pista dos físicos teóricos, que estão levando a ideia dos multiversos muito a sério.

A razão para isso é que a teoria dos muitos mundos de Hugh Everett está voltando. Como mencionado anteriormente, a teoria dos muitos mundos de Everett talvez seja a forma mais simples e

ENIGMAS QUÂNTICOS

elegante de resolvermos o problema da medição. Basta descartarmos o último postulado da mecânica quântica, de que uma função de onda descrevendo um comportamento quântico colapsa após observações, que a teoria dos muitos mundos se torna a forma mais rápida de resolver o paradoxo que ela invoca.

Mas há um preço a ser pago por permitir que a onda do elétron prolifere. Se uma onda de Schrödinger puder se mover livremente por conta própria, sem colapsar, ela irá se dividir um número infinito de vezes, criando uma cascata infinita de universos possíveis. Assim, em vez de colapsar para um único universo, deixamos um número infinito de universos paralelos se dividirem constantemente.

Não há consenso universal entre os físicos sobre esses universos paralelos. Por exemplo, David Deutsch acredita que isso seja essencialmente o que torna os computadores quânticos tão poderosos, porque eles fazem seu processamento simultaneamente em universos paralelos diferentes. Isso nos leva de volta ao antigo paradoxo de Schrödinger, no qual um gato em uma caixa pode estar ao mesmo tempo vivo e morto.

Quando perguntaram a Stephen Hawking sobre esse problema frustrante, ele respondeu: "Toda vez que ouço 'gato de Schrödinger', eu pego a minha arma."

Mas há uma teoria alternativa que também está sendo considerada, chamada teoria da decoerência, que diz que as interações com o ambiente externo levam ao colapso da onda, ou seja, a onda colapsa por conta própria ao interagir com o ambiente, porque o ambiente por sua vez já está sem coerência.

Por exemplo, isso significa que o paradoxo de Schrödinger pode ser resolvido facilmente. O problema original era que, antes de abrirmos a caixa, não conseguíamos dizer se o gato estará vivo ou morto. A resposta tradicional é a de que o gato não está nem vivo nem morto até abrirmos a caixa. Essa nova teoria diz que os átomos do gato já estão em contato com os átomos aleatórios que flutuam na caixa, de modo que o gato já está sem coerência antes mesmo de abrirmos a caixa. Assim, o gato já estará morto ou ainda vivo (mas não ambos).

Em outras palavras, de acordo com a interpretação tradicional de Copenhagen, o gato perde a coerência apenas quando abrimos a caixa e fazemos uma medição. Na abordagem da decoerência, entretanto, o gato já perdeu a coerência, porque as moléculas do ar já encostaram na onda do gato, fazendo com que ela colapse. A causa do colapso da onda na abordagem da decoerência substitui o observador que abre a caixa pelo ar dentro da caixa.

Normalmente, os debates em física são resolvidos pela realização de experimentos. A física não é de forma alguma baseada em especulações e conjecturas. O fator decisivo é a evidência sólida. Mas imagino que, daqui a várias décadas, os físicos ainda estarão debatendo esse problema, porque simplesmente não há experimento decisivo que consiga eliminar uma das possibilidades de interpretação, pelo menos ainda não.

Entretanto, eu acho que há uma falha na abordagem da decoerência. Essa abordagem precisa fazer uma distinção entre o ambiente, isto é, o ar (que não é coerente) e o objeto sendo estudado (o gato). Na abordagem de Copenhagen, a decoerência é introduzida pelo observador. Na abordagem da decoerência, ela é introduzida pelas interações com o ambiente.

Mas, uma vez que introduzamos a teoria quântica da gravitação, a menor unidade que quantizamos é o próprio universo. Não há distinção entre o observador, o ambiente e o gato. Eles são todos parte de uma função de onda gigante, a função de onda do universo, que não pode ser separada em vários pedaços.

ENIGMAS QUÂNTICOS

Nessa abordagem da gravitação quântica, não há uma distinção real entre ondas que são coerentes e ondas no ar que não são coerentes. A diferença é uma questão de grau. (Por exemplo, no Big Bang, o universo inteiro era coerente antes da explosão. Assim, até hoje, 13,8 bilhões de anos mais tarde, ainda há um pouquinho de coerência que conseguimos encontrar entre o gato e o ar.)

Portanto, essa abordagem bane a decoerência e nos leva de volta à interpretação de Everett. Infelizmente, não há um experimento que consiga distinguir entre essas várias abordagens. Ambas dão o mesmo resultado quântico. Elas diferem apenas na interpretação do resultado, o que é uma questão filosófica.

Isso significa que, quer usemos a interpretação de Copenhagen, a abordagem da decoerência ou a teoria dos vários mundos, iremos obter os mesmos resultados experimentais, de forma que todas as três abordagens são experimentalmente equivalentes.

Uma possível diferença entre as três abordagens é que, na interpretação dos vários mundos, pode ser possível trocarmos de universos paralelos. Mas, se fizermos os cálculos, a probabilidade de sermos realmente capazes de fazê-lo é tão pequena que não conseguimos verificá-la experimentalmente. Em geral, precisamos esperar mais tempo do que a vida inteira do universo para que consigamos entrar em outro universo paralelo.

O UNIVERSO É UM COMPUTADOR QUÂNTICO?

Vamos agora analisar se o próprio universo é um computador quântico.

Lembremos que Babbage fez a si próprio uma pergunta muito bem definida: o quão poderoso pode ser um computador analógico? Quais as limitações para o que conseguimos calcular por meio de engrenagens mecânicas e alavancas?

Turing estendeu a pergunta e fez outra: o quão poderoso pode ser um computador digital? Quais as limitações para o que conseguimos calcular por meio de componentes eletrônicos?

Dessa forma, é natural que façamos a próxima pergunta: o quão poderoso pode ser um computador quântico? Quais as limitações para o que conseguimos calcular por meio da manipulação de átomos? E, como o universo é composto de átomos, será ele um computador quântico?

O físico que propôs essa ideia é Seth Lloyd, do MIT. Ele é um dos poucos físicos que estavam lá, bem no início da criação dos primeiros computadores quânticos.

Eu perguntei a Lloyd como ele se envolveu com computadores quânticos. Ele me disse que, quando mais jovem, era fascinado por números. Ele tinha interesse principalmente pelo fato de que, com apenas alguns poucos números, poderíamos descrever uma quantidade vasta de objetos no mundo real usando as regras da matemática.

Quando foi fazer seu doutorado, entretanto, ele ficou frente a frente com um problema. Por um lado, havia estudantes de física brilhantes fazendo teoria das cordas e física das partículas elementares. Por outro, havia estudantes fazendo ciência da computação. Ele se viu bem no meio, porque queria trabalhar com informação quântica, que estava bem no meio do caminho entre a física de partículas e a ciência da computação.

Na física de partículas elementares, a unidade de matéria final é a partícula, como o elétron. Na teoria da informação, a unidade final de informação é o bit. Assim, ele acabou se interessando pela relação entre partículas e bits, o que nos leva aos bits quânticos.

368

ENIGMAS QUÂNTICOS

Sua ideia controversa é a de que o universo seja um computador quântico. Em primeira análise, isso soa estranho. Quando pensamos no universo, pensamos em estrelas, galáxias, planetas, animais, pessoas e DNA. Mas, quando pensamos em um computador quântico, pensamos em uma máquina. Como as duas coisas podem ser a mesma?

Na verdade, há uma relação profunda entre elas. É possível criar uma máquina de Turing que consiga incluir todas as leis newtonianas do universo.

Imagine, por exemplo, um trem de brinquedo parado sobre trilhos em miniatura. Os trilhos são divididos em uma sequência longa de quadrados, sobre os quais podemos colocar os números 0 ou 1. O 0 significa que não há trem sobre o trilho e o 1 significa que o trem de brinquedo está no trilho. Vamos agora mover o trem, quadrado após quadrado. Cada vez que movemos o trem por um quadrado, trocamos um 0 por um 1. Assim, o trem consegue se mover suavemente sobre o trilho. O número 1 informa a posição do trem de brinquedo.

Agora, vamos trocar o trilho da linha férrea por uma fita digital, com 0s e 1s. Troque o trem de brinquedo por um processador. Cada vez que o processador se mover por um quadrado, trocamos 0 por 1.

Dessa forma, conseguimos pegar um trem de brinquedo e convertê-lo em uma máquina de Turing. Em outras palavras, uma máquina de Turing consegue simular as leis do movimento de Newton, que é a base da física clássica.

Podemos também modificar o trem de brinquedo para descrever acelerações e movimentos mais complexos. Cada vez que movemos o trem de brinquedo, podemos aumentar a separação entre os 1s, de forma que o trem esteja acelerando. Podemos também generalizar o trem de brinquedo se deslocando ao longo de um trilho 3D, ou uma rede. Então conseguimos codificar todas as leis da mecânica newtoniana.

REVOLUÇÃO QUÂNTICA

Agora podemos fazer um link preciso entre uma máquina de Turing e as leis de Newton. Um universo clássico pode ser codificado por uma máquina de Turing.

Em seguida, podemos fazer essa generalização para computadores quânticos. Em vez de um trem de brinquedo, que contém 0s e 1s, fazemos a substituição por um trem de brinquedo dotado de uma bússola. A agulha aponta para o norte, que chamaremos de 1, ou sul, que chamaremos de 0, ou para qualquer ângulo entre os dois, que representa a superposição do norte com o sul. Assim, à medida que o trem de brinquedo se desloca pelo trilho, a agulha se move em direções diferentes, de acordo com a equação de Schrödinger.

(Se quisermos incluir o emaranhamento, precisaremos adicionar várias bússolas ao trem de brinquedo. Todas as agulhas de bússolas podem se mover em direções diferentes à medida que o trem se move pelo trilho, de acordo com as regras do processador.)

À medida que o trem se move, a agulha da bússola começa a girar. O movimento da agulha descreve a informação contida na equação de onda de Schrödinger. Assim, conseguimos derivar a equação de onda usando um trem de brinquedo.

O ponto é que uma máquina de Turing quântica pode codificar as leis da mecânica quântica, que por sua vez regem o universo. Nesse sentido, um computador quântico consegue codificar o universo. Assim, a relação entre um computador quântico e o universo é que o primeiro consegue codificar o segundo. Portanto, estritamente falando, o universo não é um computador quântico, mas todos os fenômenos dentro do universo podem ser codificados por um computador quântico.

Mas, como todas as interações em nível microscópico são governadas pela mecânica quântica, isso significa que os computadores quânticos conseguem simular qualquer fenômeno do mundo

ENIGMAS QUÂNTICOS

físico, desde partículas subatômicas, DNA e buracos negros até o Big Bang.

O parque de diversões para os computadores quânticos é o próprio universo. Assim, se conseguirmos entender realmente uma máquina de Turing quântica, talvez consigamos entender verdadeiramente o universo.

Só o tempo dirá.

AGRADECIMENTOS

Eu gostaria de agradecer, inicialmente, ao meu agente literário, Stuart Krichevsky, que tem me acompanhado por todos estes longos anos, ajudando a conduzir meus livros desde a mesa de rascunho até as livrarias. Eu confio em seu julgamento infalível para quaisquer assuntos literários. Seus sábios conselhos têm ajudado a tornar meus livros um sucesso.

Também gostaria de agradecer ao meu editor, Edward Kastenmeier. Ele sempre fez críticas importantes sobre todos os assuntos editoriais. Em todas as etapas do caminho, ele ajudou a reforçar o foco do livro e torná-lo mais agradável e acessível ao leitor.

Também quero agradecer a todos os ganhadores do Prêmio Nobel a quem consultei ou entrevistei e que me deram conselhos inestimáveis:

Richard Feynman
Steven Weinberg
Yoichiro Nambu
Walter Gilbert
Henry Kendall

Leon Lederman
Murray Gell-Mann
David Gross
Frank Wilczek
Joseph Rotblat
Henry Pollack
Peter Doherty
Eric Chivian
Gerald Edelman
Anton Zeilinger
Svante Pääbo
Roger Penrose

Agradeço também aos seguintes cientistas notáveis que têm liderado a pesquisa científica ou administrado laboratórios científicos importantes e que compartilharam generosamente suas perspectivas comigo:

Marvin Minsky
Francis Collins
Rodney Brooks
Anthony Atala
Leonard Hayflick
Carl Zimmer
Stephen Hawking
Edward Witten
Michael Lemonick
Michael Shermer
Seth Shostak
Ken Croswell
Brian Greene

AGRADECIMENTOS

Neil deGrasse Tyson
Lisa Randall
Leonard Susskind

Por fim, agradeço aos mais de 400 cientistas que entrevistei durante vários anos, cujos insights foram inestimáveis na escrita deste livro.

REFERÊNCIAS DAS CITAÇÕES

CAPÍTULO 1: O FIM DA ERA DO SILÍCIO

12   "o limiar de uma nova era de máquinas": Gordon Lichfield, "Inside the Race to Build the Best Quantum Computer on Earth", *MIT Technology Review*, 26 de fevereiro de 2020, p. 1–23.

12   "Acho que essa será a tecnologia": Yuval Boger, entrevista com o Dr. Robert Sutor, *The Qubit Guy's Podcast*, 27 de outubro de 2021; www.classiq.io/insights/podcast-with-dr--robert-sutor.

14   "Não é mais uma questão de": Matt Swayne, *The Quantum Insider*, 16 de julho de 2020; www.thequantuminsider.com/2020/07/16/zapata-chief-says-quantum-machine-learning-is-a-when-not-an-if/.

15   "Empresas de ramos": Daphne Leprince-Ringuet, *ZD Net*, 2 de novembro de 2020; www.zdnet.com/article/quantum--computers-are-coming-get-ready-for-them-to-change--everything/.

16   "Estamos entusiasmados em": Dashveenjit Kaur, *Techwire/Asia*, 10 de fevereiro de 2021; www.techwireasia.com/2021/02/bmw-embraces-quantum-computing-to-enhance-supply-chain/.

REVOLUÇÃO QUÂNTICA

16 "Não é que as máquinas": Cade Metz, *The New York Times*, 5 de fevereiro de 2019; www.nytimes.com/2019/02/05/technology/artificial-intelligence-drug-research-deepmind.html.

18 "É uma perspectiva bastante aterrorizante": Ali El Kaafarani, *Forbes*, 30 de julho de 2021; www.forbes.com/sites/forbestechcouncil/2021/07/30/four-ways=-quantum-computing-could-change-the-world/?sh 7054e3664602.

19 "Esses projetos de blockchain": *CB Insights*, 23 de fevereiro de 2021; www.cbinsights.com/research/quantum-computing-industries-disrupted/.

21 "Já extraímos": Matthew Hutson, *ScienceNews*; www.sciencenews.org/century/computer-ai-algorithm-moore-law-ethics.

21 "Parece que nada está acontecendo": James Dargan, *Hackernoon*, 10 de julho de 2019; www.hackernoon.com/nevens-law-paradigm-shift-in-quantum-computers-e6c429ccd1fc.

30 "Jeremy O'Brien": Nicole Hemsoth, *The Next Platform*, 27 de julho de 2021; www.nextplatform.com/2021/07/27/with-3-1b-valuation-whats-ahead-for-psiquantum/.

CAPÍTULO 2: O FIM DA ERA DIGITAL

42 "Ada enxergou algo": Ada Lovelace, *Tetra Defense*, 17 de abril de 2020; www.tetradefense.com/cyber-risk-management/our-founding-figures-ada-lovelace/.

42 "a máquina poderia": Ada Lovelace, Museu da História dos Computadores; www.computerhistory.org/babbage/adalovelace/.

45 "tem meninos inteligentes": Colin Drury, *The Independent*, 15 de julho de 2019; www.independent.co.uk/news/uk/home-news/alan-turing-ps50-note-computers-maths-enigma-codebreaker-ai-test-a9005266.html.

378

REFERÊNCIAS DAS CITAÇÕES

52   "acredito que": Alan Turing, *Mind 59* (1950): p. 433–60 ; https://courses.edx.org/asset-v1:MITx+24.09x+3T2015+type@asset+block/5_turing_computing_machinery_and_intelligence.pdf

CAPÍTULO 3: A ASCENSÃO DO QUANTUM

58   "uma nova verdade científica": Peter Coy, *Bloomberg*, 10 de outubro de 2017; www.bloom.com/news/articles/2017-10-10/science-advences-one-funeral-at-a-time-the-latest-nobel--proves-it.

63   "As leis fundamentais": BrainyQuote; https://www.brainy-quote.com/quotes/paul_dirac_279318.

74   "Eu jamais vou esquecer": Jim Martorano, *TAP into Yorktown*, 24 de agosto de 2022; https://www.tapinto.net/towns/yorktown/articles/the-greatest-heavyweight-fight-of-all-time.

74   "foi o maior debate": Denis Brian, Einstein (New York: Wiley, 1996), 516

CAPÍTULO 4: O ALVORECER DOS COMPUTADORES QUÂNTICOS

99   "Infelizmente, a ideia de Everett": Michio Kaku, *Mundos paralelos: uma jornada através da criação, das dimensões superiores e do futuro do cosmo* (Rocco: fevereiro de 2008).

100   "indescritivelmente estúpido": Stefano Osnaghi, Fabio Freitas, Olival Freire Jr., "A origem da heresia everettiana", *Studies in History and Philosophy of Modern Physics* 40, n. 2 (2009): 17.

CAPÍTULO 5: FOI DADA A LARGADA

114   "Acreditamos que seremos": Stephen Nellis, Reuters, 15 de novembro de 2021; www.reuters.com/article/ibm-quantum--idCAKBN2I00C6.

REVOLUÇÃO QUÂNTICA

119 "minha primeira impressão": Emily Conover, "The New Light-Based Quantum Computer Jiuzhang Has Achieved Quantum Supremacy", *Science News*, 3 de dezembro de 2020; https://www.sciencenews.org/article/new-light-based-quantum-computer-jiuzhang-supremacy.

122 "durante um longo tempo": "Xanadu Makes Photonic Quantum Chip Available Over Cloud Using Strawberry Fields & Pennylane Open-Source Tools Available on Github", *Inside Quantum Technology News*, 8 de março de 2021; www.insidequantumtechnology.com/news-archive/xanada-makes-photonic-quantum-chip-available-over--cloud-using-strawberry-fields-pennylane-open-source--tools-available-on-github/.

CAPÍTULO 6: A ORIGEM DA VIDA

133 "Desde o instante": Walter Moore, *Schrödinger: Life and Thought* (Cambridge University Press, 1989), 403.

143 "à medida que as moléculas": Leah Crane, "Google Has Performed the Biggest Quantum Chemistry Simulation Ever", *New Scientist*, 12 de dezembro de 2019; www.newscientist.com/article/2227244-google-has-performed-the-biggest--quantum-chemistry-simulation-ever/.

143 "prever o comportamento": Jeannette M. Garcia, "How Quantum Computing Could Remake Chemistry", *Scientific American*, 15 de março de 2021; https://www.scientificamerican.com/article/how-quantum-computing-could-remake--chemistry/.

143 "Os átomos são quânticos": Crane.

145 "Este é um resultado": Ibid.

REFERÊNCIAS DAS CITAÇÕES

CAPÍTULO 7: TORNANDO O MUNDO MAIS VERDE

149 "eu realmente quero saber": Alan S. Brown, "Unraveling the Quantum Mysteries of Photosynthesis", The Kavli Foundation, 15 de dezembro de 2020; www.kavlifoundation.org/news/unraveling-the-quantum-mysteries-of-photosynthesis.

153 "A excitação definitivamente": Peter Byrne, "In Pursuit of Quantum Biology with Birgitta Whaley", *Quanta Magazine*, 30 de julho de 2013; www.quantamagazine.org/in-pursuit--of-quantum-biology-with-birgitta-whaley-20130730/.

155 "Nosso objetivo": Katherine Bourzac, "Will the Artificial Leaf Sprout to Combat Climate Change?", *Chemical & Engineering News*, 21 de novembro de 2016; https://cen.acs.org/articles/94/i46/artificial-leaf-sprout-combat-climate.html.

155 "os computadores quânticos podem": Ali El Kaafarani, "Four Ways Quantum Computing Could Change the World", *Forbes*, 30 de julho de 2021; www.forbes.com/sites/forbestechcouncil/2021/07/30/four-ways=-quantum-computing--could-change-the-world/?sh398352d14602.

156 "realizamos uma fotossíntese completa": Katharine Sanderson, "Artificial Leaves: Bionic Photosynthesis as Good as the Real Thing", *New Scientist*, 2 de março de 2022; www.newscientist.com/article/mg25333762-600-artificial-leaves--bionic-photosynthesis-as-good-as-the-real-thing/.

CAPÍTULO 8: ALIMENTANDO O PLANETA

166 "usar os supercomputadores atuais": "What Is Quantum Computing? Definition, Industry Trends, & Benefits Explained", *CB Insights*, 7 de janeiro de 2021; https://www.cbinsights.com/research/report/quantum-computing/?utm_sour-

ce=CB+Insights+Newsletter&utm_campaign=0df1cb-4286-newsletter_general_Sat_20191115&utm_medium=email&utm_term=0_9dc0513989-0df1cb4286-88679829.

169 "Acredito estarmos em um ponto de inflexão": Allison Lin, "Microsoft Doubles Down on Quantum Computing Bet", Microsoft, *The AI Blog*, 20 de novembro de 2016; https://blogs.microsoft.com/ai/microsoft-doubles-quantum-computing-bet/.

170 "Na verdade, o CEO da Google": Stephen Gossett, "10 Quantum Computing Applications and Examples", *Built In*, 25 de março de 2020; https://builtin.com/hardware/quantum--computing-applications.

CAPÍTULO 9: ENERGIZANDO O MUNDO

183 "é uma atividade": Holger Mohn, "What's Behind Quantum Computing and Why Daimler Is Researching It", Mercedes-Benz Group, 20 de agosto de 2020; https://group.mercedes-benz.com/company/magazine/technology-innovation/quantum-computing.html.

183 "poderia se tornar a melhor maneira": Ibid.

CAPÍTULO 11: EDITANDO GENES E CURANDO O CÂNCER

207 "Nos últimos anos" Liz Kwo e Jenna Aronson, "The Promise of Liquid Biopsies for Cancer Diagnosis", *American Journal of Managed Care*, 11 de outubro de 2021; www.ajmc.com/view/the-promise-of-liquid-biopsies-for-cancer-diagnosis.

219 "em teoria": Clara Rodríguez Fernández, "Eight Diseases CRISPR Technology Could Cure", *Labiotech*, 18 de outubro de 2021; https://www.labiotech.eu/best-biotech/crispr-technology-cure-disease/.

REFERÊNCIAS DAS CITAÇÕES

222 "A esperança é que": Viviane Callier, "A Zombie Gene Protects Elephants from Cancer", *Quanta Magazine*, 7 de novembro de 2017; www.quantamagazine.org/a-zombie-gene-protects-elephants-from-cancer-20171107/.

CAPÍTULO 12: IA E OS COMPUTADORES QUÂNTICOS

225 "será feita uma tentativa": Gil Press, "Artificial Intelligence (AI) Defined", *Forbes*, 27 de agosto de 2017; https://www.forbes.com/sites/gilpress/2017/08/27/artificial-intelligence-ai-defined/.

229 "eu acredito que": Stephen Gossett, "10 Quantum Computing Applications and Examples", *Built In*, 25 de março de 2020; https://builtin.com/hardware/quantum-computing-applications.

239 "Estávamos emperrados": "AlphaFold: A Solution to a 50-Year-Old Grand Challenge in Biology", DeepMind, 30 de novembro de 2020; www.deepmind.com/blog/alphafold-a-solution-to-a-50-year-old-grand-challenge-in-biology.

240 "Nós conseguimos": Cade Metz, "London A.I. Lab Claims Breakthrough That Could Accelerate Drug Discovery", *The New York Times*, 30 de novembro de 2020; https://www.nytimes.com/2020/11/30/technology/deepmind-ai-protein-folding.html.

245 "eu acredito que isso demonstre": Ron Leuty, "Controversial Alzheimer's Disease Theory Could Pinpoint New Drug Targets", *San Francisco Business Times*, 6 de maio de 2019; www.bizjournals.com/sanfrancisco/news/2019/05/01/alzheimers-disease-prions-amyloid-ucsf-prusiner.html.

245 "a contagem de proteínas": German Cancer Research Center, "Protein Misfolding as a Risk Marker for Alzheimer's

REVOLUÇÃO QUÂNTICA

Disease", *ScienceDaily,* 15 de outubro de 2019; www .sciencedaily .com /releases /2019 /10 /191015140243," ScienceDaily, 15 de outubro de 2019; www.sciencedaily.com/releases/2019/10/191015140243.htm.

246 "todos estamos agora": "Protein Misfolding as a Risk Marker for Alzheimer's Disease—Up to 14 Years Before the Diagnosis", Bionity.com, 17 de outubro de 2019; www.bionity.com/en/news/1163273/protein-misfolding-as-a-risk-marker-for--alzheimers-disease-up-to-14-years-before-the-diagnosis.html.

CAPÍTULO 13: IMORTALIDADE

260 "à medida que envelhecemos": Mallory Locklear, "Calorie Restriction Trial Reveals Key Factors in Enhancing Human Health", *Yale News,* 10 de fevereiro de 2022; www.news.yale.edu/2022/02/10/calorie-restriction-trial-reveals-key-factors--enhancing-human-health.

263 "se as doenças surgem": Kashmira Gander, "'Longevity Gene' That Helps Repair DNA and Extend Life Span Could One Day Prevent Age-Related Diseases in Humans", *Newsweek,* 23 de abril de 2019; www.newsweek.com/longevity-gene--helps-repair-dna-and-extend-lifespan-could-one-day-prevent-age-1403257.

265 "Se você vir algo": Antonio Regalado, "Meet Altos Labs, Silicon Valley's Latest Wild Bet on Living Forever", *MIT Technology Review,* 4 de setembro de 2021; www.technologyreview.com/2021/09/04/1034364/altos-labs-silicon-valleys-jeff-bezos-milner-bet-living-forever/.

265 "Há centenas": Ibid.

REFERÊNCIAS DAS CITAÇÕES

265 "você pode pegar": Antonio Regalado, "Meet Altos Labs, Silicon Valley's Latest Wild Bet on Living Forever", *MIT Technology Review*, 4 de setembro de 2021; www.technologyreview.com/2021/09/04/1034364/altos-labs-silicon-valleys-jeff-bezos-milner-bet-living-forever/.

267 "Eu me lembro do dia": Allana Akhtar, "Scientists Rejuvenated the Skin of a 53 Year Old Woman to That of a 23 Year Old's in a Groundbreaking Experiment", *Yahoo News*, 8 de abril de 2022; www.yahoo.com/news/scientists-rejuvenated--skin-53-old-175044826.html.

CAPÍTULO 14: AQUECIMENTO GLOBAL

282 "os computadores quânticos também": Ali El Kaafarani, "Four Ways Quantum Computing Could Change the World", *Forbes*, 30 de julho de 2021; www.forbes.com/sites/forbestechcouncil/2021/07/30/four=-ways-quantum-computing-could-change-the-world/?sh398352d14602.

284 "O aumento do nível do mar": Doyle Rice, "Rising Waters: Climate Change Could Push a Century's Worth of Sea Rise in US by 2050, Report Says", *USA Today*, 15 de fevereiro de 2022; https://www.usatoday.com/story/news/nation/2022/02/15/us-sea-rise-climate-change-noaa-report/6797438001/.

285 "Este relatório comprova": "U.S. Coastline to See up to a Foot of Sea Level Rise by 2050", National Oceanic and Atmospheric Administration, 15 de fevereiro de 2022; https://www.noaa.gov/news-release/us-coastline-to-see-up-to-foot-of-sea-level-rise-by-2050.

287 "A plataforma de gelo": David Knowles, "Antarctica's 'Doomsday Glacier Is Facing Threat of Imminent Collapse, Scientists Warn", *Yahoo News*, 14 de dezembro de 2021; https://news.

REVOLUÇÃO QUÂNTICA

yahoo.com/antarcticas-doomsday-glacier-is-facing-threat-
-of-imminent-collapse-scientists-warn-220236266.html.

292 "Para o Relatório da Quarta Avaliação": Intergovernmental
Panel on Climate Change, *Climate Change 2007 Synthesis
Report: A Report of the Intergovernmental Panel on Climate
Change*; www.ipcc.ch.

CAPÍTULO 15: O SOL DENTRO DE UMA GARRAFA

305 "A fusão não é": Jonathan Amos, "Major Breakthrough on
Nuclear Fusion Energy", *BBC News*, 9 de setembro de 2022;
www.bbc.com/news/science-environment-60312633.

306 "Os experimentos do JET": Claude Forthomme, "Nuclear
Fusion: How the Power of Stars May Be Within Our Reach",
Impakter, 10 de fevereiro de 2022; www.impakter.com/nu-
clear-fusion-power-stars-reach/.

307 "é um marco": Jonathan Amos, "Major Breakthrough on
Nuclear Fusion Energy", *BBC News*, 9 de setembro de 2022;
www.bbc.com/news/science-environment-60312633.

308 "Esse ímã vai": "Multiple Breakthroughs Raise New Hopes
for Fusion Energy", Global BSG, 27 de janeiro de 2022; www.
globalbsg.com/multiple-breakthroughs-raise-new-hopes-
-for-fusion-energy/.

308 "É algo grandioso": Catherine Clifford, "Fusion Gets Closer
with Successful Test of a New Kind of Magnet at MIT Star-
t-up Backed by Bill Gates", CNBC, 8 de setembro de 2021;
www.cnbc.com/2021/09/08/fusion-gets-closer-with-succes-
sful-test-of-new-kind-of-magnet.html.

313 "Eu acredito que a IA": "Nuclear Fusion Is One Step Closer
with New AI Breakthrough", *Nation World News*, 13 de
setembro de 2022; www.nationworldnews.com/nuclear-fu-
sion-is-one-step-closer-with-new-ai-breakthrough/.

REFERÊNCIAS DAS CITAÇÕES

CAPÍTULO 16: SIMULANDO O UNIVERSO

330 "Uma cena de beleza": "The World Should Think Better About Catastrophic and Existential Risks", *The Economist*, 25 de junho de 2020; www.economist.com/briefing/2020/06/25/the-world-should-think-better-about-catastrophic-and-existential-risks.

342 "Até o momento": Para uma discussão sobre a teoria das cordas, veja Michio Kaku, *A equação de Deus: a busca por uma Teoria de Tudo* (Record, 1a edição, 8 de agosto de 2022).

LEITURAS SELECIONADAS

Para quem tem certa familiaridade com programação de computadores, os seguintes textos podem ser úteis:

Bernhardt, Chris. *Quantum Computing for Everyone*. Cambridge: MIT Press, 2020.

Edwards, Simon. *Quantum Computing for Beginners*. Monee, IL, 2021.

Grumbling, Emily, and Mark Horowitz, eds. *Quantum Computing: Progress and Prospects*. Washington, DC: National Academy Press, 2019.

Jaeger, Lars. *The Second Quantum Revolution*. Switzerland: Springer, 2018.

Mermin, N. David. *Quantum Computer Science: An Introduction*. Cambridge: Cambridge University Press, 2016.

Rohde, Peter P. *The Quantum Internet: The Second Quantum Revolution*. Cambridge: Cambridge University Press, 2021.

Sutor, Robert S. *Dancing with Qubits: How Quantum Computing Works and How It Can Change the World*. Birmingham, UK: Packt, 2019.

ÍNDICE

A

abordagem da integral de caminho, 87-93
    fotossíntese, 93, 147-53
    origem da vida, 129-30
abordagem bottom-up, 230-32
Academia Chinesa de Ciências, Instituto de Inovações Quânticas da, 12
ação mínima, princípio da, 88, 90-91, 237, 345
aceleradores de partículas, 339, 341, 344

ácido fólico, 191
ácidos nucleicos, 135
adenosina trifosfato, 109
Administração Nacional de Aeronáutica e Espaço (NASA), 126, 209, 283-85, 287, 322
Administração Oceânica e Atmosférica Nacional (NOAA), 284-87
Agência Central de Inteligência (CIA), 17, 291

Agência de Projetos de Pesquisa Avançada para a Defesa (DARPA), 209-10

Agência Nacional de Segurança (NSA) dos EUA, 17

Alemanha
nazista, 49, 51, 77, 107
Ocidental, 99
Primeira Guerra Mundial, 164

aminoácidos, 131-32, 140, 214, 235-39, 246
enovelamento de proteínas e, 240-41, 248-49
no espaço, 140-141

amônia, 30, 130, 132, 162-63, 166

Amos, Jonathan, 305

análise genética, 194

análise por carbono-14, 150

anelamento quântico, 125

ânodo, 177-78, 181

antibióticos, 32, 188-92, 200-01

Anticítera, 37, 39, 41

antígenos, 196, 212-15

antiquarks, 340

antissemitismo, 164

anyons, 125

aparelhos eletrônicos, 178

Apófis, 321

apoptose, 204

aquecimento global (mudança climática), 8, 27, 155, 174, 176, 178, 275, 279, 282-83, 285-289, 295, 297-98, 301, 305, 314, 353-54

Aronson, Jenna, 207

Ártico, 198, 280, 284, 293

artigo EPR, 75

Associação da Indústria da Fusão, 308

asteroides, 319, 320-22

astronomia, 318, 327

Atala, Anthony, 268

atmosfera, 131, 149, 155, 280-82, 285, 290-92, 300, 321, 329, 353

átomo de berílio, 64

átomo de boro, 64

átomo de carbono, 64

átomo de flúor, 64

átomo de hidrogênio, 63, 144, 299

átomo de lítio, 178

átomos, 12, 17, 21, 22, 24, 30, 33, 39, 56, 60-61, 64-65, 73, 84-87, 93, 103, 105, 116, 118-19, 132, 134-35, 143, 145, 152, 162-64, 166, 170, 232-33, 238-39, 241,

246, 280, 299-300, 333, 337, 360-63, 366, 368
calor e, 56
coerência e, 24
dualidade de, 59-60
equação de onda de Schrödinger e, 62
Feynman sobre computadores baseados em, 22, 24
microscópios, 86
modelo newtoniano versus quântico, 359-60
superposição e, 23
teoria quântica e, 62
AT&T, 107
Atwater, Harry, 155
aurora boreal, 329

B

Babbage, Charles, 40-45, 49, 367
Babbush, Ryan, 145

bactéria, 156, 190-92, 217, 239
antibióticos e, 188-92, 200-01
bioengenharia e, 156
fixação de nitrogênio e, 31, 166, 170
sistema imunológico e, 211-215
Baker, David, 240
banco genético global, 270
bancos, 15, 20, 32, 111
Bangladesh, 287
Bardeen, John, 80, 81, 306
barreira gravitacional, 103
baterias, 29, 59, 154, 174-84
água do mar, 182
ânodo de silício, 181
ânodo de silício versus grafite, 181
ar-lítio, 179
cobalto e, 181-82
íons de lítio, 179
lítio-enxofre, 181
BBC, 244, 268, 305, 310, 339
Beam Therapeutics, 220
Berkeley, George, 71
Betelgeuse, 334
Bezos, Jeff, 264
Bíblia, 129, 187, 251

Biden, Joseph, 223
Big Bang, 79, 101, 273, 333, 344, 355, 367, 371
bioengenharia, 156
Biogen, 33
biologia, 27, 34-35
DNA e, 133-41
teoria quântica e, 133-34, 141-42
biologia computacional, 236
biópsias líquidas, 206-208
biotecnologia, 135-39, 204, 223
bits
partículas e, 368
qubits, 23, 94-95
Bletchley Park, 49, 50, 51
blockchain, 18, 19
BMW, 16, 184
Boeser, Ben, 183
Bohr, Niels, 66-69, 73-74, 78, 100
bomba, 51, 77-78, 83, 164, 299
bomba atômica, 51, 77-78, 83
bomba de hidrogênio, 299
bombas atômicas de Hiroshima e Nagasaki, 78
borboleta, expectativa de vida da, 254

Born, Max, 66
bóson de Higgs, 274
bósons Z, 274
Branson, Richard, 308
Brattain, Walter, 80-81
BRCA1 e BRCA2, 33
Brenner, Hermann, 246
Brooks, Rodney, 229-31
Brownell, Vern, 16
Bruno, Giordano, 318
buracos negros, 273, 315, 319, 333-36, 371
Byron, George Gordon, Lorde, 41

C

cães, detecção de doenças por, 208-11
cálculo, 77
calor, 21, 56, 83, 151, 253-54, 282, 285, 297, 300, 306, 333
camadas de gelo da Antártica, 287

ÍNDICE

campo magnético, reator de fusão e, 301, 302, 304, 305-06, 308, 312

camundongos
estrutura de proteínas em, 239
expectativa de vida, 254, 262
quânticos, 90-91

Canadá, 125, 285, 288

câncer, 33-34, 42, 194, 201-15, 218-19, 220-23, 254-55, 258-59, 263, 266-69, 349-50
CRISPR e, 219-220
detecção de, 209, 219
elefantes e, 221-22
fluidos corporais e, 206
genes e, 215-219, 222-23
imunoterapia e, 211-12, 217-18
odores e, 208, 210
paradoxo de Peto e, 222
prevenção e tratamento, 22-23
sistema imunológico e, 198-199
telomerase e, 258

câncer cerebral, 212

câncer de bexiga, 210, 212

câncer de fígado, 212

câncer de mama, 33, 209

câncer de ovário, 212

câncer de próstata, 209

câncer de pulmão, 209, 218

caos, 253

Caos (mito grego), 129

capacitor, 180

carboidratos, 150

carros. *Veja também* indústria automotiva
autônomo, 351
elétricos, 154, 177-78, 181, 231, 289
envelhecimento e, 254

CASP (Avaliação Crítica da Previsão de Estruturas), 237, 240

castores, 262, 263

catalisadores, 155-56, 166-68, 170

cátodo, 177-78

caxumba, 193

CB Insights (empresa), 19

celulares, 19-20, 178, 192, 211, 269-70

células
câncer e, 203-204
energia das, 238
envelhecimento e, 254-57

REVOLUÇÃO QUÂNTICA

células de combustível, 154

células fotovoltaicas, 148

células-tronco da medula óssea, 220

células-tronco mesenquimais (MSCs), 265

células-tronco pluripotentes induzidas (IPSCs), 265

centro de coleta, 151

Centros Nacionais de Pesquisa em Ciência da Informação Quântica, 14

cerâmica, 37

cérebro, 229
    Alzheimer e, 242-46

CERN, 342

César, Júlio, 37

Charpentier, Emmanuelle, 217

China, 15, 114, 252, 306, 329, 338, 344
    antiga, 252
    computador quântico e, *114*, 119

Churchill, Winston, 273

ciclo de Calvin, 150

ciência da computação, 45, 368

Clarke, Arthur C., 364

clorofila, 150, 151

cobalto, 178, 181, 182, 333

código genético, 214, 216

coerência, 24, 105
    computador quântico e, 23-24, 143-45
    emaranhamento e, 104-105
    fotossíntese e, 175

cólera, 189

Colisor Elétron Pósitron Circular, 344

Colisor Linear Internacional, 344,

Collins, Francis, 137-39

combustíveis fósseis, 28-29, 173, 179, 281-82, 289, 295, 297, 354

cometas, 320, 359

computação, 11-16, 19, 24, 29, 41, 45-47, 95, 125-126, 142, 169-170, 183, 229, 368

computadores. *Veja também* computadores quânticos; e *aplicações específicas*
    analógicos, 39, 50, 367
    história dos, 97, 150, 178, 333-34
    mainframe, 20
    velocidade de, 13, 29, 176, 323

ÍNDICE

computadores quânticos.
*Veja também aplicações
específicas; designs; e tipos*
algoritmo de Shor e, 108,
109, 110
antibióticos e, 191-92
aquecimento global e, 174-
76, 282-89
artigo EPR e, 75
astronomia e, 318, 327
baterias e, 176-84
buracos negros e, 315, 319,
333-36
câncer e, 203-213, 215,
218-23
catálise e, 167, 170
ciclo de vida das estrelas,
326, 328
constante de Planck e, 58,
73, 91
covid-19 e, 199
criptografia quântica e, 111
custos e, 122
Deutsch e, 93-95
doenças genéticas e, 216,
219, 221
doenças incuráveis e, 140,
201, 224, 235, 242, 250
energia de fusão e, 295, 297,
298, 303, 305, 306, 311

energia renovável e, 28-29
envelhecimento e, 250,
252-59, 261-64, 266,
270-72, 275
equação de Schrödinger e,
339-40
exoplanetas, 323
fotossíntese e, 24, 145-57
futuro dos, 26, 328
IA e, 21, 28, 34, 225-41
IBM e, 114-15
imortalidade digital e,
272, 274
imunoterapia e, 211-221
indústria aeroespacial e,
183-184
indústria automotiva e,
178
inteligência e, 324-326
internet e, 13
origem da vida e, 130, 140
otimização e, 26
poder dos, 25-31, 78-80
qubits e, 23, 94-95
simulação e, 27
sistema de alerta precoce
e, 195-97
sistema imunológico e,
193-195, 198-201, 206,
211-215

supercondutores e, 307-309

teoria das cordas e, 341-342

teoria de muitos mundos de Everett

universo como, 101, 361,

universos paralelos, 95, 96, 101, 102, 103, 104, 358, 364, 365, 367

vacinas, 32, 188, 193, 195, 198, 200, 201, 208, 240

computador quântico fotônico, 120, 122

condutores, 81

consciência e, 15, 52, 71, 110

constante de Planck (h), 58, 73, 91

Cook-Deegan, Robert, 137

Cooper, Leon, 306

Coreia, 252, 304

coronavírus (covid-19), 32, 137, 194-99

corporações, 13, 20, 26, 111-12, 126

Crick, Francis, 133, 134

criptografia, 18, 107, 111

criptônio, 65

CRISPR, 216, 218, 219, 220, 221, 223, 272, 354

cristalografia de raios X 134, 235-36, 239

critério de Lawson, 312

cromodinâmica quântica (QCD), 345

cromossomo, 257

D

Daimler, 16, 182, 183

Darwin, Charles, 134

da Vinci, Leonardo, 227

de Broglie, Louis, 59, 66

DeepMind, 239, 313,

Deloitte, 18

Demócrito, 60

Departamento de Energia dos EUA, 155, 309

desidratação, 287

determinismo, 54, 56, 71

Deutsch, David, 93, 94, 95, 97, 103, 104, 365

diabetes, 215

Dick, Philip K., 98

ÍNDICE

dinossauros, 21, 103, 320, 353

dióxido de carbono (CO2)

    aquecimento global e, 282-84

    catalisadores e, 155-56

    folha artificial e, 153, 155, 157

    fotossíntese e, 145, 147-50

    núcleos de gelo e, 279-81, 331

    reciclagem e, 154-156

    sequestro e, 289

Dirac, Paul, 63

Dixit, Vishwa Deep, 260, 261

DNA

    Crick e Watson e, 134

    envelhecimento e, 252-59, 261-66, 270-72

    fibrose cística e, 138

    origem do, 133-35

    proteínas e, 234-35

doença, 32, 34, 138, 193-99, 203-06, 211, 213, 216, 219-23, 243-50, 349, 352, 354. *Veja também tipos específicos*

doença da vaca louca (encefalopatia espongiforme bovina), 243

doença de Huntington, 221

doença de Parkinson, 32, 34, 194, 201, 205, 242, 249-50

doenças autoimunes, 215

doenças genéticas, 216, 219, 221

Doudna, Jennifer, 217

Drake, Frank, 324

drogas

    eficácia das, 32

dualidade, 59, 60

D-Wave Systems, 16

E

E. coli, 239

Edison, Thomas, 173, 174

Editas Medicine, 220

efeito borboleta, 362

efeito estufa, 28, 154, 155, 282, 293

efeito fotoelétrico, 59

Egito antigo, 204

Ehrenfest, Paul, 74

Einstein, Albert, 59, 66, 68, 71-72, 74-77, 99-101, 248, 273, 298-99, 335-36, 340, 342-44, 357-59

elefantes, 221, 222, 254

Elementos (Euclides), 43

eletricidade, 20, 49, 50, 59, 81, 87, 154, 173, 176-77, 180, 182, 302-03, 306, 330, 331

eletrodos, 177

eletrólitos, 178

eletromagnetismo
  elétrons e, 339
  energia de fusão e, 303-06
  leis de Maxwell, 55-56
  Modelo Padrão e, 339-44

elétrons
  dualidade, 59, 60
  fótons, 59, 72, 84, 114, 120, 121, 123, 150, 151
  problema da medição, 68, 365
  semicondutores, 123, 156
  transistores, 80-84

Emenda Labouchere (UK, 1885), 53

empresa de consultoria McKinsey, 15

empresas farmacêuticas, 33, 191

energia escura, 337, 338, 340

energia. *Veja também tipos específicos*
  armazenamento de, 52
  ATP e, 165-68
  fotossíntese, 147-48
  processo de Haber-Bosch, 30, 160
  produção de, 24, 31, 82, 171, 190-91

engenharia genética, 207, 211, 217-18, 255, 257

engenheiros, 20, 40, 43, 45, 107, 126, 179, 183

entropia, 253

enzimas, 142, 207, 242

Eos (deusa grega), 252

equação de onda de Schrödinger, 62, 144, 239, 370

equação $E = mc^2$, 298

Era das Máquinas, 161

era do gelo, 281

Era Quântica, 83

Eros (deus grego), 129

esclerose múltipla, 215

escola de Copenhagen, 66

escritório de patentes, 59

esmagadores atômicos, 340

espelhos, computador quântico fotônico e, 120-21, 310, 361

ÍNDICE

Estação Espacial Internacional, 305
estado de quase vácuo, 119
estrela anã negra, 328
estrogênio, 53, 255, 266
éter, 179
Éter (deus grego), 129
Euclides, 43
evento Carrington, 329, 330, 331, 332
Everett, Hugh, III, 96-97, 99-101, 104, 364, 367
evolução
    câncer e, 204-05
    sistema imunológico e, 211-15
    vírus e, 200-01
exames de sangue, 206
éxcitons, 151-52
exoplanetas, 323
explosivos, 160, 163, 164, 210,
extinção do período Ordoviciano, 334
ExxonMobil, 29

F

Facebook, 264
fatoração, 107, 109
fator Q, 313
febre amarela, 154
Felici, Federico, 313
femtossegundo, 152
férmions de Majorana, 125
fertilizante, 164
Feynman, Richard, 22, 24, 83-93, 100, 151, 237
fibrose cística, 138, 216, 220
física de partículas, 136, 138, 339, 368
física newtoniana (clássica), 89
    determinismo e, 54, 56, 71
    gato de Schrödinger e, 68, 70, 365
    máquina de Turing, 370-371
    Planck sobre a incompletude da, 57-58
    simulação e, 358
física. *Veja também* física newtoniana
filosofia da teoria quântica

teoria das cordas, 248, 341-46, 368

fita digital, 47, 369

Fleming, Alexander, 189, 191

Fleming, Graham, 149, 152, 153

"Fogo e Gelo" (Frost), 328

folha artificial, 148, 153, 155, 157

Fonte da Juventude, 252, 258, 262, 354

Forbes, 18, 155, 282

força gravitacional, 90, 338

força vital, 129, 133, 176

Ford, Henry, 173-74

formas de vida extraterrestres, 324-26

fótons

agrupamento de éxcitons, 151-52

elétrons, 72-73, 75-76, 81-84, 93

teoria dos quanta de Einstein, 57

fotossíntese, 24, 31, 93, 126, 145, 147, 148, 149, 150, 151, 152, 153, 155, 156, 157, 175, 345

artificial, 148, 152-57

coerência e, 24, 105, 116, 119, 122, 152, 365, 366, 367

Fox, Michael J., 249

Franklin, Rosalind, 98, 134

Frost, Robert, 97, 328

Fujishima, Akira, 155

furacões, 284, 285, 353

fusão a laser, 309, 310

G

Gaia (deusa grega), 129

galáxia M87, 335

galáxias, 319, 332, 337, 339, 358, 369

Galileo Galilei

Galvani, Luigi, 176

Garcia, Jeannette M., 143, 145

gases inertes, 65

gás venenoso, 69, 70, 164, 165

Gates, Bill, 308

Geim, Andre, 86

geleiras, 283

gene APOE4, 244

gene C9orf, 72

gene CCR5, 220,

ÍNDICE

gene CFTR, 220,
gene FUS, 248
gene LIF, 222
gene p53, 218, 222
genes e genética
   ALS, 195
   Alzheimer, 242-46
   câncer, 203-23
   envelhecimento, 250-275, 354
   mutações, 138, 249-50
   Parkinson, 249-50
genoma, 133, 137, 139, 199, 207, 212, 213, 216, 218, 270
   mapeamento, 139
   modificação, 139, 213
geoengenharia, 289
geologia, 283, 324
George III, Rei da Inglaterra, 216
Gerwert, Klaus, 245
gigabits por segundo (Gbit/s), 22
Gilbert, Walter, 135-39
Gil, Dario, 114
Gilgamesh, Epopeia de, 251
Gill, Diljeet, 267
girafa, 256
GlobalFoundries, 123
glúons, 340, 343

Gödel, Kurt, 44-45, 48, 54
Go (jogo), 232
golfinhos, 325, 326
Golfo do México, 284, 320
Goodenough, John B., 179
Google, 11, 13, 15, 21, 23, 35, 114, 115, 117, 119, 145, 170, 183, 229, 232, 239
   AlphaGo AI, 117
Gorbachev, Mikhail, 304
Gorbunova, Vera, 263
Gordian Biotechnology, 265
grafeno, 86, 87
grafite, 86, 178, 181
Grande Colisor de Hádrons (LHC), 17, 79, 305, 339, 342
gravidade
   buracos negros, 319
   energia de fusão, 297
   Modelo Padrão, 338-39
   teoria de Einstein, 336
   teoria de Newton, 344
Grécia antiga, 34
Groenlândia, 222, 254, 287
Guerra Fria, 21, 304
guerra nuclear, 101
guerra química, 164
guia do mochileiro das galáxias, O (Adams), 355

403

H

Haber, Fritz, 159-60, 163-65
hackers
Hamiltoniano (H), 67, 144
Hawking, Stephen, 247-48, 357, 365
Hayflick, Leonaard, 257
Heisenberg, Werner, 66, 69, 78, 83
hélio, 64-65, 144, 298-300
    líquido, 308
Hélio (deus grego), 297
Helmont, Jan van, 149
hemofilia, 216
hemoglobina fetal, 220
hepatite B, 193
Herbert, C. F., 329
hidreto de lítio, 143
hidrogênio
    combinado com CO_2 para criar combustível
    células de combustível, 154
    energia de fusão, 295, 297, 298, 303, 305, 306, 311
Hilbert, David, 44

hindcasting, 292-93
Hinsley, Harry, 51
Hitler, Adolf, 77
Holland, Andrew, 308
Holmdahl, Todd, 169
Holocausto, 165
Homem do castelo alto, O (série de TV), 98
Honda, Kenichi, 155
Honeywell, 13, 26, 119, 184
horizonte de eventos, 335
hormônios, 53, 255
Hoyle, Fred, 140

I

IBM, 12-13, 15, 26, 29-30, 85, 114-115, 143, 182-83
IBM Q Experience, 13
IBM Research, 182
Igreja Católica, 317-18
imortalidade, 8, 251-58, 272-74
    biológica, 252, 272
    digital, 252, 272-74

ÍNDICE

imunoterapia, 211-12, 217-18, 220, 223

incêndios florestais, 286-87

Índia, 287

indústria automotiva, 16, 178, 182

indústria marítima, 41

Marte, 38, 79, 89, 92, 103, 141, 148-49, 323, 327, 348-49

atmosfera, 149

colonização, 149

indústria química, 165

inflamação, 261

inputs e outputs

insectoides (bugbots), 231

insetos, 138, 230, 259, 326

Instalação Nacional de Ignição (NIF), 310

Instituto Babraham, 267

Instituto de Design de Proteínas, 240

Instituto de Tecnologia da Califórnia (Caltech), 17, 85

Instituto de Tecnologia de Massachusetts (MIT)

Laboratório de Inteligência Artificial, 229

Instituto de Tecnologia Karlsruhe, 180

Instituto Kavli de Nanociência da Energia, 149

Instituto Nacional de Padrões e Tecnologia (NIST), 18, 110

Instituto Nacional de Ciências dos Materiais do Japão, 180

Intel, 13, 19, 21, 114

computador quântico de Tangle Lake, 114

inteligência artificial (IA), 45, 52, 211, 225, 228-29, 232, 313, 325

biologia computacional, 236

computador quântico, 225-32, 313

energia de fusão, 313-14

enovelamento de proteína e, 234-35

imortalidade digital, 272-74

inteligência extraterrestre, 325

regra de Hebb, 231

Turing e, 45-54

inteligência, definição de Turing de. *Veja também* inteligência artificial, 45, 52, 53 internet, 13, 22, 73, 107, 111, 122, 196, 197, 209, 274, 330, 353

laser, 118-22

inundações, 285, 287

iodo-131, 299

Islândia, 279

ITER (Reator Experimental Termonuclear Internacional), 304

J

Japão, 180, 252, 304, 329, 344

jato, 178, 288, 293, 294

Jeffrey, Lord, 359

Jenner, Edward, 193

Jensen, Martin Borch, 265

jogo da imitação, 51, 52

JPMorgan Chase

judeus, 77, 163, 216, 271

Júpiter, 38, 317, 324

luas de, 324

K

Kaafarani, Ali El, 18, 155, 282

Keats, John, 71

Kelvin, Lord, 337

Kinsa (empresa), 196

Krasnoiarsk, 285

Kwo, Liz, 207

L

Labiotech, 219

Laboratório Nacional de Los Alamos, 126

Laboratório Nacional Livermore, 310

lasers, 73, 111, 118-19, 122, 152, 309-10

computador quântico por armadilha de íons 117-19, 124

ÍNDICE

computador quântico fotônico, 119-22
lei de Moore, 19, 20-21, 174-75, 233
Lei Nacional da Iniciativa Quântica, 14
leucemia, 212
Life Biosciences, 265
ligações químicas, 65, 132, 238
limite de Hayflick, 257
linguagem binária, 46
Linguagem de Deus, A (Collins), 139
líquido cefalorraquidiano, 230
Lloyd, Seth, 330, 368
Lloyd's of London, 330
Lockheed Martin, 15, 126
Lovelace, Lady Alda, 41-42
Lowe, Derek, 16
lua, 71, 356
lúpus, 215
luz e calor, 29, 31, 50, 56, 57, 58, 59, 60, 61, 62, 74, 75, 76, 82, 104, 120, 121, 122, 123, 129, 130, 131, 134, 145, 147, 148, 149, 150, 152, 154, 155, 156, 157, 175, 232, 253, 282, 290, 291, 292, 293, 320, 322, 329, 334, 335, 338, 358, 361
luz. *Veja também* luz solar
Einstein e, 59-60
estados quânticos, 68, 96, 152
leis da, de Maxwell, 55-56

mágica, 92, 95, 151, 163, 226
mail.ru, 264
Maley, Carlo, 222
Malthus, Thomas Robert, 160
manganês, 181
máquinas de aprendizagem, 200
Marcea, Julius, 16,
Mardi Gras, 196
matemática
completude da, 48
máquina de Turing e, 46-48
matéria escura, 337-40

Matrix (filme), 361

Maxwell, James Clerk, 55-57

mecanismo de reparo do DNA, 262

medicina, 25, 27-28, 32-35, 134, 137, 184, 188-89, 191, 200-01, 203, 242-43, 252, 267, 355

    doença incurável, 243

    "engolindo o doutor", 112

    estrutura do DNA, 134

    Feynman sobre futuro, 84

    imortalidade, 251-53

Médicin Malgré Lui, Le (Molière), 187

Mendeleev, Dmitri, 63

meningite, 193

mercados de bitcoin, 34

Mercedes-Benz, 16, 183

Merck, 33

Mershin, Andreas, 210

mésons, 340, 341

mésons mu, 341

Mesopotâmia antiga, 251

metabolismo, 254

metano, 130, 132, 285-86

meteoritos, 131, 140-41,

México, 284, 288, 293, 320, 329

microchip, 16, 20-21, 80-82, 233

    computadores digitais e, 80, 115

    mecanismos quânticos, 115-16

    princípio da incerteza de Heisenberg, 83

    transistores, 12, 80-84

micromundo, macromundo versus, 70-72

microrganismos, 156

Microsoft, 13, 15, 31, 124-25, 169-71

microssensores, 210

Miller, Stanley, 130-32

Milner, Yuri, 264

Milnes, Joe, 306

Minsky, Marvin, 225, 227-29

míssil Minuteman, 101

mitocôndria, 254

Mohn, Holger, 183

moléculas,

    átomos formando, 64-65

    computador quântico e, 142-43

    computadores digitais e, 85

Molière, 187

Mona Lisa, 143

ÍNDICE

Monte Santa Helena, 290

Moore, Gordon, 20

morte, universo paralelo e, 73. Veja *também* imortalidade

mosca
  expectativa de vida, 262-63
  proteínas, 262-63

mosquitos, 286

Moult, John, 240

multiverso, 96, 105, 364

Museu da Ciência de Londres, 43

Musk, Elon, 329

n

nanofios de antimoneto de índio, 125

nanomateriais, 86

nanotecnologia, 84, 181

Natarajan, Sanjay, 21

navegação, 41, 229

NAWA Technologies, 181

Nelson, Bill, 285

neônio, 64, 65

neurônios, 80, 246, 248-50, 254

neutrinos, 340, 343

nêutrons, 280, 310, 333-36
  estrelas de, 333

Neven, Hartmut, 21

Newton, Isaac, 55-58, 71, 73, 88-90, 93, 182, 230, 337, 344, 360, 369, 370

New York Times, 169

Nicolas II, czar da Rússia, 216

níquel, 156, 182

nitrogenase, 167-68, 170-71

nitrogênio, 30-31, 64, 93, 132, 145, 159, 161-71, 175, 308, 353
  ATP e, 165-68
  computador quântico e, 145, 170
  fertilizantes e, 157, 159, 161-64, 353
  fixação de, 31, 93, 166, 169-70
  líquido, 301
  propriedades catalíticas do, 166, 171

Nixon, Richard, 203

Nocera, Daniel, 156
Normandia, invasão da, 51
Nova Guiné, 243
Nova Orleans, 196, 285
Novoselov, Konstantin, 86
núcleos de gelo, 279-81, 331
números de Bernoulli, 41
nuvens, 131, 140, 291, 293-94, 320, 328
nuvens de gás, 131, 140, 328

O

objetos próximos à Terra (NEOs), 320
O'Brien, Jeremy, 30
Ocampo, Alejandro, 265
oceanos, 131, 140, 242, 284, 290, 318, 325, 327, 348
odor, diagnóstico de doenças e, 208, 211
Ômicron (vírus), variante do, 199, 200

ondas gravitacionais, 273
Órion, 334
Ostojic, Ivan, 15
otimização, 126, 184
oxidação, 157, 254, 259, 262, 270
óxido de ítrio, bário e cobre, 248
óxido de lítio-cobalto, 178
oxigênio, 31, 64-65, 131-32, 134, 147, 149-51, 154-56 162, 166, 179, 249, 280
bateria lítio-ar e, 179
fotossíntese, 147-50
propriedades de ligação do, 131

P

padrões de interferência, 60-61, 104
Painel Intergovernamental sobre Mudança de Clima (IPCC), 240

ÍNDICE

pandemia, 137, 194-98, 351-352

Pandora, 226

paradoxo de Fermi, 325

pares de Cooper, 306

Pasteur, Louis, 130

penicilina, 189-90, 192

Península Yucatán, 257–58

Pentágono, 20-21, 46, 101, 209, 287, 332

peptidoglicano, 190

peróxido de lítio, 179

Pesquisa Atmosférica e Ambiental, 330

Peto, Richard, 221-22

Pettit, 287

Pichai, Sundar, 35, 170, 229

Planck, Erwin, 55, 57-59, 66, 73, 77, 91

Planck, Max, 55-59, 66, 73, 77, 91

    Einstein e, 59-60

planetas, 38, 41, 56, 89, 318-19, 322-27, 359, 369

plasma, 301-02, 305, 307, 309, 311-12, 329, 332

platina, 234

Plutão, 320, 323

Podolsky, Boris, 75

polarização, 111, 120

poli (ADP-ribose) polimerase (PARP), 271

policultura, 194

pólio, 98

Polo Norte, 283, 288

poluição, 160, 178, 203, 314

praga, 153

Prêmio Nobel, 22, 72, 80, 84, 86, 90, 102, 135-36, 164, 179, 217, 243, 264, 340, 343

Preskill, John, 17

Presley, Elvis, 97

Priestley, Joseph, 149

príons, 34, 242-43, 245

probabilidade, 102-05

problema da medição, 68, 365

problema da paisagem, 344

processo de Haber-Bosch, 30, 160

produção de alimentos, 31, 171

produção de grãos, 152-53

progéria, 270, 272

programação, 42, 230

projeto Colossus, 49, 50, 51

Projeto Genoma Humano, 32, 137, 139, 239

proteína amiloide, 34

    Alzheimer e, 242-46, 349, 354

REVOLUÇÃO QUÂNTICA

proteína FOXP, 260
proteína GATA6, 262
proteína PLA2G7, 261
proteínas, 33-35
  biologia computacional, 236
  como burros de carga da biologia, 208
  computador quântico, 239, 313
  criação de novas, para medicamentos, 312
  DeepMind, 239, 313
  envelhecimento, 261
  estrutura do átomo de carbono, 97
  forma e comportamento, 208
  IA e, 119, 294
  mapeando a estrutura atômica, 98
  vida útil, 180, 181
ProteinQure, 33
próton, 144, 345
Prusiner, Stanley B., 243, 245
PsiQuantum, 14, 30, 122, 123

Q

QCD na rede, 345
Qin Shi Huang, imperador da China, 252
quanta
  Einstein e, 59-60
  Planck, 57
Quantum Computing Initiative, 183
quarks, 340, 343, 345
qubits, 87
  bits versus, 94
  computador quântico da D-wave, 125-26
  computador quântico fotônico, 120-22
  computador quântico ótico de silício e, 119
  definição de, 22-23
  emaranhamento e, 23, 74, 105
  número crescente, 119
  redundância, 116, 117, 124
  superposição e, 94
quebra de código, 49, 108-10

ÍNDICE

química, 15, 27, 63-67, 134, 138, 141-42, 145, 156, 163-65, 168, 175-77, 190, 237, 280, 343, 360
   baterias, 174-77
   da vida, 65
   equação de onda de Schrödinger, 62-63
   teoria das cordas, 341
química computacional, 27, 142
quimioterapia, 203-05
quinolonas, 190

R

radiação infravermelha, 123, 282
raios cósmicos, 341
rato-toupeira-pelado, 256
reações quânticas, em temperatura ambiente, 92-93, 106, 151-52

reator de fusão ARC, 170
reator de fusão DEMO, 170
reator de fusão de Oxford (JET), 306
reator de fusão EAST (Supercondutor Avançado Experimental Tokamak), 306
reatores de fusão, 298, 304, 305, 308, 311, 314, 348
   computador quântico, 313
   construção, 71, 304, 339
   DEMO, 305
   fissão versus, 299-301
   hélio como subproduto, 300
   ITER como, 304-07
   JET e EAST, 306-07
   problemas com, 311-12
   projetos concorrentes para, 307
receptores de antígeno em forma de Y, 170
rede neural, 80, 231, 234
regra de Hebb, 231
relógio biológico, 257
resfriado comum, 207, 208, 223
resíduo plástico, 242
restrição calórica, 258-62

Revolução Industrial, 161, 283

Revolução Verde, 30-31, 159, 169

Segunda, 31, 169, 353

S

sarampo, 193,

secas, 286

seleção natural, 33, 205

ser humano

como máquinas de aprendizagem, 180

expectativa de vida, 180-81

oficina, 266

simulação de Sycamore, 196

simulações de química quântica, 197

sistema imunológico, 34, 193-99, 201, 206, 211-13, 215, 219, 223, 261, 270-71, 350

paradoxo, 213-15

restrição calórica e, 258-62

supercondutores cerâmicos de alta temperatura, 308, 314

supremacia quântica, 11, 17, 23, 115, 119

T

tabela logarítmica, 170

tabela periódica, 64-65, 132, 178

tabelas de taxas de juros, 193

taxas de erro e correções, 195

tecnologia digital, 19

telescópio espacial Hubble, 25

telescópio espacial Kepler, 323

tempestade de citocina, 199

tempo de coerência, 116, 119, 122

teorema da incompletude, 198

ÍNDICE

teoremas da geometria, 198
teoria da informação, 368
teoria da panspermia, 141
teoria da relatividade geral, 198
teoria de muitos mundos, 199
teoria do caos, 362,
teoria dos jogos, 100-01
teoria quântica, 55, 57-58, 62, 67, 71-77, 90-96, 101, 105, 107, 111, 114, 124, 131, 133-34, 141-42, 151, 168, 228, 248, 306-07, 335-36, 340, 342, 345, 360, 366
   biotecnologia, 135-39
   bomba atômica, 77-78
   buracos negros, 333-36
   Einstein, 59, 72, 74-75, 99-101, 359
   estrutura do DNA, 134
   física clássica versus, 57
   fotossíntese e, 145, 147-50,
   função de onda de Schrödinger como coração da, 62
   gato de Schrödinger e, 68, 70
   gravitação e, 101, 366-67
   macromundo versus micromundo e, 71-73
   Mãe Natureza usa, a temperaturas ambientes, 24
   Modelo Padrão e, 339-44
   mundo moderno dependente da, 73
   mundo newtoniano resolvido por, 359
   o golpe do artigo EPR, 75
   o básico da, definição, 67
   origem da vida e, 126, 129-30, 140
   Planck como o criador da, 55-62
   probabilidade e, 103-06
   quatro postulados da, 67, 119
   resumo da, 105
   solipsismo e, 70-71
   sucesso experimental da, 72, 76
   supercondutividade e, 305-07
   teoria da relatividade de Einstein, 248
   teoria dos muitos mundos de Everett, 95-101, 364-65
   universo estável, 359

universos paralelos e, 95-96

teoria quântica de campos, 92

terapia CRISPR, 215-21, 223, 272, 354

terapia de genes, 215-21

terra
fotossíntese e, 149
idade da, 140

testes PCR, 208-09

tradução de língua estrangeira, 351

transformada de Fourier, 109

Universidade de Tecnologia Delft, 200

Universidade Yale, 209

Universidade do Estado de Oregon, 287

Universidade Harvard, 136, 156, 265

Universidade Johns Hopkins, 210

Universidade Monash, 181

universos paralelos, 95-96, 101-104, 358, 364-65, 367

usinas de energia nuclear, 300

U

União Europeia, 304

Universidade da Cidade de Nova York, 62

Universidade de Cambridge, 136, 248

Universidade Oxford, 78, 93

Universidade de Princeton, 78, 100

V

vacina da Covid-19

varíola bovina, 193

varredura de superfície de alta resolução, 38

verme *C. elegans*, 259

Via Láctea, 319, 323, 337

vida, 126, 129-35
árvore da, 134

ÍNDICE

computador quântico, 136
DNA e código da, 133-35
espaço sideral, 141
experimento de Miller, 132-33
fotossíntese e, 147
paradoxo, 140
reações químicas que possibilitam a, 106
Segunda Lei da Termodinâmica e, 253
teoria quântica e, 132-35, 142, 169
vírus da gripe, 194, 198
vórtice polar, 288,

Whittingham, M. Stanley, 179
Whyte, Dennis, 308

X

Xanadu (chip), 122

W

Wall Street, 14, 18-19, 123
Watson, James, 133-34, 136
Weinberg, Steve, 102
Whaley, K. Birgitta, 153
Wheeler, John Archibald, 74, 100

Y

Yamanaka, Shinya, 264, 266-67
Yang, Peidong, 156
Yang-Mills, partículas de, 340
Yoshino, Akira, 179

REVOLUÇÃO QUÂNTICA

Z

Zapata Computing, 14
Zeus, 252
Zhu, Linghua, 143
Zwicky, Fritz, 337
Zyklon, gás, 165

Figura 1: O mecanismo de Anticítera
Há dois mil anos, os gregos criaram a máquina de Anticítera, o precursor de uma longa linha evolutiva de computadores. Nesta imagem, apresentamos um modelo baseado no dispositivo original. Enquanto o Anticítera simboliza o início da tecnologia computacional, os computadores quânticos representam o estágio mais avançado nesta evolução.

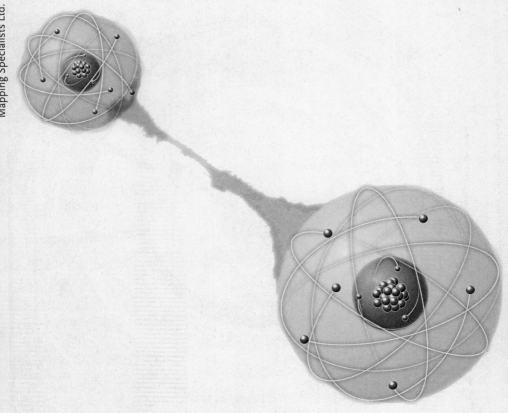

Figura 5: Emaranhamento quântico
Quando dois átomos estão próximos um do outro, eles podem vibrar coerentemente, em uníssono, com a mesma frequência, porém deslocados por uma fase constante. Mas, se os separarmos e agitarmos um deles, a coerência entre eles ainda permanece, e a informação dessa perturbação viaja entre eles mais rápido do que a velocidade da luz. (Contudo, isso não viola a relatividade, uma vez que a informação que quebra a barreira da luz é aleatória.) Este é um dos motivos pelos quais os computadores quânticos são tão poderosos: eles têm a capacidade de processar simultaneamente todos esses estados misturados.

Andrew Lindemann, cortesia da IBM.

Figura 8: Computador quântico
Um computador quântico como o da imagem frequentemente se parece com um grande candelabro. A maior parte do hardware complexo consiste em tubos e bombas necessários para o resfriamento do núcleo até próximo do zero absoluto. No entanto, o verdadeiro coração de um computador quântico pode ser tão pequeno quanto uma moeda, como é possível observar na parte inferior da imagem.

Este livro foi composto na tipografia Minion Pro
em corpo 11,5/15, e impresso em
papel off-white no Sistema Cameron da
Divisão Gráfica da Distribuidora Record.